2026 위험물기능사 필기

무료강의 제공되는
유튜브 바로가기

파이팅혼공TV
위험물기능사·산업기사 컨텐츠
합계 조회수 90만회 돌파!
(2025년 9월 기준)

파이팅혼공TV 컨텐츠 개발팀 편저

▶ 파이팅혼공TV 유튜브 무료 강의 <u>**초단기 합격의 지름길!**</u>

1200문제 수록 **기본이론 기출문제집**

PREFACE_머리말

한방에 합격하는 수험전략

위험물기능사 무엇을 어떻게 공부해야 할까?

"과목별 중요도에 따라 공부방법도 달라져야 합니다."

위험물기능사는 크게 **위험물 자체, 위험물을 저장하는 장소, 화재 발생 시의 대처 방안, 관련 법령** 등으로 나누어 볼 수 있습니다. 무엇보다 가장 중요한 파트는 **위험물 자체**에 대한 파트로 각 위험물 자체의 특성을 잘 파악하는 것이 중요합니다. 그 다음은 **화재 등의 문제발생과 관련한 문제**가 중요합니다.

반면에 **위험물을 저장, 취급 운반** 등의 문제는 대부분 해당 시설 기준 등을 묻는 문제이며, 그 범위도 매우 방대합니다. 해당 법령의 전부를 암기하면 좋겠으나 모든 부분이 출제되는 것이 아니므로 기출된 부분을 위주로 암기하는 전략을 세워 돌파해야 합니다. 법령과 관련된 내용도 자주 나오는 부분은 완벽히 암기하고, 나머지는 기출문제 문답 암기를 통해 돌파하는 것을 추천드립니다.

이 교재는 반드시 암기해야 할 부분을 요약 정리하였으며, 출제 가능성이 낮거나 중요도가 떨어지는 부분은 과감히 압축하여 서술하거나 생략하여 이론적인 부분의 학습량을 최소화하였습니다. 교재에서 강조한 부분과 기출문제의 해설을 충실히 공부해 내신다면 합격점을 맞기에 부족함이 없을 것으로 확신합니다.

위 부분을 공부하기 위해서는 주기율표 암기 등 약간의 기초지식이 필요합니다. 어려운 부분을 최대한 간단하게 이해할 수 있도록 교재에서 설명하였지만 일정 부분은 반드시 암기가 필요하고, 암기가 생소할 수도 있습니다. 하지만, 여러 번 반복하다 보면, 과학의 기초지식이 전혀 없는 사람도 문제를 풀기에는 모자람이 없을 것입니다.

파이팅혼공TV의 유튜브 영상을 통해 학습의 속도와 효율뿐만 아니라, 재미있는 암기팁을 활용하여 지루하지 않게 반복할 수 있도록 하였습니다. 문제풀이 역시 혼자서 책만 보며 풀어보는 것보다 책과 함께 유튜브의 속도감 있는 해설을 들으며 풀어보는 문답암기 형태의 전략적 학습방법은 공부속도를 획기적으로 올릴 수 있는 방법이며 방대한 내용을 단기간에 암기하는 데도 큰 도움이 될 것을 확신합니다. 무엇보다도 최종 목표인 합격에 가장 필수적인 도움이 될 것입니다.

학습을 시작하기 전에는 어지러운 화학 기호와 용어가 난무하는 기출문제를 볼 때, 과연 내가 이걸 풀 수 있을까 생각했던 문제들이 한 문제 한 문제 쉽게 풀릴 때마다 느껴보지 못했던 위험물기능사 공부에 대한 재미와 희열을 느끼지 않으실까 합니다. 위험물 분야로 첫 발을 내딛는 여러분께 본 교재는 겉핥기식 학습이 아닌 제대로 된 지식을 겸비한 전문가로서 자부심을 느끼게 해줄 것이라 생각합니다. 끝으로 본 교재가 나오기까지 애써주신 홍현애 과장님, 인성재단 대표님께 진심으로 감사를 전합니다.

파이팅혼공TV 컨텐츠 개발팀

GIUDE_가이드

위험물기능사 8대 학습전략

모든 부분은 완벽히 암기할 수는 없으므로 요령을 가지고 효과적으로 암기하는 것이 중요합니다.
따라서 아래에서는 이 교재 전체를 관통하는 8대 학습 전략에 대해 설명하고자 합니다.

POINT 1

첫 번째로 문제에서 보기 내용을 모두 알 필요는 없다. 정답 내용 한 가지만 확실히 알아도 문제를 풀 수 있다.

따라서 공부할 것만 확실하게 암기한다. 오히려 확실하게 암기한 내용을 알고 있으면 나머지 보기를 보는 시간을 단축할 수 있을 것이다.

POINT 2

두 번째로 암기를 위해서는 전체와 부분을 나누어서 암기한다. 예를 들면 위험물은 각 류별 특성을 전체적으로 이해하고, 그 틀에서 위험물 하나의 개개 부분을 필요한 부분 암기한다.

POINT 3

세 번째로 여러 방향에서 암기한다. 예를 들면 소방시설의 적응성에 있어서 각 위험물 등의 특성에 따라 적응성 있는 소방시설을 암기하면서도, 필요한 부분은 각 소방시설에 따라 적응성이 있는 위험물을 암기하는 것이다. 문제의 성격에 따라 더 빨리 효과적으로 답을 찾을 수 있는 방법이 된다.

POINT 4

네 번째로 암기는 요령 있게 한다. 두문자 및 두문자를 써 놓은 글자의 배열 등의 그림도 함께 암기하면서, 최대한 기억이 잘 나도록 암기해야 한다.

예를 들면 1류 위험물의 경우 "5 염과무아 /(쓱) 3 질요브 /(쓱) 10 과중"의 두문자와 모양 자체로 암기해야 한다. 위험물의 지정수량은 각 50, 300, 1000kg이라는 점과, 쓱을 기준으로 위험등급이 1, 2, 3 등급으로 나눈다는 것도 그림 자체로 암기해야 한다.

POINT 5

다섯 번째로 필요한 부분만 암기한다. 암기력은 한계가 있으므로 필요한 부분만 암기하고, 나머지는 과감하게 버린다. 암기하지 않은 부분에서 문제가 나올 수도 있으나 암기한 부분에서 문제를 찾는 다는 생각으로 관점을 전환해야 하다. 그리고 암기하지 않은 부분에서는 많이 나오지 않을 것이다.

POINT 6

여섯 번째로 확실하게 암기한다. 위와 같이 필요한 부분만 입체적 요령껏 암기했으면 확실하게, 떠올리는데 어려움이 없이 확실하게 암기해야 한다.

POINT 7

일곱 번째로 이 교재에서는 기출빈도 등을 분석하여 중요도를 달리 표시하였다. **초록색밑줄볼드**, **검정색밑줄볼드**, 검정색밑줄 등으로 중요도가 표시되어 있다. 그 중요도에 따라 암기의 우선순위를 정하는 것도 중요할 것이다.

POINT 8

　기출문제 문답 암기가 당락을 좌우한다 해도 과언이 아니다. 특히 기능사 시험처럼 과년도 기출에서 대부분의 문제가 출제되는 문제은행식 시험에서는 기출문제를 반복적으로 풀어 보는 것이 합격을 위해 필수적이라 할 것이다. 여러 기출문제를 풀어보면, 문제가 어떻게 출제되는지, 더 나아가 답은 무엇인지도 자연스럽게 암기될 것이다.

　이 교재에서는 제시된 기출 스피드 문답 암기와 과년도 기출문제를 유튜브 영상을 통해 3회독 이상 반복하는 것이 합격의 당락을 좌우하는 열쇠가 될 것이다.

 파이팅혼공TV 유튜브 바로가기

CONTENTS_목차

기본 이론 정리

▷ 기초지식 ······ 12
- 주기율표 ······ 12
- 원자번호와 원자량 ······ 13
- 각종의 개념 ······ 14

▷ 화재와 소화 ······ 19
- 연소 ······ 19
- 화재 ······ 22
- 폭발 ······ 23
- 소화 ······ 24
- 소방시설 ······ 27
- 소화난이도 및 소방시설 적응성 ······ 31

▷ 위험물 ······ 37
- 정의 및 분류 ······ 37
- 기타 개념 ······ 38
- 위험물 종류 개관 ······ 38
- 각각의 위험물 ······ 48

▷ 위험물의 저장·운반·취급 등의 관리 ·· 65
- 위험물의 저장/취급/운반 ·· 65
- 위험물 제조소 등의 시설 ··· 75

▷ 위험물안전관리법령 사항 ··· 95
- 제조소 등의 설치 등 ··· 95
- 예방규정 ·· 96
- 정기점검 ·· 97
- 자체소방대 ··· 97
- 행정처분 ·· 98
- 벌칙 ·· 99

기출 스피드 문답 암기

- 1회 ·· 102
- 2회 ·· 113
- 3회 ·· 123
- 4회 ·· 133
- 5회 ·· 143

기출 문제 풀이

- 1회 ··· 156
- 2회 ··· 166
- 3회 ··· 176
- 4회 ··· 186
- 5회 ··· 196
- 6회 ··· 206
- 7회 ··· 216
- 8회 ··· 225
- 9회 ··· 235
- 10회 ··· 245
- 11회 ··· 254
- 12회 ··· 263
- 13회 ··· 272
- 14회 ··· 282
- 15회 ··· 291

부록(2024년개정) ··· 305

위험물기능사
기본이론

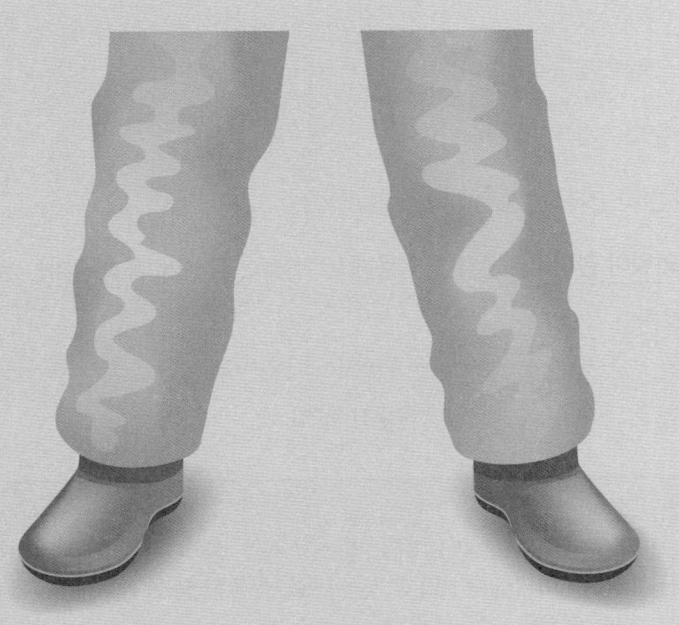

I 기초지식

🔍 직접적으로 문제가 나오지 않으나 문제를 풀기 위해 알아 두어야 한다.

1. 주기율표

H																	He
Li	Be											B	C	N	O	F	Ne
Na	Mg											Al	Si	P	S	Cl	Ar
K	Ca					Fe			Ni	Cu	Zn						

■ 금속
■ 비금속

- H부터 출발하여 원자기호 1번이 된다. Ca가 20번이다(참고로 Fe는 26번이다.).

- 세로줄을 족이라고 하고 왼쪽부터 1족(H, Li, Na, K), 가장 오른쪽은 18족(He, Ne, Ar)이 된다.

- 1족 (수소 제외)인 Li, Na, K 등은 알칼리금속이라고 하고 알칼리금속은 물과 반응하여 수산화 금속 및 수소를 발생시킨다.

- 2족(Be, Mg, Ca 등)을 알칼리토금속이라고 한다.

- 17족을 할로겐원소라 한다.

- 18족을 불활성 기체라 한다. 가장 안정적이다.

- **1번부터 20번까지는 외워야 한다.** 두 문자를 이용해 암기한다. 각 원소에 해당하는 알파벳 표기도 암기해야 한다. 모양도 기억해야 한다.

암기 방법

수 헬	수소 헬륨	H He
리베 / 붕탄질 / 산플네, 나막 / 알규인 /황염아 칼칼	리튬 베릴륨 / 붕소 탄소 질소 / 산소 플루오린 네온 나트륨 마그네슘 / 알루미늄, 규소, 인 / 황 염소 아르곤 칼륨 칼슘	Li Be / B C N / O F Ne Na Mg / Al Si P / S Cl Ar K Ca

🔍 아래는 표준 주기율표이다. 참고만 하면 될 듯하다.

2. 원자번호와 원자량

① 원자번호 1 - 20까지의 원자량은 알아야 한다. 어떤 게 더 무거운지 알아야 하기 때문이다.

분자는 원자들도 이루어진 물질의 단위인데, 분자의 무게(분자량)를 비교하기 위해서는 각 분자를 이루는 원자들의 무게를 합해서 비교해야 하기 때문이다.

> 예 물 H_2O의 분자량은 H원자량인 1, O원자량 16을 이용하여 계산하면, $(1×2) + 16$인 18이 된다.

② 원자량이란 각 원자의 무게라고 이해하면 된다.

원자들끼리 무게를 비교한 것으로 원칙적 단위가 없다. 다만, 1mol 만큼 있으면 g 을 붙이면 된다.

③ **원칙적으로 짝수일 때 원자번호의 2배**이다. 홀수일 때는 원자번호의 2배에 1을 더한다.

> ✍ 예를 들어 계산해 보기
>
> 탄소(C)의 경우 원자번호는 6, 원자량은 12이다.
>
> 나트륨(Na)의 경우 원자번호는 11, 원자량은 11의 2배에 1을 더한 23이다.

ㄱ. 이 원칙의 예외가 있으니 **예외**를 잘 기억하자.

- **수소(H) 원자번호 1이나 원자량이 1**
- **베릴륨(Be) 원자번호 4이나 원자량이 9**
- **질소(N) 원자번호 7이나 원자량이 14**
- **염소(Cl) 원자번호 17이나 원자량이 35.5**
- **아르곤(Ar) 원자번호 18이나 원자량이 40이다.**

3. 각종의 개념

(1) 밀도

① 밀도란 단위 부피에 따른 질량(무게)를 의미한다. 즉, "**밀도 = 질량/부피**"이다.

② 기체의 경우 0℃, 1기압 기준에서 **1몰의 부피는 22.4L**이므로 기체의 밀도(증기밀도)는 즉, "분자량g / 22.4L"이고, 곧 분자량을 22.4L로 나눈 값이다. 참고로 **1몰(mol)은 기체의 분자가 일정량 모인 단위 양**을 의미하고 모든 **기체의 1몰의 부피는 22.4L로 같다.**

(2) 비중

① 비중이란 **비교한 밀도**에 해당하는 말이다. 즉, **액체, 고체는 물의 밀도에 비하여** 밀도가 얼마만큼 비례하여 크냐 작냐를 표시한 것이고, **기체**의 경우는 **공기의 밀도에 비해** 얼마만큼 비례하여 크냐 작냐를 표시한 것이다.

② 쉽게 말해 각 물질의 밀도를 고체, 액체인 경우 물의 밀도로, 기체인 경우 공기의 밀도로 나눈값이 된다. 즉, 고체, 액체의 비중은 **고체(액체)의 밀도/물의 밀도**인데, 물의 밀도는 1kg/1L이므로(즉 분자가 1이므로), **고체(액체)의 밀도가 즉 비중이 된다.**

③ **기체의 경우 기체의 밀도를 공기의 밀도로 나누어야 하는데, 공기의 밀도는 29g/22.4L**이다. 따라서, (기체 분자량g/22.4L) / (29g/22.4L) 인데, 계산하면 기체분자량 g/29g 이 된다. 그냥 **기체분자량을 29로 나누면 된다.**

(3) 열량

① 물체가 주고 받는 **에너지의 양, 열의 양**이다.

② **물 1kg을 1℃올리는데 필요한 에너지 양, 즉 열량을 1kcal**라 한다.

(4) 비열

① **어떤 물질 1kg을 1℃올리는데 필요한 열량(kcal), 1g을 1℃올리는데 필요한 열량(cal)**를 뜻한다.

② 단위는 kcal/kg·℃, cal/g·℃, kJ/kg·℃, J/g·℃ 등이다. 문제에서 kg, kcal로 주어졌는지, J, kJ로 주어졌는지에 따라 cal과 J를 바꾸어 쓰면 되지만, 크게 신경쓰지 않아도 된다(문제에서 단위보다는 숫자를 맞추는 것이 중요하기 때문이다). 물의 경우 1kcal/kg·℃이 비열이다.

(5) 현열 및 잠열

① 현열이란 물질이 **상태 변화 없이 온도가 올라가는데 필요한 열량**을 의미한다.

② **필요한 열량(Q) = Cm × 온도차(나중온도 - 처음온도) ℃**

③ **C는 비열(kcal/kg·℃)**

④ **m은 질량(kg)**

> 📘 **예를 들어 계산해 보기**
>
> 5℃ 기름 10g에 500J의 열량을 주면 몇도가 되는가.
> (기름의 비열은 2J/g·℃)
> "500 = 2 × 10 × 온도차"라는 식이 나오고,
> 계산하면 온도차 = 500/20이므로 25가 된다.
> 25 = 나중온도 - 처음온도이고, 처음온도는 5이므로 나중온도는 30℃가 된다.

⑤ 잠열이란 물질의 **온도변화가 없이 상태가 변화**하는데 필요한 열량이다.

⑥ 물이 끓기까지 계속 온도가 올라가다가 수증기로 변하기 시작하면서 부터는 온도가 변하지 않고, 일정의 열량이 더해져야 (액체에서 기체로) 상태가 변하게 된다.

⑦ 필요한 열량(Q) = 잠열(kcal/kg 혹은 cal/g) × m(kg 혹은 g)

> 📘 **예를 들어 계산해 보기**
>
> 40℃ 물 10kg이 100℃의 수증기로 증발하기 위해서 필요한 열량은 (**물의 증발잠열은 540kcal/kg**, 물의 용융잠열(액체에서 고체로, 고체에서 액체로 변하는 잠열)은 80kcal/kg)
> 이 경우 먼저 물이 100도까지 올라가고, 그 다음에 온도 변화 없이 기체로 상태 변화가 된다.
> 즉, 현열과 잠열을 구하면 된다.
> 상태변화 없이 온도를 높이기 필요한 에너지 즉 현열은 Cm × 온도차(나중온도 - 처음온도) ℃ 이고 물의 비열은 1이므로 온도차 60도 질량 10kg이므로 600kcal이 필요하다.
> 100도에 다다른 물이 증발하기 위해서는 1kg당 540kcal이 필요하다(증발잠열).
> 10kg이므로 5400kcal이 필요하다. **100도까지 높이기 위한 칼로리 600**과 100℃에서 수증기로 **증발시키기 위한 칼로리 5400**을 합하면, 총 6000kcal가 필요하다.

(6) 화학반응

1) 화학반응식

① 쉽게 말해 **무엇이 반응해서 무엇이 생성**되는 것이다.

② ( ) + ( ) → ( ) + ( ) 식의 반응식을 떠올리면 된다.

③ 탄화알루미늄이 물과 반응했더니 수산화알루미늄과 메탄이 생성된다라는 식이다.
- $Al_4C_3 + 12H_2O \rightarrow 4Al(OH)_3 + 3CH_4$
- 탄화알루미늄 1개와 물 12개가 반응하면 수산화알루미늄 4개와 메탄 3개가 나오게 된다.

④ 위의 예에서 만약 **각 몇 개씩이 반응하는지 문제에 안 나와 있다면 구해야 한다**. 그 방법이 미정계수 방정식이다. 방법은 간단하다.

각 물질이 몇 개씩인지 모르므로 각 a개, b개, c개, d개로 두고 계산한다. **화살표를 사이에 두고 총 원자량은 같다**는 것을 기억하면 구할 수 있다.

> ✍ **예를 들어 계산해 보기**
>
> $aAl_4C_3 + bH_2O \rightarrow cAl(OH)_3 + dCH_4$로 두고 계산하면,
>
> Al의 개수는 $4a = c$
>
> C는 $3a = d$
>
> H는 $2b = 3c + 4d$
>
> O는 $b = 3c$
>
> a에 1부터 대입해서 a, b, c, d의 각 비를 구하고 정수가 되도록 하면 된다.
>
> a가 1이면 c는 4, d는 3, b는 12가 된다.
>
> $Al_4C_3 + 12H_2O \rightarrow 4Al(OH)_3 + 3CH_4$ 가 되고 각 물질의 개수를 알 수 있게 된다.

2) 물과 반응

① **물과 반응하여 생성되는 물질**을 기억할 필요가 있다.

② 위험물인 경우 수산화물질(즉, 뒤에 OH가 붙은 물질)이 발생한다.

> 예 물과 탄화칼슘이 반응하면 **수산화칼슘**($Ca(OH)_2$)과 아세틸렌이 발생한다.

③ **물과 반응 시 발생하는 기체**를 살펴본다.

ㄱ. 1류위험물 중 **알칼리금속과산화물의 경우 산소(O_2)**

ㄴ. 금속류는 대부분 수소(H_2)

ㄷ. 금속수소화합물은 수소(H_2)

ㄹ. 인화칼슘(인화석회)은 포스핀(PH_3, 인화수소라고도 함)

ㅁ. 탄화칼슘은 아세틸렌(C_2H_2)

ㅂ. 탄화알루미늄은 메탄(CH_4)

ㅅ. 탄화망간은 메탄(CH_4)

ㅇ. 트리메틸알루미늄은 메탄

ㅈ. 트리에틸알루미늄은 에탄

암기 방법

암기 요령은 비교적 간단하다. 산소는 알칼리금속과산화물만이다. 수소는 금속류, 금속수소화합물(산알금, 수금을 먼저 암기하고), 특이한 것 두가지 인화칼슘은 인화수소(포스핀), 탄화칼슘은 아세틸렌 암기하고, 나머지는 메탄과 에탄인데, 탄알과 탄망은 메탄이고(망속에서 까맣게 탄 알에서 나는 메탄냄새를 연상한다), 트리메틸알은 메탄이고, 트리에틸알은 에탄이다.

(7) 이상기체방정식

① 이상기체의 개념을 완전히 이해할 필요는 없다.

② 이상기체방정식문제가 나오면 **공식을 외워서 대입**하면 된다.

ㄱ. 공식은, $PV = \dfrac{W}{M}RT$ 이다.

ㄴ. P 는 압력이고 단위는 atm이다(만약, 압력단위가 mmHg로 제시되었된 경우 제시된 압력에 1/760을 곱하면 atm 단위가 되므로 atm단위로 변환해서 대입하면 된다.).

ㄷ. V는 부피이고 단위는 L 혹은 m^3(1L는 $0.001m^3$이다.).

ㄹ. w는 질량이고 단위는 g 혹은 kg

ㅁ. M은 분자량이고 단위는 g/mol 혹은 kg/kmol($\dfrac{W}{M}$ 은 몰수이다. *(g or kg을 g/mol or kg/mol로 나누면 mol만 남는다)*. 따라서 해당 물질의 분자량과 질량이 안나오고 그냥 몰수가 나오면 몰수로 계산하면 된다.

즉, PV = 몰수 × RT이다.

ㅂ. R은 기체상수이고 0.082atm·L/mol·K 혹은 0.082atm·m^3/mol·K(그냥 0.082로 하면 된다.)

ㅅ. T는 절대온도이고 단위는 K이고 섭씨온도에 273을 더하면 된다.

❓ 문제

Q. 액화 이산화탄소 1kg이 온도 25℃, 기압 2atm에서 방출되어 모두 기체가 되었다. 방출된 기체상의 이산화탄소 부피는 약 몇 L인가?

A. 위의 식에 대입하면 V는 질량(w) 1000g(1kg)을 분자량(M) 44g 나누고 기체상수(R) 0.082와 절대온도(T) 298(25+273)을 곱한후 다시 압력 2를 나누면 된다.

문제에서 화학반응이 있고 생성된 물질 혹은 생성전 물질의 부피를 구하는 경우 화학반응식의 몰수에 따라 비례하여 구하면 된다.

즉, 2A+B→3C 가 반응식이라고 하면 ABC 각각의 물체의 부피는 2몰 1몰 3몰이므로 2 대 1 대 3이 된다(앞에서 설명했듯이 모든 기체의 1mol당 부피는 같다는 점을 꼭 기억한다.). A가 2몰 반응한 경우 C부피를 구하면 그는 곧 3몰이고, 모든 기체의 1몰의 부피는 22.4L이므로 답은 22.4 곱하기 3이 된다.

같은 반응식에서 A물질 100kg 완전 연소하기 위한 B물질의 부피를 구하는 문제라면, A분자량이 10, B의 분자량이 15라고 가정하면, 해당 반응식에서 A분자 2개당 B는 1개 반응하게 되는데, A, B 분자량은 각 10. 15 이므로 A의 분자량의 2배 20g대 B의 분자량의 1배인 15g비율로 반응하게 된다. 즉, 20:15=100:X 이고 구하면 반응하는 B 물질은 75kg이 되는 것이다.

B의 질량과 분자량을 위에 이상기체방정식에 대입하면 B의 부피를 구할 수 있게 된다(온도, 압력은 문제에 주어질 것이다.)

정리하면 온도, 압력이 주어지면,
  1) **질량과 분자량을 구하면 위 방정식을 통해 부피를 구할 수 있다.**
  2) **A물질의 부피를 구하기 위해 A물질의 질량과 분자량이 주어지면 위 식에 대입해서 구하면 된다.**
  3) 그런데, **B물질의 부피를 구하기 위해 A물질의 질량**이 주어지면, 위 반응식에서 **A물질의 질량에 따라 비례하여 반응하는 B물질의 질량**을 구해서(위에서의 20:15를 의미) **B물질의 질량과 분자량을 위 이상기체방정식에 대입**하면 B의 부피를 구할 수 있다.

II. 화재와 소화

1. 연소

가연물이 산소 등의 공기 속에서 타는 현상이다(따라서 연소속도는 산화속도이다.).

(1) 연소의 3요소

가연물, **산**소공급원, **점**화원 (연소는 가산점으로 암기)

1) 가연물

① 목재, 석탄, 플라스틱, 금속 등 주로 산화되기 쉬운 물질을 말한다.

② **가**연물이 되기 쉬운 조건(**발화점이 낮아지는 조건**으로 문제에 나오기도 한다.)

ㄱ. **발**열량이 클 것(에너지를 많이 뿜어냄)

ㄴ. 열**전**도율이 작을 것(열이 전달 안되어야 온도가 상승하기 쉽다.)

ㄷ. **산**소 친화력이 클 것(연소란 산소와의 반응을 의미하므로 산소를 잘 만나야 잘 탄다.)

ㄹ. 표**면**적이 넓을 것(산소와 접하는 면적이 넓어야 잘 탄다. 따라서 기체, 액체, 고체의 순으로 가연물이 되기 쉬운 것이다.)

ㅁ. **활**성화 에너지가 작을 것(활성화에너지가 작으면 반응이 쉽게 이루어진다는 의미이다.)

ㅂ. 화학적 **활**성도가 클 것

ㅅ. **연**쇄반응을 일으킬 수 있는 것

암기 방법

가발연산전면활활로 암기 연산군 가발이 앞에서 활활 타는 장면 연상하기

---

2) 산소공급원

① 산소공급물질은 대표적으로 **공기중의 산소**가 있다.

② 그 외에도 **제1류, 제6류 위험물은 모두 산화성**(즉, 주로 산소를 포함하고 있다는 의미로 다른 물질을 산화시킨다. 산화란 산소를 얻는 것이다. 산화성 물질은 다른 물질에 산소를 얻게 한다는 의미이다)이므로 산소공급원이 된다. 제5류 위험물도 자기 반응성 물질로 산소를 포함하고 있으므로 산소공급원이 된다.

③ **공기중 산소, 1, 5, 6류 위험물**을 기억하면 된다.

④ 이론산소량 : 물질을 연소시키기 위해 필요한 이론적 산소량이다.

ㄱ. 산식은

- 중량기준일 때 $O = 2.667C + 8(H - \frac{1}{8}O') + S$
  오른쪽 변의 C, H, O′, S는 연소하는 물질속(가연물)에 있는 탄소 수소 산소 황의 양이다.

> ✏️ **예를 들어 계산해 보기**
>
> 탄소 70%, 수소 20%, 황 10%로 된 물질 1kg을 완전 연소하기 위해 필요한 산소의 양을 구하는 문제이다. 각 700, 200, 100g을 대입하면 되고 O′는 0을 대입한다.
>
> 단순히 탄소 30g 완전연소 위해 필요한 산소를 구하는 문제라면 위 식에 탄소만 있으니, 2.667에 30을 곱한 값이 된다. H, O', S 값은 0이므로 신경쓸 필요 없다.

- 부피기준일 때 $O = 1.867C + 5.6(H - \frac{1}{8}O') + 0.7S$
- 이론공기량은 위 물질을 태우는데 필요한 공기를 구하는 문제이다.

> ✏️ **예를 들어 계산해 보기**
>
> 산소가 공기 중에 23%의 중량으로 있다고 가정하면 1 : 0.23 = 필요한 공기 : 이론산소량이 되고, 즉, 이론산소량을 0.23으로 나누면 된다(필요한 공기 × 0.23 = 1 × 이론산소량).
>
> 산소가 공기 중에 21%의 부피로 있다고 가정하면 부피 이론산소량을 0.21로 나누면 된다.

3) 점화원

① 불, 정전기 불꽃, 충격 불꽃, 마찰, 스파크 등이다.

② **정전기**의 경우 점화원이 되므로 **정전기 방지 방법**을 알아 두어야 한다.

ㄱ. **접지**(땅에 접한다.)

ㄴ. **실내공기 이온화**

ㄷ. 실내습도 <u>상대습도 70% 이상</u>으로 유지

(2) 연소의 종류

① 기체의 연소(어떤 연소가 기체 연소인지 정도 알면 될 듯하다.)

확산연소, 폭발연소 등이 있다.

② 액체의 연소

증발연소(알코올, 에테르 석유 등 **가연성 액체의 증발**로 인한 증기가 **공기와 만나서** 타는 연소), 다른 연소도 있으나 액체의 특성을 생각해서 유추하면 될 듯하다.

③ **고체의 연소**

가장 중요하다(무엇이 어떤 연소 인지 암기해야 한다.).

ㄱ. **표면연소 : 목탄(숯), 코크스, 금속분** 등
ㄴ. **분해연소 : 석탄, 목재, 종이, 섬유, 플라스틱** 등
ㄷ. **증발연소 : 나프탈렌, 장뇌, 황(유황), 양초(파라핀), 왁스, 알코올**
ㄹ. **자기연소 : 주로 5류 위험물**(이는 물질 내에 산소를 가진 자기연소 물질로서 주로 니트로기를 가지고 있다.)

(3) 기타 개념

1) 인화점

① **가연성물질**이 **점화원과 만났을 때** 불이 붙는 최저온도
② 가연성 **증기가 연소범위 하한에 도달하는 최저온도**
③ **낮을수록 인화 위험이 크다**(인화점 이상이면 인화될 위험이 있다는 의미).
④ **인화점이 상온보다 낮은 4류 위험물은 주의를 요한다.** 즉, 상온에서 점화원이 있으면 불이 잘 붙는 다는 의미이기 때문이다(1석유류, 2석유류, 3석유류, 4석유류, 동식물류 순으로 인화점이 낮다. 특수인화물의 경우 인화점이 대체로 낮으나 반드시 위의 순서에 해당하지는 않는다).

특수인화물인 경우 **이**소프랜은 -54도, 이소**펜**탄은 -51도, **디**에틸에테르 **-45**, 이세트**알**데히드 -38, 산화**프**로필렌 -37, **이**황화탄소 **-30℃ 순서 외워두면 좋다(이펜디알프리(이))**, 디에틸에테르, 이황화탄소는 인화점 온도도 기억해야 한다.

아세톤(-18도), 벤젠(-11도), 톨루엔(4도)의 인화점도 기억한다.

2) 착화점(발화점)

① **점화원 없이 축적된 열만으로** 불이 붙는 최저 온도(쉽게 말해 불없이 열로 불이 붙는 온도, 따라서 당연히 인화점보다 높다.)
② **발화점 달라지는 요인**
ㄱ. 공간의 **형태/크기**(공간이 작으면 가스농도가 높아진다), 가열속도, 가연가스와 공기조성비, 수분, 열전도율, 열축적, 공기의 유동 등이 영향을 미친다.
ㄴ. 자연발화 발생조건은 **주위 온도가 높고, 습도가 높고, 표면적이 넓고, 발열량이 크고 열전도율이 작으면 잘 발생한다.**
ㄷ. 자연발화 방지하기 위해서는 **주위 온도를 낮게, 통풍을 잘 시키고, 습도를 낮추고, 열축적을 막고, 불활성가스를 주입**해 산소농도를 낮추어야 한다.
ㄹ. 자연발화의 형태는 아래와 같다.

산화열	건성유, 석탄, 고무분말에 의한 발화
분해열	셀룰로이드에 의한 발화
흡착열	활성탄, 목탄분말에 의한 발화
미생물	퇴비, 먼지 속의 미생물에 의한 발화

□ **이황화탄소의 경우 90도, 황린은 34도**, 이 두물질은 발화점이 낮은 편이다.

3) 연소범위

① 연소가 발생할 수 있는 **공기 중의 가연물의 비율의 상한과 하한**을 의미한다.

② 즉, 휘발유의 경우 범위가 1.4 - 7.6%인데, 공기가 98.6% 이고 휘발유가 1.4% 인 경우부터 공기가 92.4% 이고 휘발유가 7.6% 사이의 휘발유 농도까지 연소가 발생할 수 있다는 의미이다.

③ **하한이 낮을수록, 상한이 높을수록 범위가 넓을수록** 연소 가능성이 있으므로 더 위험하다(하한이 낮으면 공기 중에 해당 물질이 조금만 있어도 연소가 된다는 의미이고, 상한이 높으면 공기 중에 해당 물질이 상당히 많아도 여전히 연소가 된다는 의미이다. 해당 물질의 연소범위의 상한보다 높은 비율로 물질이 있다면 오히려 공기가 부족해 연소가 안 일어난다는 의미이다. 따라서 상한이 높은 물질일수록 위험하다.).

④ 위험도는 (H-L)/L로 구한다(H는 상한, L은 하한). 상한과 하한의 차이가 클수록 위험하다.

4) 고온체의 색깔

담암적, 암적, 적/황/휘적, 황적, 백적/휘백으로 암기, 크게 /를 사이에 두고 **적/황/적/백**인데, 다시 위와 같이 세부적으로 나누어진다. 또한 온도 보다는 **순서를 기억**하는 것이 더 중요하다.

색깔	담암적	암적	적	황	휘적	황적	백(적)	휘백
온도(℃)	522	700	**850**	900	950	**1100**	1300	1500

2. 화재

(1) 화재의 종류

화재급수	명칭	물질	표현색
A급화재	일반화재	목재, 종이, 섬유, 플라스틱, 석탄 등	백색
B급화재	유류화재	4류 위험물, 유류, 가스, 페인트	황색
C급화재	전기화재	전선, 전기기기, 발전기 등	청색
D급화재	금속화재	철분, 마그네슘, 알루미늄분 등 금속분	무색

① 위의 표 **반드시 암기**해야 한다('**일류전속**'으로 암기하고 옆 칸 내용 암기하면 된다.).

② 화재는 **발화기**→**성장기**(여기까지 주로는 연료지배형 화재)→**플래시오버**→**최성기**(여기는 저온장기형 화재)→**감쇠기** 순서이다.

③ **고온단기형** 화재는 높은 온도, 단기의 화재로 주로 **목조 건축물**이고, **저온장기형**은 낮은 온도, 장기의 화재로 **내화건축물**에 해당한다.

(2) 화재의 특수현상

1) 유류탱크 관련

① **보일오버(Boil Over)** : **유류**탱크 화재 시 파손된 **탱크 밑면에 고여 있는 물**이 열을 받아 증발하면서 상부의 유류를 밀어 올려 분출하는 현상

② 슬롭오버

2) 가스탱크 관련

블레비(BLEVE) : **액화가스**가 탱크 내부에서 가열되어 **강도가 약해진 탱크 부분에서 폭발**하는 현상

3) 건축물 관련

플래시오버(Flash Over) : **성장기와 최성기 사이**의 현상으로 **건축물** 화재 시 미연소 가연물이 열에 분해되어 가연성 가스를 발생시키고, 이것이 **산소와 만나** 건물 내부 **전체로 화재가 확산(국부에서 전실화재로)**되는 현상, **내장재, 개구부**의 크기에 영향을 받는다.

3. 폭발

(1) 폭발의 종류

① **분진폭발(매우중요)**
ㄱ. **고체의 분진이 일정 농도 이상 공기 중**에 있을 때 점화원에 의해 착화에너지를 얻어 폭발하는 현상으로 입자가 **가벼워야** 분진폭발이 가능하다.
ㄴ. 분진폭발을 일으키는 물질 : **알루미늄, 마그네슘, 유황가루, 철분, 적린** 등의 금속물질과 **밀가루, 전분** 등의 곡물류로 **모두 가볍고 작다.**
ㄷ. 분진폭발을 일으키지 않는 물질 : **시멘트, 모래, 석회석 가루**, 탄산칼슘 등 모두 무겁다.
ㄹ. 분진폭발의 예방
- **습식**공정(물로 가루가 안 날리게 하는 것이다), 물과 반응하는 경우 **휘발성이 적은 유류**를 사용
- 배관 연결부위 등은 **밀폐**
- 가연성 분진취급장치는 **밀폐**

② **분해폭발** : **가스**가 분해되어 폭발하는 현상으로 **과산화수소, 히드라진 아세틸렌, 에틸렌** 등을 기억한다.

③ **중합폭발**: 중합열에 의해 폭발하는 현상으로 **시안화수소, 염화비닐** 등

④ **산화폭발**: LPG, LNG

(2) 폭발속도에 따른 분류

① **폭연(폭발시 연소파의 전파속도): 속도 0.1 - 10m/s**

② 폭굉: 속도 1000 - 3500m/s 로 음속보다 빠르다.

　ㄱ. 폭굉유도거리: 폭굉이 일어날 때까지의 거리이며 **짧을수록 폭발이 더 잘 된다는 의미**이다.

　ㄴ. 폭굉유도거리가 짧아지는 조건(읽어보면 이해될 것이다)

　　• 정상 연소속도가 큰 혼합가스 일수록

　　• 관지름이 가늘수록

　　• 압력이 높을수록

　　• 점화원의 에너지가 클수록

4. 소화(불을 끄는 것)

(1) 소화의 종류(연소의 3요소인 가연물, 산소공급원, 점화물과 연관하여 기억한다.)

① 제거소화: **가연물**을 제거하는 소화이다.

　소화약제를 별도로 쓰지 않고, 가스 화재 시 벨브를 잠그는 것 등이다.

② 질식소화: **산소공급원**의 산소농도를 낮추는 소화이다.

　주소화약제는 이산화탄소를 이용하며, 이산화탄소 소화약제, 포소화약제, 분말소화약제 등이다.

③ 냉각소화: **가연물의 온도**를 낮추는 소화이다.

　주소화약제는 물이며, **강화액소화약제** 등이다.

④ 억제소화: 연소 **연쇄반응**을 차단하는 소화이다.

　할로겐원소를 사용하며, 화학적 소화, **부촉매(억제) 소화**이다.

⑤ 희석소화: **가연물질의 농도를 낮추는** 소화이다(산소농도를 낮추는 질식소화와는 구분된다.).

⑥ 아래에서는 각각의 소화약제를 설명하는데, 각각의 소화약제가 **반드시 하나의 소화효과만 가지는 것은 아니라는 점**을 기억해야 한다.

(2) 소화약제

① 분말소화약제

　ㄱ. 주로 **질식소화효과, 부촉매효과**를 가진다.

　ㄴ. **이산화탄소, 질소**가 가압용가스로 사용된다.

　ㄷ. 분말의 종류(매우 중요)

종류	성분	적응화재	열분해반응식	색상
제1종분말	$NaHCO_3$ (탄산수소나트륨)	B, C	$2NaHCO_3$ $\rightarrow Na_2CO_3 + CO_2 + H_2O$	백색
제2종분말	$KHCO_3$ (탄산수소칼륨)	B, C	$2KHCO_3$ $\rightarrow K_2CO_3 + CO_2 + H_2O$	담회색
제3종분말	$NH_4H_2PO_4$ (제1인산암모늄)	A, B, C	$NH_4H_2PO_4$ $\rightarrow HPO_3$(메타인산)$+NH_3$(암모니아)$+H_2O$	담홍색
제4종분말	$KHCO_3+(NH_2)_2CO$ (탄산수소칼륨+요소)	B, C	$2KHCO_3+(NH_2)_2CO$ $\rightarrow K_2CO_3+2NH_3+2CO_2$	회색

- **1종분말소화약제는 비누화반응**을 일으키고, **질식, 억제소화**(부촉매)효과를 가진다.
- **1, 2, 3종 모두 물**이 나오며, **1, 2종은 이산화탄소, 3종은 질식소화가스인 메타인산(HPO_3)**이 나온다.

② 물소화약제
  ㄱ. 주로 **냉각소화**효과이다.
  ㄴ. **구하기 쉽고 무해**하다.
  ㄷ. **증발잠열이 크므로 냉각효과가 크며, 비열이 크다.**
  ㄹ. 물이므로 겨울에 **얼기 쉽다**. 따라서 **강화액소화제**를 사용한다.
  - **강화액소화제**는 **탄산칼륨(K_2CO_3)**을 첨가하여 **어는점을 낮춘** 소화약제로, pH12 이상(염기성)이다.
  - 어는 점이 낮아지는 것은 물의 표면장력이 약화되기 때문이다.
  - 물의 동결현상 방지 위해 **에틸렌글리콜** 사용한다.
  ㅁ. **전기화재, 금속분화재**에 효과 없고, **유류화재** 시에 연소범위를 확대시키므로 적합하지 **않다**(물은 유류같은 비수용성, 비중이 1보다 작은 물질의 연소범위를 확대시킨다.).

③ 포소화약제
  ㄱ. **CO_2를 발생**, 거품을 발생시켜 소화하며, 물에 거품발생시키는 약제를 첨가하여 만드므로 **질식효과**, 냉각효과를 가진다.
  ㄴ. 화학포 약제와 기계포(공기포) 약제로 구분한다.
  - **화학포** 약제는 황산알루미늄($Al_2(SO_4)_3$)과 탄산수소나트륨($NaHCO_3$)의 화학반응을 통해 **CO_2**를 발생시킨다. 기포안정제로 사포닌, 계면확성제, 카제인 등이 사용된다.
  - 기계포 소화약제에는 단백포(유류화재용 동결방지제로 **에틸렌글리콜**), 수성막포(**플루오르계** 계면활성제로 유류화재용), 내알콜포(**수용성 액체(아세톤)**화재, 알코올류화재용(다른 포는 알코올로 포가 파괴된다)), (다른 기계포 약제도 있으나 **화학포 외에는 기계포로 기억**하면 된다.)
  ㄷ. **수성막포**는 **분말소화약제와 병용(트윈에이전트 시스템)**하면 소화효과를 증진시킨다.

④ 이산화탄소
  ㄱ. **불활성 기체로 전기전도성이 없으므로 전기화재**에 유효하다.
  ㄴ. **질식효과, 냉각효과가 주된 효과이다**(질식효과이므로 밀폐된 공간에서 효과적이다.).
  ㄷ. **금속화재**에 쓰면 탄소가 발생 폭발하므로 쓰면 **안 된다.**
  ㄹ. 공기중 산소의 농도를 15% 이하로 낮추어 소화하는 **질식효과와 희석소화효과**가 있다.
   산소농도를 낮추기 위한 이산화탄소의 농도식은 CO_2의 농도(%) = (21 - %O_2) / 21×100

  > 🧮 예를 들어 계산해 보기
  > 공기중 산소농도를 14%로 낮추어 소화하기 위한 공기중 이산화탄소의 농도는?
  > (21 - 14) / 21×100 로 구하면 된다.

  ㅁ. 비전도성 불연성 기체로 사용 후 이산화탄소 바로 사라지므로 **오염이 없고 장기보관**이 가능하다.
  ㅂ. 압축된 기체가 좁은 관을 통과하면서 온도를 하강시키는 **줄-톰슨 효과에 의해 드라이아이스**를 발생시킨다.
⑤ 할로젠화합물
  ㄱ. 냉각, 연소반응을 **억제하는 부촉매(억제)**효과로 소화하며 화학적 효과이다.
  ㄴ. **유류, 전기**화재에 사용된다.
  ㄷ. 할론넘버를 이해해야 한다.
  • 1301처럼 네개의 숫자로 이루어져 있고, 각 숫자는 **순서대로 C, F, Cl, Br의 숫자를 의미**한다. 따라서 1301은 CF_3Br이다.

할론넘버	분자식	방사압력	소화기	소화효과	독성
1301	CF_3Br	0.9MPa	MTB 또는 BTM	▲ 좋음	▼ 강함
1211	CF_2ClBr	0.2MPa	**BCF**		
2402	$C_2F_4Br_2$	0.1MPa			
1011	CH_2ClBr				
104	CCl_4				

  • 할론 1301은 **오존층을 가장 많이 파괴**하나, **소화효과가 가장 좋고, 독성이 가장 낮다, 공기보다 무겁다**(브롬의 원자량은 80이다.).
  • 할론 104는 **사염화탄소**를 가지며, **포스겐가스($COCl_2$)를 발생시켜 환경을 오염**시키므로 사용하면 안 된다.
  • 할론넘버는 C가 1개인 1로 시작하는 경우는 뒤에 다른 것의 개수를 합해서 4 개 이하이면 4에서 그 수를 뺀 수 만큼 수소가 있는 것이다. 즉, 1011의 경우 탄소가 1개이고 Cl이 1개 Br이 1개 총 2개 있으므로 4에서 부족한만큼인 2개 만큼 수소가 있는 것이다. C가 4번 결합해서 안정화 되는 것을 기억하면 된다. 따라서 C가 2개인 경우 C 2개가 결합하고 나머지 각 3번씩 총 6번의 결합을 하므로 C를 제외한 나머지 원소의 총합이 6이되어야 한다.

⑥ 불활성 가스

ㄱ. **질식효과**이다.

ㄴ. **네온, 아르곤, 질소가스, 이산화탄소 등의 불활성 기체**를 혼합하여 사용한다(불활성가스 '네아질탄'으로 기억)(질소는 산소와 반응하지만 흡열반응 즉 열을 흡수한다.).

ㄷ. 대표적으로 IG-541이 있다(질소, 아르곤 이산화탄소가 52:40:8 비율로 섞인 기체이다.).

(3) 소화기

① 수동식소화기는 **방호대상물로부터 소형은 보행거리 20m 이하, 대형은 30m 이하**가 되도록 설치해야 한다.

② 제조소 등에서 **전기설비 설치 시 100m² 마다 소형수동식소화기 1개이상** 설치해야 한다.

③ 소화기 사용 방법

ㄱ. **적응화재에 따라**

ㄴ. **방출거리 내에서**

ㄷ. **바람을 등지고 풍상에서 풍하 방향으로**

ㄹ. **양옆으로 비로 쓸 듯이 골고루** 사용한다.

④ 소화기의 표시 : A-2(A는 적응화재, 2는 능력단위)

5. 소방시설

(1) 소화설비

① 크게 수계 소화설비와 가스계 소화설비가 있다.

② **수계는 옥내소화전/옥외소화전 설비, 스프링클러, 물분무소화, 포소화** 설비가 있고 **가스계는 이산화탄소, 불활성기체 소화와 할로젠화합물소화** 설비가 있다. **그 외에도 분말 소화설비(인산염류, 탄산수소염류, 그 밖의 것) 있다.**

③ 소요단위(아래표 매우 중요)

ㄱ. 소화설비 설치 대상 건축물 등의 **규모 또는 위험물의 양에 따른 기준단위**

ㄴ. **1소요단위에 해당하는 건물** 등에 대해 최소 1능력단위를 가진 만큼의 소화설비가 갖추어져야 한다는 점을 기억하자.

구분	내화구조	비내화구조
위험물	위험물의 지정수량×10	
제조소 및 취급소	100m²	50m²
저장소	150m²	75m²

ㄷ. **옥외설치된 공작물은 외벽이 내화구조인 것으로 간주한다.**

④ 능력단위

소요단위에 대응하는 소화설비의 능력 기준이다(아래표 매우 중요).

소화설비	물통	수조와 물통 3개	수조와 물통 6개	마른 모래	팽창질석, 팽창진주암
용량	8L	80L	190L	50L	160L
능력단위	0.3	1.5	2.5	0.5	1.0

> **? 문제**
>
> **Q.** 메틸알코올 8000리터에 대해 삽을 포함한 마른모래를 몇 리터 설치해야 하는가?
>
> **A.** 메틸알코올은 4류위험물로 지정수량이 400리터이다. 위의 소요단위에 관한 표를 보면 소요단위는 지정수량의 10배 이므로 4000리터가 되는데 8000리터는 2소요단위가 된다. 마른모래의 능력단위는 50리터당 0.5이므로 2가 되기위해서는 200리터가 필요하다. 즉, 소요단위가 2단위면, 해당 소화설비도 2능력단위만큼 준비해야 한다.

⑤ 옥내소화전설비(수계)

ㄱ. **비상전원을 설치하여 45분 이상** 작동해야 한다.

ㄴ. 각 건축물의 층마다 하나의 **호스접속구까지의 수평거리가 25m 이하**가 되도록 설치해야 한다(접속구로부터 너무 멀면 안 된다.).

ㄷ. 개폐밸브 및 호스접속구는 **바닥면으로부터 1.5m 이하** 높이에 설치해야 한다(밸브가 너무 높으면 안 된다.).

ㄹ. 수원의 수량은 옥내소화전이 **가장 많이 설치된 층의 설치개수에 7.8m³**을 곱한양이 되어야 한다(**설치개수가 5이상인 경우 5에 7.8 m³**을 곱한다.).

ㅁ. 각 층 기준 동시사용 시 각 노즐선단의 **방수 압력 350kPa** 이상이고 방수량이 **분당 260리터** 이상이 되어야 한다(즉, 2개 라면 방수량이 1분당 260리터×2이상이 되어야 한다. 다만 5개 이상인 경우 260에 5를 곱한다.).

ㅂ. 압력수조를 이용한 가압송수장치인 경우 그 압력은 아래의 수식에 의한 값 이상이어야 한다.

- $P = P_1 + P_2 + P_3 + 0.35$ (MPa)
- P : 구하는 압력(필요압력)(MPa)
- P_1 : 소방용 호수의 마찰손실수두압(MPa)
- P_2 : 배관의 마찰손실수두압(MPa)
- P_3 : 낙차의 환산수두압(MPa)

⑥ 옥외소화전설비

ㄱ. 건축물을 방호대상으로 할 경우 1, 2층에 한한다.

ㄴ. 수원의 양은 설치개수에 **13.5m³를 곱한다(4개이상일 경우 4개가 기준이다.).**

ㄷ. 방수압력은 동시 사용 시 **각 350kPa 이상** 방수량은 **분당 450리터 이상**이 되어야 한다.

ㄹ. 개폐밸브, 호스접속구는 지반면으로부터 1.5m 이하의 높이에 설치할 것

ㅁ. 옥외소화전함과 옥내소화전의 거리는 보행거리 5m 이내여야 한다.

⑦ 스프링클러설비

ㄱ. 폐쇄형 헤드의 경우 30개 헤드를 동시 사용할 경우 각 선단의 송수량은 **방수압력 100kPa로 80L/분의 방수량**을 충족시켜야 한다.

ㄴ. 폐쇄형 스프링클러 급배기용 덕트폭이 1.2m를 초과하면 **덕트 아랫부분에도 헤드를 설치**해야 한다.

ㄷ. 개방형 스프링클러 헤드의 경우 **수동식 개방밸브를 조작하는데 필요한 힘은 15kg 이하**가 되어야 한다.

ㄹ. 스프링클러는 **화재를 초기에 진압할 수 있는 장점**이 있으나, **초기 시설비용이 많이 든다는 단점**이 있다.

⑧ 물분무소화설비

ㄱ. **2개 이상의 방사구역**을 두는 경우 방사구역이 **상호 중복**되도록 해야 한다.

ㄴ. 고압 전기설비가 있는 경우 전기설비와 분무헤드 및 배관 사이에 전기전열을 위해 필요한 공간을 두어야 한다.

ㄷ. 스트레이너 및 일제개방밸브는 제어밸브의 하류측 부근에 스트레이너, 일제개방밸브의 순으로 설치한다.

ㄹ. 수원의 수위가 수평회전식펌프보다 **낮은 위치에 있는 가압송수장치의 물올림장치는 단독**으로 설치한다.

⑨ 포소화설비

방호대상물 표면적 **9m² 당 1개 이상**의 헤드를 설치한다.

⑩ 이산화탄소소화설비는 **국소방출방식**인 경우 소화약제 방출시간은 30초 이내로 균일하게 방사해야 한다.

불활성가스소화설비의 저장용기는 **40℃ 이하인 장소, 방호구역 외**에 설치해야 한다.

⑪ 분말소화설비

분말소화설비의 가압용 또는 축압용 가스는 **질소 또는 이산화탄소**이다.

(2) 경보설비

① 종류:자동화재탐지설비, 자동화재속보설비, 비상경보설비(비상벨, 단독경보형 감지기 등), 비상방송설비, 누전경보기 등이 있다(종류는 이런 것이 있다 정도만 기억한다.).

② 제조소 등에 따라 설치해야 하는 경보설비

제조소 등의 구분	제조소의 규모, 저장 또는 취급하는 위험물의 종류 및 최대수량	경보설비
제조소 및 일반취급소	• **연면적이 500m² 이상**인 것 • 옥내에서 **지정수량 100배 이상**을 취급하는 경우	**자동화재탐지설비**
옥내저장소	• **지정수량 100배** 이상 저장 또는 취급하는 경우 • 저장창고 연면적이 150m²를 초과하는 경우 • **처마높이가 6m 이상인 단층건물**의 경우	**자동화재탐지설비**
옥내탱크저장소	• **단층건물외 건축물에 설치된 경우 소화난이도등급 I 에 해당**하는 경우	**자동화재탐지설비**
주유취급소	• **옥내주유취급소**	**자동화재탐지설비**
옥외탱크저장소	• 특수인화물, 1석유류, 알코올류 저장/취급하는 경우로 탱크용량이 1000만리터 이상인 것	자동화재탐지설비 자동화재속보설비
위의 자동화재탐지설비 설치대상에 해당하지 아니하는 경우(이송취급소는 제외)	• **지정수량의 10배 이상**을 저장 또는 취급하는 경우(즉, 지정수량 10배 이상 저장, 취급하면 경보설비를 적어도 하나는 설치해야 한다, 경보설비 설치 기준 지정수량 10배로 기억한다)	자동화재탐지설비, 비상경보설비, 확성장치 또는 비상방송설비 **중 1종 이상**

(자동화재탐지설비 대상이 중요하다. '자동화재탐지설비 외 다른 경보설비를 설치해도 되는 것은?'과 같은 문제가 나온다.) 이송취급소의 이송기지에는 비상벨장치 및 확성장치를 설치한다.

③ 자동화재탐지설비 설치 기준

ㄱ. 경계구역이 건축물 그 밖의 공작물의 <u>2 이상의 층에 걸치지 아니하도록 할 것</u>(단, 하나의 경계구역이 500m² 이하이고 당해 경계구역이 두 개의 층에 걸치는 경우, 계단, 경사 등인 경우는 가능)

ㄴ. 하나의 **경계구역은 600m² 이하**로 하고 그 한 변의 길이는 50m(광전식분리기의 경우 100m) 이하로 할 것. 다만, 주요한 출입구에서 **그 내부의 전체를 볼 수 있는 경우 경계구역 1000m² 이하**로 가능

ㄷ. <u>비상전원</u>을 설치할 것

ㄹ. 일반점검표상 자동화재탐지설비의 구성인 감지기, 중계기, 수신기 등의 점검 내용은 변형/손상유무, 기능 적부 등이다. 점검내용 중 경계구역 일람도의 적부 항목은 오직 **수신기(통합조작반)**에만 있다 (수신기 하면 경계구역 일람도의 적부로 기억한다.).

(3) 피난설비(피난설비 하면 유도등으로 기억한다)

① 주유취급소 중 건축물의 **2층 이상의 부분을 점포·휴게음식점 또는 전시장**의 용도로 사용하는 것에 있어서는 당해 건축물의 2층 이상으로부터 주유취급소의 부지 밖으로 통하는 출입구와 당해 출입구로 통하는 통로·계단 및 출입구에 <u>유도등</u>을 설치한다.

② 옥내주유취급소에 있어서는 당해 사무소 등의 출입구 및 피난구와 당해 피난구로 통하는 통로·계단 및 출입구에 <u>유도등</u>을 설치한다.

6. 소화난이도 및 소방시설 적응성

(1) 소화난이도(위험물안전관리법 **시행규칙 별표17**)

1) I등급

제조소 등의 구분	제조소 등의 규모, 저장 또는 취급하는 위험물의 품명 및 최대수량 등
제조소 일반취급소	• **연면적 1,000m² 이상**인 것 • **지정수량의 100배 이상**인 것(고인화점위험물만을 100℃ 미만의 온도에서 취급하는 것 및 제48조의 위험물을 취급하는 것은 제외) • 지반면으로부터 6m 이상의 높이에 위험물 취급설비가 있는 것(고인화점위험물만을 100℃ 미만의 온도에서 취급하는 것은 제외) • 일반취급소로 사용되는 부분 외의 부분을 갖는 건축물에 설치된 것(내화구조로 개구부 없이 구획된 것, 고인화점위험물만을 100℃ 미만의 온도에서 취급하는 것 및 별표 16 X의 2의 화학실험의 일반취급소는 제외)
주유취급소	• 별표 13 V제2호에 따른 **면적의 합이 500m²를 초과**하는 것
옥내저장소	• **지정수량의 150배 이상**인 것(고인화점위험물만을 저장하는 것 및 제48조의 위험 물을 저장하는 것은 제외) • 연면적 150m²를 초과하는 것(150m² 이내마다 불연재료로 개구부없이 구획된 것 및 인화성고체 외의 제2류 위험물 또는 인화점 70℃ 이상의 제4류 위험물만을 저장하는 것은 제외) • **처마높이가 6m 이상인 단층건물**의 것 • 옥내저장소로 사용되는 부분 외의 부분이 있는 건축물에 설치된 것(내화구조로 개구부없이 구획된 것 및 인화성고체 외의 제2류 위험물 또는 인화점 70℃ 이상의 제4류 위험물만을 저장하는 것은 제외)
옥외탱크저장소	• **액표면적이 40m² 이상**인 것(제6류 위험물을 저장하는 것 및 고인화점위험물만을 100℃ 미만의 온도에서 저장하는 것은 제외) • **지반면으로부터 탱크 옆판의 상단까지 높이가 6m 이상**인 것(**제6류 위험물을 저장**하는 것 및 고인화점위험물만을 100℃ 미만의 온도에서 저장하는 것은 **제외**) • 지중탱크 또는 해상탱크로서 지정수량의 100배 이상인 것(제6류 위험물을 저장하는 것 및 고인화점위험물만을 100℃ 미만의 온도에서 저장하는 것은 제외) • 고체위험물을 저장하는 것으로서 지정수량의 100배 이상인 것
옥내탱크저장소	• 액표면적이 40m² 이상인 것(제6류 위험물을 저장하는 것 및 고인화점위험물만을 100℃ 미만의 온도에서 저장하는 것은 제외) • **바닥면으로부터 탱크 옆판의 상단까지 높이가 6m 이상인 것**(**제6류 위험물을 저장**하는 것 및 고인화점위험물만을 100℃ 미만의 온도에서 저장하는 것은 **제외**) • 탱크전용실이 단층건물 외의 건축물에 있는 것으로서 인화점 38℃ 이상 70℃ 미만의 위험물을 지정수량의 5배 이상 저장하는 것(내화구조로 개구부 없이 구획된 것은 제외한다.)

옥외저장소	• 덩어리 상태의 유황을 저장하는 것으로서 경계표시 내부의 면적(2 이상의 경계표시가 있는 경우에는 각 경계표시의 내부의 면적을 합한 면적)이 100m² 이상인 것 • 별표 11 III의 위험물을 저장하는 것으로서 지정수량의 100배 이상인 것
암반탱크저장소	• **액표면적이 40m² 이상**인 것(제6류 위험물을 저장하는 것 및 고인화점위험물만을 100℃ 미만의 온도에서 저장하는 것은 제외) • 고체위험물만을 저장하는 것으로서 지정수량의 100배 이상인 것
이송취급소	• 모든 대상

2) I등급에 설치해야 하는 소화설비

① 자세한 사항은 위 별표17에 나와 있으나 기출 된 필요한 부분만 살펴본다.

② 옥내저장소의 경우 처마높이가 6m 이상인 단층건물 또는 다른 용도 부분이 있는 건축물의 옥내저장소: 스프링클러 또는 이동식 외의 물분무등소화설비

옥내저장소의 그 밖의 경우: 옥외소화전설비, 스프링클러설비, 이동식 외의 물분무등소화설비 또는 이동식 포소화설비(포소화전을 옥외에 설치하는 것에 한한다.)

③ 옥외탱크저장소의 경우

ㄱ. 지중탱크 또는 해상탱크 외의 것으로 인화점 70℃ 이상의 제4류 위험물만을 저장취급 하는 것: **물분무소화설비 또는 고정식 포소화설비**, 이동식 외 할로젠화합물 소화설비

ㄴ. 유황만을 저장, 취급하는 경우: **물분무소화설비**

암바탱크저장소의 경우 인화점 70℃ 이상의 제4류 위험 물만을 저장취급 하는 것: **물분무소화설비 또는 고정식 포소화설비**

3) II 등급

제조소 등의 구분	제조소 등의 규모, 저장 또는 취급하는 위험물의 품명 및 최대수량 등
제조소 일반취급소	• **연면적 600m² 이상**인 것 • **지정수량의 10배 이상**인 것(고인화점위험물만을 100℃ 미만의 온도에서 취급하는 것 및 제48조의 위험물을 취급하는 것은 제외) • 별표 16 II·III·IV·V·VIII·IX·X 또는 X의 2의 일반취급소로서 소화난이도 등급I의 제조소 등에 해당하지 아니하는 것(고인화점위험물만을 100℃ 미만의 온도에서 취급하는 것은 제외)
옥내저장소	• 단층건물 이외의 것 • 별표 5 II 또는 IV 제1호의 옥내저장소 • 지정수량의 10배 이상인 것(고인화점위험물만을 저장하는 것 및 제48조의 위험 물을 저장하는 것은 제외) • 연면적 150m² 초과인 것 • 별표 5 III의 옥내저장소로서 소화난이도 등급I의 제조소 등에 해당하지 아니하는 것

제조소 등의 구분	
옥외탱크저장소 옥내탱크저장소	• 소화난이도등급 I의 제조소 등 외의 것(고인화점위험물만을 100℃ 미만의 온도로 저장하는 것 및 **제6류 위험물만을 저장하는 것은 제외**)
옥외저장소	• 덩어리 상태의 유황을 저장하는 것으로서 경계표시 내부의 면적(2 이상의 경계표시가 있는 경우에는 각 경계표시의 내부의 면적을 합한 면적)이 5m² 이상 100m² 미만인 것 • 별표 11 III의 위험물을 저장하는 것으로서 지정수량의 10배 이상 100배 미만인 것 • 지정수량의 100배 이상인 것(덩어리 상태의 유황 또는 고인화점위험물을 저장하는 것은 제외)
주유취급소	• **옥내주유취급소**로서 **소화난이도등급 I의 제조소 등에 해당하지 아니하는 것**
판매취급소	• 제2종 판매취급소

4) II 등급 제조소 등에 설치해야 하는 소화설비

제조소 등의 구분	소화설비
제조소 옥내저장소 옥외저장소 주유취급소 판매취급소 일반취급소	방사능력범위 내에 당해 건축물, 그 밖의 공작물 및 위험물이 포함되도록 대형수동식소화기를 설치하고, 당해 위험물의 **소요단위의 1/5 이상**에 해당되는 능력단위의 소형수동식소화기 등을 설치할 것
옥외탱크저장소 옥내탱크저장소	대형식수동소화기 및 소형수동식소화기를 **각각 1개 이상** 설치할 것

5) III 등급

제조소 등의 구분	제조소 등의 규모, 저장 또는 취급하는 위험물의 품명 및 최대수량 등
제조소 일반취급소	• 제48조의 위험물을 취급하는 것 • 제48조의 위험물 외의 것을 취급하는 것으로서 소화난이도등급I 또는 소화난이도등급II의 제조소 등에 해당하지 아니하는 것
옥내저장소	• 제48조의 위험물을 취급하는 것 • 제48조의 위험물 외의 것을 취급하는 것으로서 소화난이도등급I 또는 소화난이도등급II의 제조소 등에 해당하지 아니하는 것
지하탱크저장소 간이탱크저장소 이동탱크저장소	• 모든 대상

옥외저장소	• 덩어리 상태의 유황을 저장하는 것으로서 경계표시 내부의 면적(2 이상의 경계 표시가 있는 경우에는 각 경계표시의 내부의 면적을 합한 면적)이 5m² 미만인 것 • 덩어리 상태의 유황 외의 것을 저장하는 것으로서 소화난이도등급I 또는 소화 난이도 등급 II의 제조소 등에 해당하지 아니하는 것
주유취급소	• 옥내주유취급소 외의 것으로서 소화난이도등급I의 제조소 등에 해당하지 아니하는 것
제1종 판매취급소	• 모든 대상

6) III 등급 제조소 등에 설치해야 하는 소화설비

그 밖의 제조소 등의 경우: **소형수동식 소화기** 등(능력단위의 수치가 건축물 그 밖의 공작물 및 위험물의 소요단위의 수치에 이르도록 설치할 것. 다만, **옥내소화전설비, 옥외소화전설비, 스프링클러설비, 물분무등소화설비 또는 대형수동식소화기를 설치한 경우**에는 당해 소화설비의 방사능력 범위내의 부분에 대하여는 수동식소화기 등을 그 능력단위의 수치가 **당해 소요단위의 수치의 1/5 이상이 되도록 하는 것 족하다.)**

(2) 소화설비의 적응성

① 어떤 소화 설비가 어떤 화재에 대해 효과적인지에 대한 문제이다.

② **아래 표**에서 살펴보면 된다(위 표17에 자세한 내용이 있다.). (**매우중요**하다.)

소화설비의 구분		건축물 그밖의 공작물	전기 설비	제1류위험물		제2류위험물			제3류위험물		제4류 위험물	제5류 위험물	제6류 위험물
				알칼리금속 과산화물 등	그밖의 것	철분, 마그네슘 금속분 등	인화성 고체	그밖의 것	금수성 물품	그밖의 것			
옥내/옥외소화전설비		○			○		○	○		○		○	○
스프링클러설비		○			○		○	○		○	△	○	○
물분무등소화설비	물분무소화설비	○	○		○		○	○		○	○	○	○
	포소화설비	○			○		○	○		○	○	○	○
	불활성가스소화설비		○				○				○		
	할로젠화합물소화설비		○				○				○		
	분말소화설비 인산염류 등	○	○		○		○	○			○		○
	분말소화설비 탄산수소염류 등		○	○		○	○		○		○		
	분말소화설비 그 밖의 것			○		○			○				

	소화기 종류	1	2	3	4	5	6	7	8	9	10
대형/소형수동식소화기	봉상수소화기	○			○		○	○	○		○	○
	무상수소화기	○	○		○		○	○	○		○	○
	봉상강화액소화기	○			○		○	○	○		○	○
	무상강화액소화기	○	○		○		○	○	○	○	○	○
	포소화기	○			○		○	○	○		○	○
	이산화탄소소화기		○				○			○		△
	할로젠화합물소화기		○				○			○		
분말소화기	인산염류소화기	○	○		○		○			○		○
	탄산수소염류소화기		○	○		○	○		○	○		
	그 밖의 것			○		○			○			
기타	물통 또는 수조	○			○		○	○		○	○	○
	건조사			○	○	○	○	○	○	○	○	○
	팽창질석/팽창진주암			○	○	○	○	○	○	○	○	○

△는 제4류 위험물의 경우 장소의 살수기준면적에 따라 스프링클러설비의 **살수밀도**가 다음표에 정하는 기준 이상인 경우 적응성이 있음을, 6류위험물의 경우 **폭발의 위험이 없는 장소에 한하여 이산화탄소소화기**가 적응성이 있음을 각각 표시한다.

살수기준면적 (m^2)	방사밀도($ℓ/m^2$분)		비고
	인화점 38°C 미만	인화점 38°C 이상	
279 미만	16.3 이상	12.2 이상	살수기준면적은 내화구조의 벽 및 바닥으로 구획된 하나의 실의 바닥면적을 말하고, 하나의 실의 바닥면적이 $465m^2$ 이상인 경우의 살수기준면적은 $465m^2$로 한다. 다만, 위험물의 취급을 주된 작업내용으로 하지 아니하고 소량의 위험물을 취급하는 설비 또는 부분이 넓게 분산되어 있는 경우에는 방사밀도는 $8.2ℓ/m^2$분 이상, 살수기준 면적은 $279m^2$ 이상으로 할 수 있다.
279 이상 372 미만	15.5 이상	11.8 이상	
372 이상 465 미만	13.9 이상	9.8 이상	
465 이상	12.2 이상	8.1 이상	

암기요령 (위의 표를 함께 보면서 암기한다)

1. 소화설비의 구분와 관련해서, 크게 **설비, 소화기, 기타**로 나누어진다.
2. **설비**의 구분에서는 크게 3가지로 기억한다. (1) **물관련설비(옥내/옥외소화전, 스프링클러, 물분무소화설비, 포소화설비**), (2) **불활성가스, 할로젠화합물** (3) **분말(인산염류, 탄산수소염류, 그 밖의 것)**을 순서대로 잘 외운다.
3. **소화기**는 (1) 물관련에는 **수(봉상, 무상)**, 강화액(봉상강화액, 무상강화액), 포소화기가 있고 (2) **이산화탄소(불활성가스의 대표), 할로젠화합물** 소화기, (3) **분말(인산염류, 탄산수소염류 그 밖의 것)**로 나누어짐을 외운다. 위의 2번과 대응하여 암기하면 된다.
4. 기타에는 **물통 수조, 건조사, 팽창질석/팽창진주암**이 있다. 건조사, 팽창질석/팽창진주암 등은 간이소화용구에 해당한다.
5. 1, 2, 3 위험물 중 **물을 쓸 수 없는** 경우 3가지(**알칼리금속과산화물 등, 철분/마그네슘/금속분 등, 금수성물품**)는 탄산수소염류(설비, 소화기), 건조사(마른모래), 팽창질석, 팽창진주암 사용 외에는 없다는 것을 외운다. 2류 위험물 중 **5황화린, 7황화린은 주수금지이다**(3황화린은 주수가능하다.).
6. 1, 2, 3 위험물 중 "그 밖의 것" 3가지는 **물소화설비(4가지 : 옥내/외소화전, 스프링클러, 물분무, 포소화)**가 된다는 것 암기하고, 소화기의 경우도 **물소화기(봉상수, 무상수, 봉상강화액, 부상강화액, 포소화기)**는 다 된다.
  기타(물통, 건조사, 팽창질석 등)도 다 된다. "그 밖의 것"은 1, 2, 3류 위험물은 기본적으로 동일하다. **다만, 1, 2류 경우는 인산염류 등** 소화설비만 하나 더 되고, 따라서 소화기에서도 인산염류등 소화기가 더 된다. 결론은 1, 2, 3 위험물의 경우 그 밖의 경우 모두 동일하나, 1, 2의 경우는 인산염류만 하나 더 된다.
7. **5류 위험물은 위의 3류 위험물의 "그 밖에 것"과 완전히 동일**하다.
8. **6류 위험물은 위의 1, 2류 위험물의 "그 밖에 것"과 동일하나 산화탄소소화기의 경우 세모가 하나 더 있다.**
9. **건축물 및 공작물은 위의 1, 2류 위험물의 그 밖에 것과 건조사, 팽창질석/팽창진주암만 빼고 동일**하다.
10. **2류 위험물 인화성 고체는 그냥 다 된다**고 기억한다. **4류 위험물은 2류 인화성고체와 유사**하나 **물관련 설비의 반(옥내/외소화전은 안되고 스프링클의 경우 세모)이 다르다**. 따라서 **소화기도 반만 되고, 기타의 경우도 물통 수조는 안 된다**.
11. **전기설비는 물관련 설비에서 물분무소화설비만 되고 나머지 설비에서는 다 된다고 암기한다. 소화기의 경우 물관련 소화기에서 무상수, 무상강화액만 되고 나머지 소화기에서는 다 된다**고 암기한다. 기타에서는 안 된다.
12. 다음으로는 이미 위에서 다 암기한 내용이지만, 가로로 보면 편리한 것 몇가지만 본다.
    - 위의 (2) 불활성가스, 할로젠화합물 소화설비는 전기설비, 인화성고체, 4류 위험물만 된다. 소화기의 경우도 동일하다. 다만 이산화탄소 소화기의 경우 6류 위험물에 대해서는 세모이다.
    - 건조사, 팽창질석/팽창진주암은 건축물 기타 공작물과 전기설비에서만 안되고 나머지는 다 된다.
13. 물을 쓸 수 있다는 점은 물과 만나도 위험하지 않다는 의미이다(**예를 들면, 5류 위험물 물과 반응 위험이 크다라고 하면 틀린 문장이다.**).

1. 정의 및 분류

위험물이란 **인화성 또는 발화성** 등의 성질을 가지는 것으로 **대통령령**으로 정하는 물질을 말한다.

(1) 분류

명칭	성상	위험성 시험
제1류 위험물	산화성 고체	산화성, 충격민감성 시험
제2류 위험물	가연성 고체(유황, 철분, 마그네슘분, 금속분, 고형알코올 등)	착화성, 인화성 시험
제3류 위험물	금수성 물질 및 자연발화성 물질	금수성, 자연발화성 시험
제4류 위험물	인화성 액체(주로 유류)	인화성
제5류 위험물	자기반응성 물질(폭발성 물질)	폭발성, 가열분해성 시험
제6류 위험물	산화성 액체	산화성 시험

① 복수성상일 때 기준

ㄱ. 산화성 고체 및 가연성 고체의 성상을 모두 가지는 경우 : 가연성 고체

ㄴ. 산화성 고체 및 자기반응성 물질의 성상을 모두 가지는 경우 : 자기반응성 물질

ㄷ. 가연성 고체 및 자연발화성 물질 및 금수성 물질 성상을 모두 가지는 경우 : 자연발화성 물질 및 금수성 물질

ㄹ. 자연발화성 물질 및 금수성 물질 및 인화성 액체 성상을 모두 가지는 경우 : 자연발화성 물질 및 금수성 물질

ㅁ. 인화성 액체 및 자기반응성 물질의 성상을 모두 가지는 경우 : 자기반응성 물질

암기 방법

암기 요령은 자연발화성 및 금수성이 섞여 있으면 무조건 자연발화성 및 금수성 물질이고, 그 외에는 위험물 **분류 상 큰 숫자**를 따라가면 된다.

2. 기타 개념

① 지정수량 : 위험물의 **종류별로 위험성을 고려하여 대통령령**으로 정하는 수량을 말하며, **작을수록 더 위험**하다는 의미이다(지정수량 이상이어야 법 규제 대상이다.).

② 여러 물질이 있는 경우, 각 물질의 지정양을 지정수량으로 나눈 값을 합한 값이 전체 물질의 지정수량이 되고, 그 합한 지정수량이 1이상이면 위험물안전관리법의 규제 대상이 된다(1 미만이면 시/도 조례에 따라 규제된다.).

> 🖊️ 예를 들어 계산해 보기
>
> 지정수량이 각 10, 50, 100kg인 세 물질 A, B, C 가 각 5, 20, 60kg 있을 때,
> A, B, C 각 값을 구하면 0.5, 0.4, 0.6이고 합하면 1.5가 되고, 이 값이 세 혼합물질의 지정수량이 된다. 1 이상이므로 해당 법 규제대상이다.

③ 위험등급 : 위험물에 따라 정한 위험의 정도이며, **Ⅰ, Ⅱ, Ⅲ 등급이 있고, 낮을수록 위험**하다.

④ 혼합저장

위험물은 서로 혼합하여 저장할 수 있는 경우가 있다(단, **지정수량의 10% 이하의 위험물은 제외**이다.). 단순히, <u>423, 524, 61</u>을 기억하자. 4류는 2류, 3류와 혼재 가능하고, 5류는 2류, 4류와 혼재 가능하며, 6류는 1류와 혼재 가능하다.

> 예 4류와 혼재 가능한 것은 2, 3, 5류가 된다. 5류와 혼재 가능한 것은 2류, 4류이고 1류와 혼재 가능한 것은 6류이다.
> 4류는 2류, 3류와 혼재 가능하나 2류와 3류는 서로 혼재 못한다.

3. 위험물 종류 개관

(1) 제1류 위험물

구분	품명	해당 대표 위험물	분자식	지정 수량	위험 등급
산화성 고체	**아**염소산염류	아염소산나트륨	$NaClO_2$	50Kg	I등급
	염소산염류	염소산칼륨	$KClO_3$		
		염소산나트륨	$NaClO_3$		
	과염소산염류	과염소산칼륨	$KClO_4$		
		과염소산나트륨	$NaClO_4$		
	무기과산화물	과산화칼륨	K_2O_2		
		과산화나트륨	Na_2O_2		
		과산화칼슘	CaO_2		
		과산화마그네슘	MgO_2		

	요오드산염류(아이오딘산염류)	요도드산칼륨	KIO_3	300kg	II등급
	브롬산염류(브로민산염류)	브롬산암모늄	NH_4BrO_3		
	질산염류	질산칼륨	KNO_3		
		질산나트륨	$NaNO_3$		
		질산암모늄	NH_4NO_3		
	과망간산염류(과망가니즈산염류)	과망간산칼륨	$KMnO_4$	1000kg	III등급
	중크롬산염류(다이크로뮴산염류)	중크롬산칼륨	$K_2Cr_2O_7$		
산화성 고체	그 밖에 행안부령으로 정하는 것	차아염소산염류		50kg	I등급
		과요오드산염류 (과아이오딘산염류)		300kg	II등급
		과요오드산 (과아이오딘산)			
		크롬, 납, 요오드산화물 (아이오딘산화물)	**무수크롬산**		
		아질산염류			
		염소화이소시아눌산			
		퍼옥소붕산염류			
		퍼옥소이황산염류			

① **오(50)염과 무아 / 삼(300)질 요브 / 천(1000)과 중** (스님이 오염됨과 무아에 이르렀다가 / 삼질하는 요부를 만났다가 / 결국 하늘과 중(스님)만 남았다는 스토리로 암기)

② 분자식도 암기한다. 특별한 것 몇 개를 제외하고는 계속 반복된다. "아"는 기준보다 부족하다는 뜻이고, "과"는 기준보다 많다는 뜻이다.

> 예 염소산(ClO_3)염류를 기준으로 했을 때, 아염소산은 산소가 하나 부족하고(ClO_2), 과염소산은 산소가 하나 더 많다 (ClO_4).

③ / 를 기준으로 위험물 등급이 달라지는 것으로 암기하면 된다.

④ 각 두문자의 아래에는 어떠한 물질이 있는지 암기해야 한다.

⑤ "그 밖에" 부분은 잘 나오지 않지만 밑줄 친 부분은 기억해 두자.

⑥ 그 외에는 암기해야 한다(분자식도 암기해야 한다. 염소산(ClO_3), 과산화(O_2), 질산(NO_3) 등이 뒤에 붙는 것을 이해하면 어렵지 않게 암기할 수 있다.).

⑦ 해당대표위험물은 대표 위험물이다. 그 외에도 있다는 뜻이다.

⑧ 위의 해당위험물은 암기하되 표에 없더라도 **같은 이름으로 시작하면 거기에 해당한다.**

> 예 브롬산나트륨($NaBrO_3$)은 위에 표에 없지만 브롬산($-BrO_3$)형태이므로 브롬산염류(브로민산염류)이다. 요오드산나트륨도 요오드산염류(아이오딘산염류)이다.

(2) 제2류 위험물

품명		해당 대표 위험물	분자식	지정 수량	위험 등급
가연성 고체	**황**화인	삼황화린	P_4S_3	100kg	II
		오황화린	P_2S_5		
		칠황화린	P_4S_7		
	적린	적린	P		
	유황(황)	유황	S		
	철분	철분	Fe	500kg	III
	마그네슘	마그네슘	Mg		
	금속분	알루미늄분	Al		
		아연분	Zn		
	인화성고체	고형알코올		1000kg	

① 제1류 위험물 표와 마찬가지로 잘 암기해야 한다. 암기 요령은 동일하다.

> 암기 요령
>
> **백유황적 / 오철금마 천인** (백유황 장군이 적을 물리치기 위해 5섯 마리의 철금말(마)과 천명의 사람(인)을 준비하는 이야기로 기억한다.)

② "인화성고체"라 함은 고형알코올 그 밖에 1기압에서 **인화점이 섭씨 40도 미만인 고체**를 말한다.
③ 위험물등급은 II, III등급밖에 없다.

(3) 제3류 위험물

구분	품명	해당 대표 위험물	분자식	지정 수량	위험 등급
자연발화성 물질 및 금수성 물질	**알**킬알루미늄	트리에틸알루미늄	$(C_2H_5)_3Al$	10kg	I
		트리메틸알루미늄	$(CH_3)_3Al$		
	알킬리튬	메틸리튬	CH_3Li		
	칼륨	칼륨	K		
	나트륨	나트륨	Na		
	황린	황린	P_4	20kg	

자연발화성 물질 및 금수성 물질	알칼리금속 (칼륨 및 나트륨을 제외함)	리튬	Li	50kg	II
		루비듐	Rb		
		세슘	Cs		
	알칼리토금속	베릴륨	Be		
		칼슘	Ca		
		바륨	Ba		
	유기금속화합물 (알킬알루미늄, 알킬리튬 제외)				
	금속의 수소화합물	수소화리튬	LiH	300kg	III
		수소화나트륨	NaH		
		수소화칼슘	CaH_2		
	금속의 인화물	인화 칼슘	Ca_3P_2		
	칼슘 또는 알루미늄의 탄화물	탄화칼슘	CaC_2		
		탄화알루미늄	Al_4C_3		
	그 밖의 물질	염소화규소화합물			

① 표를 잘 외워야 한다.

② 금속이라 하면 앞의 주기율표에서 어떤 것이 있는지 대충은 떠올려야 한다.

　　예 금속의 인화물은 인화칼슘이 있지만 인화알루미늄 등이 나오면 알루미늄도 금속이고 이것의 인화물인 점을 기억하면 들어보지 못한 물질이라도 주소를 찾아갈 수 있다.

③ 앞의 1류, 2류 위험물의 경우 산화성, 가연성 고체로 되어 있다. 하지만 3류는 자연발화성 및 금수성 물질 즉 물질로 되어 있다. 따라서 액체일 수도 고체일 수도 있다.

암기 요령

십알 칼알나 이황 / 오알알유 / 삼금금탄규 (나쁜 칼알나가 이황 선생을 오알알유, 삼금금탄규 하며 놀린다)

(4) 제4류 위험물

구분	품명	해당 대표 위험물	분자식	지정 수량	위험 등급	수용성
인화성 액체	특수인화물	**이**황화탄소	CS_2	50L	I등급	X
		디에틸에테르	$C_2H_5OC_2H_5$			
		아세트알데히드	CH_3CHO			
		산화프로필렌	CH_3CHCH_2O			○
	제1석유류	**휘**발유		200L	II등급	X
		벤젠	C_6H_6			
		톨루엔	$C_6H_5CH_3$			
		메틸에틸케톤	$CH_3COC_2H_5$			
		에틸벤젠				
		시안화수소	HCN	400L		○
		피리딘	C_5H_5N			
		아세톤	CH_3COCH_3			
	알코올류	**메**틸알코올	CH_3OH	400L		○
		에틸알코올	C_2H_5OH			
	제2석유류	**등**유		1000L	III등급	X
		경유				
		스틸렌				
		클로로벤젠	C_6H_5Cl			
		크실렌				
		의산(**포**름산)	HCOOH	2000L		○
		초산(**아**세트산)	CH_3COOH			
		히드라진	N_2H_4			
	제3석유류	**중**유		2000L		X
		클레오소트유				
		아닐린	$C_6H_5NH_2$			
		니트로벤젠	$C_6H_5NO_2$			
		에틸렌**글**리콜	$C_2H_4(OH)_2$	4000L		○
		글리세린	$C_3H_5(OH)_3$			
	제4석유류	**윤**활유(**기**계유, **기**어유, **실**린더유)		6000L		

인화성 액체	동식물유	건성유 (요오드 값 130 이상)	해바라기기름	10000L	III등급
			동유		
			아마인유		
			들기름		
			정어리기름		
			대구유		
			상어유		
		반건성유 (요오드 값 100~130)	채종유		
			참기름		
			콩기름		
			옥수수기름		
			쌀겨기름		
			면실유		
			청어유		
		불건성유 (요오드 값 100 이하)	소기름		
			돼지기름		
			고래기름		
			올리브유		
			야자유		
			피마자유		
			땅콩기름(낙화생유)		

암기 방법(표가 크고 복잡하니 나누어서 암기해야 한다)

- 먼저 위험 등급은 **특 / 1,알 / 2,3,4,동** 순서대로 123등급이다.
- 특수인화물은 특 **오(50L) 이디 / 아산**으로 기억한다. "/"을 기준으로 비수용성/수용성 구분된다.
- 1석유류는 일 **이(200L)휘벤에메톨 / 사(400L)시아피**
- 알코올류는 **사(400L)알에메** 로 기억한다.
- 2석유류는 이 **일(1000L)등경 크스클 / 이(2000L)아히포**
- 3석유류는 삼 **이(2000L)중아니클 / 사(4000L)글글**
- 4석유류는 사 **육(6000L)윤기실**
- 동식물유는 **모두 지정수량이 10000L이다.**

암기는 정상 동해 대아들, 참쌀면 청옥 채콩, 소돼재고래 피 올야땅(동해바다에 사는 정상적인 큰(대)아들이 청옥수수, 채콩으로 참쌀면을 만들고, 소돼지고래 피를 올야땅에 뿌린다로 연상한다.)

④ 분자식은 쉬운 것부터 외울 것, 특수인화물, 벤젠은 반드시 외우고, 벤젠 C_6H_6에서 H가 하나 빠지고 다른 것이 붙은 형태인 톨루엔, 아닐린이며 기타 이름에 벤젠이 들어가 있는 것들도 함께 외운다(표를 크게 그리고 빈칸을 채워가는 식으로 외운다. 반복해서 하면 암기가 가능하다.).

⑤ 제4류 위험물의 분류 기준을 알아야 한다(1기압에서).

　ㄱ. 특수인화물 : **발화점 100℃ 또는(or) 인화점이 -20℃이고(and) 비점 40℃ 이하**인 것

　ㄴ. 제1석유류 : **인화점이 21℃ 미만인 것**

　ㄷ. 제2석유류 : **인화점이 21℃ 이상 70℃ 미만인 것**

　ㄹ. 제3석유류 : **인화점이 70℃ 이상 200℃ 미만인 것**

　ㅁ. 제4석유류 : **인화점이 200℃ 이상 250℃ 미만인 것**

　ㅂ. 알코올류 : 알코올류 하나의 분자를 이루는 탄소 원자수가 1에서 3개까지인 포화1가 알코올류가 위험물에 해당함

　ㅅ. 동식물류 : 동물, 식물에서 추출한 것으로 인화점이 **250℃ 미만인 것**

(5) 제5류 위험물

구분	품명	해당 대표 위험물	분자식	지정 수량	위험 등급
자기 반응성 물질	**유**기과산화물	과산화벤조일(벤조일퍼옥사이드)	$(C_6H_5CO)_2O_2$	제1종 10kg 제2종 100kg	지정수량 10kg: I등급 나머지: II등급
		메틸에틸케톤퍼옥사이드			
	질산에스테르류	질산메틸	CH_3ONO_2		
		질산에틸	$C_2H_5ONO_2$		
		니트로글리콜			
		니트로글리세린	$C_3H_5(ONO_2)_3$		
		니트로셀룰로오스 (질산섬유소)			
		셀룰로이드			
	히드록실아민 (하이드록실아민)				
	히드록실아민염류 (하이드록실아민염류)				
	니트로화합물 (나이트로화합물)	트리니트로톨루엔(TNT)	$C_6H_2(NO_2)_3CH_3$		
		트리니트로페놀(피크린산, TNP)	$C_6H_2(NO_2)_3OH$		
		테트릴			
		디니트로벤젠			
자기 반응성 물질	**니**트로소화합물 (나이트로소화합물)				
	디아조화합물 (다이아조화합물)				
	히드라진유도체 (하이드라진유도체)				
	아조화합물				
	그 외(**질**산구아니딘)				

① 암기는 **유질 히히 니니 아히디질**

② 질산에스테르류의 경우, 질산에틸/메틸, 니트로로 시작하는 물질이 많다.

　ㄱ. 니트로로 시작하는 물질은 니트로**글리**콜, 니트로**글리세**린, 니트로**셀룰**로오스, **셀룰로이드** 순차로 **글리, 글리세, 셀룰, 셀룰로이드 겹치는 글자를 연상**하여 암기한다.

　ㄴ. **니트로 시작하는 물질이라고 니트로화합물(나이트로화합물)이 아니다.**

③ 니트로화합물(나이트로화합물)은 트리니트로톨루엔, 트리니트로페놀이 중요하며 괄호안 다른 이름도 암기해야 한다.

④ 위험등급은 I, II 등급 두단계로 나뉜다.

⑤ 5류는 자기반응성 물질 즉 물질이다. 따라서 고체도 있고 액체도 있어서 구분해서 기억해야 한다(**유기과산화물은 과산화벤조일은 고체, 메틸에틸케톤퍼옥사이드는 액체, 질산에스테르류는 니트로셀룰로오스와 셀룰로오스는 고체, 나머지는 액체, 니트로화합물(나이트로화합물)은 고체이다.**).

(6) 제6류 위험물

구분	품명	해당 대표 위험물	분자식	지정 수량	위험 등급
산화성액체	과염소산	과염소산	$HClO_4$	300kg	I
	과산화수소	과산화수소	H_2O_2		
	질산	질산	HNO_3		
	그 밖(할로젠간화합물)				

① 암기는 **삼 질할과염산**

② 지정수량은 모두 300kg

③ 위험등급도 모두 1등급

④ 위험물의 기준이 중요하다.

ㄱ. 질산의 경우 비중이 1.49 이상인 것만 위험물이다.

ㄴ. 과산화수소의 경우 농도 36중량퍼센트 이상인 것만 위험물이다.

(7) 위험물의 특성 비교

위험물	성질	위험성	저장/취급	소화방법
1류 (산화성 고체)	• **무색 또는 백색 고체(결정 또는 분말)** • **불연성, 조연성(연소를 도움, 강산화제(다른 물질을 산화시킴), 조해성(스스로 녹는 성질)** • **비중이 1보다 큼**(물보다 무겁다) • 분해 시 산소발생(물질이 산소를 포함하고 있음)	• **가연물과 접촉하면 폭발/연소** • **알칼리금속과산화물은 물접촉 금지(산소발생)** • **충격, 마찰, 가열하면 위험** • **강산물질과 접촉하면 안 됨**	• 가연물과 접촉을 피함 • 밀봉하여 **통풍** 잘 되는 곳에 보관	• 무기과산화물은 주수금지 • 그 외는 주수(물관련 소화설비, 소화기)
2류 (가연성 고체)	• 무기화합물 • **물에 녹지 않음** • **강환원성**(다른 물질을 환원시킴. 즉, 스스로는 산소와 결합해 산화되므로 산소를 가진 1류와 만나면 위험하다) • **연소속도 빠름** • 대부분 **비중이 1보다 큼** • **산소와 결합이 잘됨**	• **산화성물질과 접촉금지** • **충격, 마찰, 가열하면 위험** • **철분, 마그네슘, 금속분은 물, 산, 습기 등과 접촉시 발열, 폭발(수소발생)** • 분진폭발위험(철분, 금속분)	• 산화성 물질과 멀리 • **가열, 화기 등과 멀리** • 철, 마, 금속분은 물과 멀리	• 철분, 마그네슘, 금속분은 주수소화 금지 • 그 외에는 물관련 소화설비 등(주수소화/냉각소화)
3류 (금수성, 자연 발화성 물질)	• 주로 고체(무기물)(알킬알루미늄, 알킬리튬은 액체) • 자연발화성(온도 상승 시 스스로 발화) • 금수성 물질로 물과 반응 시 열을 내고 가연성 가스를 방출(황린은 제외) • 대부분 비중이 1보다 크나 **칼륨, 나트륨, 알킬알루미늄, 알킬리튬은 작다**	• 물과 반응하면 위험(가연성 가스 발생) • 자연발화 가능(물, 수분 접촉시) • 산화제 접촉 시 폭발 가능	• 완전 밀봉하여 공기, 물과 접촉 차단 • 알칼리금속은 석유(등유, 석유), 파라핀 속에 보관(나트륨, 칼륨 등) • 산화성 물질과 멀리	• 물관련 소화, 주수소화 금지 • 금수성물질이 아닌 황린만 주수소화 가능
4류 (인화성 액체)	• 대부분 유기화합물(탄소, 수소포함) • **인화잘되고 가연성** • **비중이 1보다 작다**(물에 뜬다)(예외 **이황화탄소, 2석유류중 클로로벤젠, 아, 히, 포, 3석유류**) • **증기비중은 1보다 크다**(증기는 공기보다 낮은 곳에 머문다) • **부도체**이다(전기가 안 통하므로 전기가 흐르지 못하는 정전기가 발생하고 정전기에 의해 인화 가능) • 4류 위험물 연소는 **증발연소(증기가 가연성)**	• 정전기에 축적 시 위험 • 증기는 공기 중에서 인화 위험 있음	• 화기 등 점화원으로부터 멀리 • 증기 등이 누설되지 않도록 주의 • **정전기 방지 조치** 필요 • **완전 밀전하여 통풍잘 되는 냉암소**에 보관	• 주수소화 금지(비중이 1보다 작은 물질이 많아 물을 뿌리면 화재가 확대된다)

5류 (자기 반응성 물질)	• 가연성의 유기화합물 • 자기반응성, 자연발화성 • 스스로 가연물 및 산소를 가지고 있으므로 자기연소 가능(외부 산소공급 불요) • 대부분이 물에 잘 안 녹으며 습윤 시 안정 • 비중이 1보다 크다	• 스스로 연소 가능하고, 연소속도가 빠름 • 분해하면 산소 발생 • 강산화제, 강산류와 접촉 시 위험 • 충격 마찰 위험	• 충격, 마찰, 가열 피함 • 화재 시 소화 어려우므로 소분하여 보관 • 용기 파손 등 주의	• 주수소화 가능 (주수소화 효과적)
6류 (산화성 액체)	• 무기화합물 • 물에 잘 녹음 • 불연성, 조연성, 강산화제 • 산소를 가지고 있어 분해시 산소 발생 • 비중이 1보다 크다	• 증기는 유독 • 물과 접촉하면 발열(과산화수소는 제외) • 가연물, 환원제와 접촉 피해야 함 • 충격에 의해 크게 위험하지 않다	• 화기, 직사광선, 가연물, 유기물, 물, 환원제 등과 접촉 금지 • 보관 용기는 내산성으로 한다	• 주수소화 가능

① 성질, 위험성, 저장방법은 서로 연관되어 있으므로 연관하여 기억하고, 위 표에서 저장방법에 없는 내용일지라도 위험성에 관련 내용이 있으면 그 위험을 피해서 저장해야 한다는 것을 이해해야 한다.

② 소화 방법은 소화설비의 적응성을 완전히 암기하면 어려움이 없이 이해할 수 있을 것이다. 소화설비 적응성이 더 자세히 설명되어 있다.

③ 산화제는 자신은 환원되고 다른 물질을 산화시키며, 환원제는 자신은 산화되고 다른 물질을 환원시키는 물질이다.

④ 산화는 산소를 얻는 현상(혹은 수소/전자를 잃는 현상)이고, 환원은 산소를 잃는 현상(혹은 수소/전자를 얻는 현상)이다. 즉, 산화제는 다른 물질에 산소를 얻게 하고 자신은 산소를 잃게 된다.

⑤ 무기물은 C, H를 포함하지 않고, 유기물은 C, H를 포함한다.

4. 각각의 위험물

위의 각 위험물의 성질을 비교해서 완벽히 기억하고 아래 각론에서 추가로 기억하면 된다.

(1) 제1류 위험물

1) 아염소산염류(□ClO₂ 형태)

① 아염소산나트륨

ㄱ. 무색의 결정 분말

ㄴ. 분자식은 $NaClO_2$(뒤에 ClO_3이 붙으면 염소산OO이 되고, ClO_4가 붙으면 과염소산OO이 된다.)

ㄷ. 산성물질과 접속하면 안 된다(반응 시 **이산화염소(ClO_2)**를 발생시킨다.).

② 아염소산칼륨

백색의 결정 분말

2) 염소산염류(□ClO₃ 형태)

① 염소산칼륨

ㄱ. <u>무색, 무취의 분말</u>

ㄴ. 온수, 글리세린에 녹고, 냉수, 알코올에 잘 안 녹는다.

ㄷ. <u>열분해하면 산소를 발생시킨다.</u>

② 염소산나트륨($NaClO_3$)

ㄱ. 무색, 무취의 결정

ㄴ. 물, 알코올, 에테르에 잘 녹는다.

ㄷ. <u>조해성</u>이 있다(따라서 저장용기는 밀전한다.).

ㄹ. 산과 반응 시 유독가스인 **이산화염소(ClO_2)**를 발생시킨다.

ㅁ. 분해되면 산소발생시킨다.

ㅂ. <u>철제를 부식시키므로 철제용기에 보관하지 않고 유리에 보관한다.</u>

3) 과염소산염류(□ClO₄ 형태)

① 과염소산칼륨($KClO_4$)

ㄱ. **백색, 무취의 결정**

ㄴ. **물, 알코올, 에테르에 녹지 않는다.**

ㄷ. **분해 시 산소발생 한다.**

② 과염소산나트륨($NaClO_4$)

ㄱ. **무색, 무취 결정**

ㄴ. **물, 알코올, 아세톤에 녹고 에테르에 녹지 않는다.**

ㄷ. 분해 시 **산소발생**

ㄹ. **조해성**있다.

ㅁ. **화약제조, 로켓추진체** 등의 용도로 사용된다.

③ 과염소산암모늄(NH_4ClO_4)

ㄱ. **무색, 무취 결정**

ㄴ. **물, 알코올, 아세톤에 녹고 에테르에 녹지 않는다.**

ㄷ. 분해 시 **산소발생**

4) 무기과산화물(알칼리금속무기과산화물(□₂O₂ 형태)와 그 외의 무기과산화물(□O₂ 형태))

- **과산화수소(H_2O_2)에 수소가 금속으로 치환**된 형태이다.
- 물과 반응하여 산소 발생시키고 발열한다.

① 과산화칼륨(K_2O_2, 알칼리금속과산화물)

　ㄱ. **물, 이산화탄소** 등과 반응하면 <u>산소</u>발생시킨다.

　ㄴ. **산**과 반응하여 **과산화수소** 발생시킨다.

　ㄷ. 분해 시 산소 발생시킨다.

② 과산화나트륨(Na_2O_2 알칼리금속과산화물)

　ㄱ. 순수한 것은 백색이나 보통 황색의 분말이다.

　ㄴ. **물, 이산화탄소** 등과 반응하면 <u>산소</u>발생시킨다.

　ㄷ. $2Na_2O_2 + 2H_2O \rightarrow 4NaOH + O_2$

　ㄹ. **산**과 반응하여 **과산화수소** 발생시킨다.

　ㅁ. 알코올에 잘 녹지 않는다.

　ㅂ. 분해 시 산소 발생시킨다.

　ㅅ. CO, CO_2 제거제 제조 때 사용된다.

③ 과산화바륨(BaO_2)

　ㄱ. 알칼리토금속화합물로 안정한 물질이다.

　ㄴ. 테르밋의 점화용도로 사용된다.

④ 과산화마그네슘(MgO_2)

　ㄱ. **표백제, 살균제**로 쓰인다.

　ㄴ. **산**과 반응하여 **과산화수소** 발생시킨다.

5) 요오드산염류(아이오딘산염류)

① 요오드산칼륨(KIO_3)

　ㄱ. 무색의 결정 분말

　ㄴ. 물에 녹는다.

6) 브롬산염류(브로민산염류)

① 브롬산칼륨($KBrO_3$)

　물에 녹고, 알코올에 안 녹는다.

7) 질산염류 (□NO_3 형태)

주로, 무색 또는 백색 결정이다. 물에 잘녹고 조해성 있다.

① 질산칼륨(KNO_3)

　ㄱ. 무취, **무색 또는 흰색결정**이다.

　ㄴ. <u>흑색화약</u>의 원료이다(흑색화약은 **KNO_3, 유황(S), 숯(목탄, C)**으로 만든다.).

ㄷ. **물, 글리세린에 녹고, 알코올 에테르에 녹지 않는다.**

ㄹ. 조해성있다.

② 질산나트륨($NaNO_3$)

ㄱ. 물에 잘 녹는다.

ㄴ. 조해성있고 흡습성이 강하다(습기에 유의한다.).

③ 질산암모늄(NH_4NO_3)

물에 녹으면 열을 흡수해 물의 온도를 낮춘다(흡열반응 물질이다.).

8) 과망간산염류(과망가니즈산염류)(□MnO_4 가진 형태)

① 과망간산칼륨($KMnO_4$)

ㄱ. 물에 녹는 진한 보라색(흑자색) 결정이다.

ㄴ. **진한 황산, 유기물 등**과 만나면 폭발적으로 반응한다.

ㄷ. **금속 또는 유리** 용기 사용하여 저장한다.

ㄹ. 강한살균력 가진다.

② 과망간산나트륨

적자색의 결정이다.

9) 중크롬산염류

① 중크롬산칼륨($K_2Cr_2O_7$, 다이크로뮴산칼륨)

ㄱ. **쓴 맛**을 가진다.

ㄴ. 의약품으로 사용된다.

ㄷ. 알코올에 안 녹는다.

(2) 제2류 위험물

1) 위험물 기준

① 유황 : 순도 60중량퍼센트 이상이어야 한다.

② 철분 : **53마이크로미터 표준체**를 통과한 것이 **50중량퍼센트 이상**이어야 한다.

③ 마그네슘 : 직경 2밀리미터 이상 막대모양은 제외하고, 2밀리미터 체를 통과하지 않는 것은 제외한다. 즉, 직경 2밀리미터 미만의 미세 마그네슘만 위험물이다.

④ 금속분 : 구리, 니켈은 제외하고, **150마이크로미터 표준체를 통과한 것이 50중량퍼센트 이상**이어야 한다.

2) 황화인

연소(연소는 산소반응이 당연히 동반된다)되면 **이산화황(SO_2)** 발생시킨다.

① 삼황화린(P_4S_3)

- ㄱ. **황색의 결정**이다.
- ㄴ. **이황화탄소**에 녹는다.
- ㄷ. 연소되면 **이산화황과 오산화인(P_2O_5)**이 만들어진다.
- ㄹ. 물과 반응하지 않으므로 주수소화 가능

② 오황화린(P_2S_5)

- ㄱ. 담황색 결정이다.
- ㄴ. 물에 녹지 않고, 알코올, **이황화탄소**에 녹는다.
- ㄷ. 연소되면 **이산화황과 오산화인(P_2O_5)**이 만들어진다.
- ㄹ. 물과 반응하여 **인산(H_3PO_4)과 황화수소(H_2S)**를 발생시킨다.
- ㅁ. **황화수소**는 연소하면 **물과 이산화황**이 만들어진다.

③ 칠황화린(P_4S_7)

- ㄱ. **담황색 결정**이다.
- ㄴ. 이황화탄소에 약간 녹는다.
- ㄷ. 물과 반응하면 인산(H_3PO_4), 아인산(H_3PO_3), **황화수소**를 발생시킨다.

3) 유황(S)

① 황색의 고체 분말이고 발화점(착화점)은 232.2℃이다.

② **물에 녹지 않는다.** 이황화탄소(CS_2)에 잘 녹으나 잘 녹지 않는 물질도 있다(단사황, 사방황은 잘 녹으나 고무상황은 잘 녹지 않는다).

③ 공기 중에서 **증발연소(가연성 증기**가 발생하여 연소)하며, 푸른빛을 내며 **독성물질**인 **이산화황**을 발생시킨다(가연성(환원성) 증기이다. 산화성 증기 아니다.).

- ㄱ. $S + O_2 \rightarrow SO_2$
- ㄴ. 따라서 **물속에 저장하여 가연성 증기 발생을 억제**해야 한다(덩어리 상태이면 옥내저장소에 저장가능함).

④ **전기부도체**로 전기절연체로 쓰인다. 따라서 **정전기 발생 위험** 높다(정전기 축적 방지 필요).

⑤ **분진폭발**의 위험이 있다.

⑥ 높은 온도에서 **탄소와 반응하여 이황화탄소** 발생시킨다.

4) 적린(P)

① **암적색** 고체 분말이다.

② 황린과 동소체(같은 원자를 가진 물질)이다.

③ **발화점 260℃**인 물질이고, **비교적 안정**하다.

④ 연소하면 **백색의 오산화인**이 발생한다(황린도 동일).

⑤ 3류 위험물인 **황린(P_4)과 특성이 자주 비교**된다.

ㄱ. 황린을 260℃로 가열하면 적린이 된다.

ㄴ. **황린**은 적린보다 **불안정하고 화학적 활성이 크다.**

ㄷ. 이황화탄소(CS_2)에 **적린은 녹지 않고, 황린은 녹는다.**

ㄹ. 둘다 물에 녹지 않는다.

5) 철분(Fe)

물과 반응하며 수소를 발생시키며 폭발한다. **주수소화 금지**

6) 마그네슘(Mg)

① 알칼리토금속이다.

② 물, 강산과 반응하여 수소 발생시키며 폭발한다, 주수소화 금지

③ 연소 시 **산화마그네슘**을 생성한다.

④ 이산화탄소와 반응하여 일산화탄소, 탄소를 발생시킨다(따라서 이산화탄소소화기 사용금지).

7) 금속분

물과 반응하므로 **주수소화 금지**

① 알루미늄분(Al)

ㄱ. 은백색 경금속이다.

ㄴ. 공기 중에서 **산소와 반응, 연소하며 산화알루미늄(Al_2O_3)**이 형성되어 막을 만든다.

ㄷ. **물, 산, 알칼리 등과 반응하며 수소**를 생성시킨다.

② 아연분(Zn)

ㄱ. 은백색 고체분말이다.

ㄴ. **물, 산, 알칼리와 반응하여 수소**를 발생시킨다. 주수소화금지

ㄷ. **유리병**에 넣어 건조한 곳에 저장

8) 인화성 고체

① 상온에서 고체로, **1기압에서 인화점이 40℃ 미만**인 고체를 말한다.

② 대표적으로 **고형알코올**이 있다.

(3) 제3류 위험물

1) 자연발화성, 금수성 물질로 물과 반응하면 가연성 가스를 발생시킨다. 물과 반응 시 가연성 가스를 살펴본다.

① 트리에틸알루미늄은 에탄(C_2H_6)
② 트리메틸알루미늄은 메탄(CH_4)
③ 메틸리튬은 메탄
④ **황린은 포스핀(PH_3) (단, 수산화칼륨, 물 같이 있을 때 포스핀가스 발생시킴, 물만 있으면 황린은 반응하지 않음.)**
⑤ 인화칼슘은 포스핀
⑥ 인화알루미늄은 포스핀
⑦ 탄화칼슘은 아세틸렌(C_2H_2)
⑧ **탄화알루미늄은 메탄**
⑨ **탄화망간은 수소와 메탄**
⑩ 그 외는 수소

2) 알킬알루미늄(□$_3$Al 형태)

① 트리에틸알루미늄(($C_2H_5)_3Al$), 트리메틸알루미늄(($CH_3)_3Al$)
  ㄱ. 무색, 투명한 액체이다.
  ㄴ. 트리에틸알루미늄은 **물, 산, 알코올과 강하게 반응**한다(**물, 에탄올과 반응 시 에탄 발생**). 트리메틸알루미늄은 물과 반응(메탄 발생)
  ㄷ. **완전 밀봉**하여 보관하며, 용기 윗부분은 **불연성가스(질소, 아르곤, 이산화탄소** 등)을 봉입하여 준다.
  ㄹ. **벤젠, 헥산, 톨루엔 등의 희석제**를 함께 투입한다.

3) 알킬리튬

① **주로 가연성의 액체(메틸리튬은 무색의 분말)**
  ☞ tip 3류는 주로 고체, 알킬리튬은 주로 액체, 그러나 그 중에 메틸리튬은 고체
② **이산화탄소와 강하게 반응함**
③ 메틸리튬(CH_3Li, 물과 반응하여 **메탄**과 **수산화리튬**을 발생시킨다.), 부틸리튬(C_4H_9Li, **가연성 액체**, 휘발성 높음) 등이 있다.

4) 칼륨(K)

① **은백색의 광택이 나는 무른 금속**이다.

② 불에 타면 **보라색 불꽃**이다.

③ **물, 알코올**과 강하게 반응하여 **수소를 발생**시킨다.

④ 물, 공기 중 수분과 접촉을 막기 위해 **석유(등유, 경유), 파라핀** 속에 보관한다.

⑤ 물과 반응하면 **수산화칼륨(KOH)과 수소**가 발생된다(수산화칼륨은 가연성가스는 아니다.).

⑥ 가급적 소량으로 저장한다.

⑦ **에틸알코올과 반응하면** 칼륨에틸라이드와 수소가 발생한다.

$2K + 2C_2H_5OH \rightarrow 2C_2H_5OK + H_2$

⑧ **이산화탄소**와 반응하면 탄산칼륨과 **탄소**가 나온다.

⑨ **연소하면 산화칼륨(K_2O)**이 나온다.

5) 나트륨(Na)

① **은백색 광택이 나는 무른 금속**이다.

② 불에 타면 **노란색 불꽃**이다.

③ **물, 알코올**과 강하게 반응하여 **수소를 발생**시킨다.

④ 물, 공기 중 수분과 접촉을 막기 위해 **석유(등유, 경유), 파라핀** 속에 보관한다.

⑤ 물과 반응하면 수산화나트륨(NaOH)과 수소가 나온다.

⑥ **가급적 소량**으로 저장한다.

⑦ 칼륨과 유사하게 에틸알코올과 반응하면 나트륨에틸라이드가 나오고 이산화탄소와 반응하면 탄소가 나온다.

6) 황린(P_4, "백린"이라고도 한다.)

① **담황색 또는 백색의 고체로 마늘냄새**가 난다(독성물질).

② **물에 녹지 않고, 반응도 없다.** 따라서 물속(보호액 pH9)에 저장한다.

③ 이황화탄소, 벤젠, 알코올에 녹는다.

④ 화학적 활성이 커서 **불안정하여 자연발화**할 수 있다(적린보다 불안정).

⑤ **가연성 물질로 산화제와의 접촉을 피해야 한다.**

⑥ 연소하면 **오산화인(P_2O_5)**을 발생시키며 백색의 연기이다.

⑦ 물, 수산화칼륨(KOH)를 만나면 **유독성 가스인 포스핀(PH_3)**를 발생시킨다.

7) 알칼리금속(칼륨, 나트륨 제외)

① 리튬(Li), 루비듐(Rb)

은백색 광택의 연한 고체이다.

8) 알칼리토금속

① 칼슘(Ca), 베릴륨(Be)

칼슘은 물과 반응하면 수산화칼슘과 수소가 발생한다.

9) 유기금속화합물(알킬알루미늄, 알킬리튬 제외)

10) 금속의 수소화물

물과 반응하면 수산화물질과 수소를 발생시킨다.

> 예 수소화리튬은 수산화리튬과 수소를 수소화나트륨은 수산화나트륨과 수소를, 수소화칼슘은 수산화칼슘과 수소를 발생시킨다.

① 수소화리튬(LiH)

저장 시 아르곤과 같은 **불활성 기체**를 봉입한다.

② 수소화나트륨(NaH), 수소화칼슘(CaH_2)

11) 금속의 인화물

- **금속의 인화물**은 물과 만나면 대부분 **포스핀 가스**를 만든다. 즉, 위험하다.
- 금속의 인화물은 아래의 인화칼슘 외에도 인화알루미늄(독성의 농약), 인화아연(살충제 재료) 등이 있으며, 포스핀가스를 만든다는 특성을 잘 기억하면 될 듯하다.

① 인화칼슘(Ca_3P_2)

물과 만나면 수산화칼슘($Ca(OH)_2$)유독성 가스인 **포스핀(PH_3)가스**를 생성한다.

12) 칼슘 또는 알루미늄의 탄화물

① 탄화칼슘(CaC_2)

ㄱ. **백색의 입방 결정**이나, **시판용은 흑회색**이다.

ㄴ. 물과 반응하면 수산화칼슘($Ca(OH)_2$)과 아세틸렌(C_2H_2)가스를 발생시킨다.

아세틸렌은 가연성가스이며 **연소범위(2.5 - 81%)**가 넓고 폭발을 일으킨다.

ㄷ. 고온에서 **질소 가스와 반응하여 석회질소($CaCN_2$)**가 생성된다.

ㄹ. 장기보관을 위해서는 **불연성 가스**를 충전한다.

② 탄화알루미늄(Al_4C_3)

물과 반응하면 수산화알루미늄과 **메탄**(CH_4)을 생성시킨다.

(4) 제4류 위험물

1) 인화성 액체

증기가 발생하는데 증기비중은 앞에서 살펴본 기체 비중을 구하는 방법으로 각 물질의 **분자량을 29로** 나누면 된다.

2) 특수인화물

① 이황화탄소(CS_2)
  ㄱ. 무색투명한 액체로 **가연성, 휘발성**이 있다.
  ㄴ. **불쾌한 냄새**가 난다.
  ㄷ. **물에 안 녹고**, 알코올, 에테르, 벤젠 등에 녹는다.
  ㄹ. 인화점이 -30℃, 발화점이 90℃이다(4류 위험물 중 발화점이 가장 낮다.).
  ㅁ. 연소범위가 1 - 44%로 하한이 아주 낮다.
  ㅂ. **증기는 유독하며 신경장애**를 유발한다.
  ㅅ. 연소 시 이산화탄소와 유독 가스인 **이산화황**을 발생시킨다.
    이산화황은 여러 장치를 **부식**시키는 효과 있다.
  ㅇ. 물에 녹지 않으므로 **물속에 저장**하여 **가연성 증기 발생을 방지**한다.
    - 다만, 물과 가열반응을 하면 이산화탄소와 **황화수소**가 발생한다.
    - $CS_2 + 2H_2O \rightarrow CO_2 + 2H_2S$
  ㅈ. **주수소화 가능**하다(물보다 비중이 크므로 가라 앉는다. 따라서 질식 효과 있음). 다른 4류 위험물 대부분은 주수소화 안 된다(소화설비 적응성 표에서 옥내/외소화전 다른 4류 위험물에는 안되나, 이황화탄소는 가능한 점 기억하면 된다.).

② 디에틸에테르($C_2H_5OC_2H_5$, 일반식은 R - O - R′)
  ㄱ. **휘발성이 강하고 마취작용**이 있는 액체이다.
  ㄴ. **물에 잘 안 녹고 알코올에 잘 녹는다.**
  ㄷ. 유지 등을 잘 녹인다.
  ㄹ. **인화점이 -45℃, 발화점이 180℃, 연소범위가 1.7 - 48%**이다.
    자주나오는 특수인화물 중에는 인화점이 가장 낮으나, 이소펜탄, 이소프렌 같이 인화점이 더 낮은 물질도 있으니, 보기에 이 물질이 나오면 더 낮은 물질을 찾아야 한다.
  ㅁ. 공기와 장시간 접촉 시 산소와 반응하여 **과산화물**이 생성된다.
    - 방지위해 저장용기 **40메시(mesh) 구리망**을 넣는다.

- 과산화물 검출 시약인 **요오드화칼륨(KI, 아이오딘화칼륨(요오드를 아이오딘)이라고도 한다.) 10% 수용액**을 넣으면 황색으로 변한다.
- 과산화물 제거는 황원철 등이 사용된다.

ㅂ. **저장용기는 밀봉하되, 여유공간을 두어 마찰을 방지한다(2%공간용적** 확보필요).

ㅅ. 과산화물 방지를 위해 갈색용기에 보관한다.

ㅇ. **정전기 방지를 위해 염화칼슘**을 넣는다.

ㅈ. **에탄올 2분자를 축합반응**(물분자 하나가 떨어져 나가는 반응)시켜 만든다.

③ 아세트알데히드(CH₃CHO)

ㄱ. **무색의 액체이나 증기는 자극적 냄새**가 강하다.

ㄴ. **물, 알코올, 에테르에 녹는다.**

ㄷ. 인화점 -38℃, **발화점 185℃**이다.

ㄹ. **산과 접촉하면 발열하고, 산소와 접촉 시 산화**되기 쉽다.

ㅁ. 저장 시 용기 안에 **불활성 가스(질소, 이산화탄소, 아르곤)**를 봉입한다.

ㅂ. 구리, 은, 수은, 마그네슘 등으로 만든 용기에 보관하면 안 된다.

④ 산화프로필렌(CH₃CHCH₂O)

ㄱ. 무색 투명의 액체

ㄴ. 물, 유기용제(알코올, 에테르 벤젠)에 잘 녹는다.

ㄷ. 발화점은 **465℃**이다.

ㄹ. 저장 시 용기 안에 **불활성 가스(질소, 이산화탄소, 아르곤)**를 봉입한다.

ㅁ. **구리, 은, 수은, 마그네슘** 등으로 만든 용기에 보관하면 안 된다.

3) 제1석유류

원유를 가열하여 분별증류 하면 **가솔린, 등유, 경유, 중유** 순으로 분류된다(낮은 온도에서 높은 온도로 분류되어진다.).

① 휘발유(가솔린C₅H₁₂ - C₉H₂₀, **알칸(C_nH_{2n+2}), 알켄(C_nH_{2n})계 탄화수소**)

ㄱ. **순수한 것은 무색의 액체**이나 착색하여 사용함(차량용은 오렌지색)

ㄴ. 인화점 **-43℃ 에서 -20℃**, **발화점은 300℃**이상, **연소범위는 1.4% - 7.6%**

ㄷ. **인화성이 크다.**

ㄹ. 직사광선을 피하고 통풍이 잘되는 곳에 저장한다.

② 벤젠(C_6H_6)

ㄱ. 무색 투명의 액체이다. 겨울철에는 고체 상태이다.

ㄴ. 인화점 -11℃이다.

ㄷ. **물에 안 녹고** 알코올, 아세톤, 에테르에 녹는다.

ㄹ. **휘발성**이 크고 1급 발암물질인 **유독성**의 물질이다. 증기 흡입하면 위험하다.

ㅁ. **톨루엔**과 함께 **방향족 탄화수소**이다.

ㅂ. 연소하면 이산화탄소와 물을 발생시킨다.

$$2C_6H_6 + 15O_2 \rightarrow 12CO_2 + 6H_2O$$

③ 메틸에틸케톤($CH_3COC_2H_5$)

④ 톨루엔($C_6H_5CH_3$, 메틸벤젠으로도 불린다. **벤젠에서 H하나가 빠지고 CH_3가 붙은 형태**이다.)

ㄱ. 무색 투명한 액체이다.

ㄴ. 물에 녹지 않으나 알코올, 에테르, 벤젠에 녹는다.

ㄷ. 인화점이 4℃로 0℃보다 높다는 사실 기억할 필요 있다.

⑤ 아세톤(**CH_3COCH_3, = C_3H_6O**)

ㄱ. 무색 투명한 액체이다.

ㄴ. **물**, 알코올, 에테르에 **녹는다.**

ㄷ. **인화점은 -18℃, 끓는점은 56.5℃**이다.

ㄹ. **휘발성**이 있고, 피부에 닿으면 **탈지작용**을 한다.

ㅁ. **밀봉하여 냉암소(갈색병)**에 보관한다.

⑥ 시안화수소(HCN, 청산)

4류 위험물 중 증기가 공기보다 가벼운 유일한 물질이다.

⑦ 피리딘(C_5H_5N)

인화점이 20℃이다.

⑧ 시클로헥산

고리형 분자구조의 지방족 탄화수소화합물이다.

4) 알코올류

- 1분자를 구성하는 탄소원자의 수가 1에서 3개까지인 포화1가알코올만이 4류 위험물의 알코올류이다(C가 4개인 부틸알코올은 이법상 알코올류가 아니다.).
1가 알코올의 의미는 알코올의 형태가 C_nH_m뒤에 붙은 **OH가 하나**라는 의미이다(참고로 **1차 알코올**은 OH에 결합된 탄소와 결합한 **알킬기(C_nH_{2n+1}의) 수가** 1개라는 뜻이다).

  예 CH_3OH, C_2H_5OH 에서 보면, C의 개수가 3개 이하이고 OH는 하나이다.

- 알코올류는 4류 위험물 중 **증기비중이 비교적 낮다**(메틸알코올 1.1, 에틸알코올 1.59).

- **인화점은 10도 언저리이다(메탄올 11℃, 에탄올 13℃).**
  ① 메틸알코올(메탄올, CH_3OH)
  ㄱ. 무색 투명한 액체이고 **휘발성**이 강하다.
  ㄴ. **인화점이 11℃**, 연소범위는 7.3 - 36%이다.
  ㄷ. 연소범위를 줄이기 위해 **불활성기체(질소, 아르곤, 이산화탄소)**를 첨가한다.
  ㄹ. 독성이 강해 섭취 시 실명 사망할 수 있다.
  ㅁ. **메탄올은 산화(산소를 얻거나 수소를 잃는 것)하면 포름알데히드**가 되고, **포름알데히드가 산화되면 포름산**이 된다. 반대로 환원되면 반대로 물질이 만들어진다.

  ㅂ. **알데히드가 환원되면 알코올**이 된다.
  ② 에틸알코올(에탄올, C_2H_5OH)
  ㄱ. 무색 투명한 액체이고, 휘발성 강하다.
  ㄴ. **끓는점(비점)이 79℃로 물보다 낮다.**
  ㄷ. 에탄올이 산화되어 아세트알데히드가 생성되고, 아세트알데히드가 산화되어 아세트산이 생성된다. 반대로 환원되면 반대로 물질이 만들어진다.

  ㄹ. 연소되면 이산화탄소와 물을 생성시킨다.
  $$C_2H_5OH + 3O_2 \rightarrow 2CO_2 + 3H_2O$$

5) 제2석유류

① 등유 : 인화점 40에서 70℃, 발화점 210℃, 등유, 경유는 증기비중이 매우 높다.
② 경유 : **인화점 50에서 70℃, 발화점 200℃**
③ 클로로벤젠(C_6H_5Cl) : **벤젠에서 H가 하나 빠지고 Cl이 붙은 형태**, DDT의 원료
④ 아세트산(CH_3COOH, 초산) : 산성으로 배산성용기에 보관해야 한다.
⑤ 히드라진(N_2H_4) : 과산화수소와 반응하여 질소, 물을 만든다. 알코올, 물에 녹는다.
⑥ 포름산(의산) : 환원성이 있다.

6) 제3석유류

① 아닐린($C_6H_5NH_2$) : 인화점 75℃, **특유의 냄새가 나는 무색의 액체**이다. 강산화제와 접촉하면 폭발 위험 있다.

② 클레오소트유 : 증기는 독성이 있다.

③ 에틸렌글리콜($C_2H_4(OH)_2$의 이가알코올) : 무색의 액체이다. 물, 알코올에 잘 녹는다. 부동액의 원료이다 (물 소화약제의 동결현상 방지 위해 사용된다.).

④ 글리세린($C_3H_5(OH)_3$의 삼가알코올) : 화장품, 세척제 등의 원료이다.

7) 동식물류

① 앞에서 살펴본 대로 요오드가에 따라 **건성유, 반건성유, 불건성유**로 분류된다.
　tip 요오드값은 유지 100g에 흡수되는 요오드의 g수를 의미한다.

② 건성유는 자연발화의 위험이 있다(불포화결합이 다수 있어 산소와 결합하기 쉽다.).

③ **행정안전부령으로 정한 용기기준, 저장 기준** 등에 따라 저장되고, 용기 외부에 물품의 **명칭, 수량, 화기엄금 표시**가 있으면 **위험물에서 제외**된다. 다만, 이 경우에도 **운반 시에는 위험물 안전관리법의 적용**을 받는다.

(5) 제5류 위험물

- 대부분 물에 녹지 않는다. 대부분 산소를 포함하나 그렇지 않은 것도 있다.

1) 유기과산화물

① 과산화벤조일(($C_6H_5CO)_2O_2$, 벤조일퍼옥사이드)

ㄱ. 무색, 무미의 고체 결정이다.

ㄴ. 구조는 O 2개가 -O-O- 형태로 붙어 양쪽에 C_6H_5CO가 붙어 있는 형태이다.

ㄷ. **물에 안 녹고, 알코올에, 에테르에 녹는다.**

ㄹ. **발화점 125℃**이고, **상온에서 안정**적이다.

ㅁ. 산화성 물질로, **환원성 물질, 유기물 등과 격리**해야 하고, 마찰, 충격을 피한다.

ㅂ. 건조해지면 위험하므로 건조방지를 위한 희석제(물, 프탈산디메틸 등)을 첨가한다.

② 메틸에틸케톤퍼옥사이드(MEKPO)

ㄱ. 무색의 기름형태이다.

ㄴ. 40℃이상에서, **무명, 탈지면** 등과 접촉하면 **발화 위험**이 있다.

2) 질산에스테르류

질산(HNO_3)에 수소원자를 알킬기(C_nH_{2n+1})로 치환한 물질이다(**질소**를 모두 포함한다.).

① 질산메틸(**CH₃ONO₂**)
- ㄱ. 무색 투명의 **액체**이다.
- ㄴ. 물에 안 녹고, **알코올, 에테르에 녹는다.**

② 질산에틸(**C₂H₅ONO₂**)
- ㄱ. 무색 투명의 **액체**이다.
- **ㄴ. 인화성이 크다.**

③ 니트로글리콜
- ㄱ. 무색의 액체이다.
- ㄴ. 니트로글리세린을 대체하여 겨울철 얼지 않는 다이너마이트를 만들기 위해 사용된다.

④ 니트로글리세린($C_3H_5(ONO_2)_3$)
- **ㄱ. 무색 투명한 액체이나 공업용은 황색**이다.
- ㄴ. 물에 녹지 않고 알코올, 벤젠에 녹는다.
- **ㄷ. 규조토에 흡수시켜 다이너마이트**를 만든다.
- ㄹ. 녹는점이 14℃이고, 동절기 얼 수 있으므로 위에서 설명한대로 니트로글리콜로 대체하기도 한다.

⑤ 니트로셀룰로오스(질산섬유소)
- ㄱ. 무색의 **고체**이다.
- ㄴ. 셀룰로오스에 진한 질산과 황산을 3 : 1비율로 혼합하여 만든다.
- ㄷ. 물에 안 녹고, **알코올, 벤젠에 녹는다.**
- ㄹ. **질화도(질소의 함유정도로 질산기의 수)에 따라 강면약과 약면약으로 나눈다**(질화도가 높으면 위험하다.).
- ㅁ. **열**, 산 등에 의해 **분해**하여 **자연발화 위험이 있어 장기보관하기 어렵다.**
- ㅂ. **물, 알코올과 혼합**하여 보관하면 위험성이 낮아진다.
- **ㅅ. 화약의 연료이다.**

⑥ 셀룰로이드
- ㄱ. 무색의 고체이다.
- ㄴ. **물에 안 녹고**, 알코올, 에테르에 녹는다.

3) 니트로화합물(나이트로화합물)

- 물과 반응하지 않는다.
- 니트로기($-NO_2$)를 가지고 있다.

① 트리니트로톨루엔($C_6H_2(NO_2)_3CH_3$, **TNT**)

ㄱ. **담황색의 고체결정이나, 햇빛에 다갈색**으로 변한다.

ㄴ. 톨루엔에 황산, 질산 반응시켜 나온다.

ㄷ. **물에 안 녹고, 아세톤, 에테르, 벤젠에 녹는다.**

ㄹ. **조해성, 흡습성이 없다.**

ㅁ. 기폭약을 쓰지 않으면 자연폭발하지 않고, **자연분해의 위험도 적어 장기보관 가능**하다.

ㅂ. **폭약의 원료**로 사용된다.

ㅅ. 분해되면 **일산화탄소**, 탄소, 질소, 수소가 나온다.

$$2C_6H_2(NO_2)_3CH_3 \rightarrow 12CO + 2C + 3N_2 + 5H_2$$

② 트리니트로페놀($C_6H_2(NO_2)_3OH$, **TNP, 피크린산**)

ㄱ. 무색의 **고체결정이나 공업용은 휘황색**이다.

ㄴ. 융점은 120도, 비점은 약 255도이다.

ㄷ. **페놀에 황산, 질산** 반응시켜 나온다.

ㄹ. **독성이 있고, 쓴맛**이 난다.

ㅁ. 냉수에 안 녹고, **온수, 알코올, 에테르, 벤젠**에 녹는다.

ㅂ. 상온에서 안정하므로 **충격, 마찰에도 괜찮으나 금속염 물질과 혼합하면 위험하다.**

ㅅ. 분해하면 **탄소, 질소, 수소, 일산화탄소, 이산화탄소**가 나온다.

4) 니트로소화합물(나이트로소화합물)

니트로소기($-NO$)기를 가진 화합물이다.

(6) 제6류 위험물

③ 과염소산($HClO_4$)

ㄱ. **비중 1.76**, 증기비중 약 3.5, **융점 -112℃**이다.

ㄴ. 분해되면 염화수소(HCl)와 산소를 만든다.

④ 과산화수소(H_2O_2)

ㄱ. **무색의 액체**이다.

ㄴ. **물, 알코올, 에테르에 녹고**, 석유, 벤젠에 안 녹는다.

ㄷ. 36중량퍼센트(wt%) 이상일 때 위험물질이다.

ㄹ. 상온에서 **스스로 분해되어 물과 산소**로 분해되며, **햇빛에도 분해된다.**

- **이산화망간(MnO_2), 산화은(AgO)은 분해의 정촉매(분해를 촉진)로 사용된다.**
- 이러한 분해를 방지하기 위해 분해방지 인산, 요산 같은 안정제가 사용된다.

ㅁ. 60중량퍼센트 이상인 경우 단독으로 폭발할 수 있다.

ㅂ. **3% 용액은 표백제, 살균제** 등으로 이용된다.

ㅅ. **저장용기마개에 구멍을 뚫어 보관하며, 갈색병에 보관**한다(햇빛 차단 위해).

⑤ 질산(HNO_3)

ㄱ. **무색, 또는 담황색**의 액체이다.

ㄴ. **강산성의 산화성 물질로 부식성**이 강하다.

ㄷ. **비중이 1.49 이상**인 물질만 위험물이다.

ㄹ. 수용성이고, 물과 반응하여 발열한다.

ㅁ. 햇빛에 의해 분해되므로 **갈색병에 저장, 보관**한다.

공기중에서 햇빛에 분해되면 갈색의 이산화질소를 생성하며 **독성을 가진 기체**이다(가열하면 적갈색의 이산화질소가 나온다.).

ㅂ. **질산과 염산을 1:3 비율로 제조한 것을 왕수**라고 한다.

⑥ 할로겐간화합물

ㄱ. 17족인 플루오린(F), 염소(Cl), 브로민(Br), 아이오딘(I)간의 화합물이다.

ㄴ. 삼불화브롬(BrF_3), 오불화요오드(IF_5) 등이 있다.

IV. 위험물의 저장·운반·취급 등의 관리

1. 위험물의 저장/취급/운반

법 시행규칙 별표 18, 19에 구체적으로 다 나와 있다.

(1) 제조소 등의 개념(위험물안전관리법 이하 "법")

① 위험물을 저장, 제조 등을 이해하기 위해 필요한 개념을 먼저 살펴본다.

ㄱ. 위험물 : **인화성 또는 발화성** 등의 성질을 가지는 것으로 **대통령령**으로 정하는 물품이다.

ㄴ. 지정수량 : 위험물의 종류별 위험성을 고려해서 **대통령령**이 정하는 수량으로 법상 제조소 등의 **설치허가 등에 있어 최저기준**이 되는 수량이다.

ㄷ. 제조소 등 : **제조소, 저장소 및 취급소**를 말한다.

ㄹ. 제조소 : 위험물을 **제조할 목적**으로 지정수량 이상의 위험물을 취급하기 위해 위법에 따라 **허가** 받은 장소이다.

ㅁ. 저장소 : 지정수량 이상의 위험물을 저장하기 위해 **대통령령**이 정하는 장소로 법에 따라 허가 받은 곳이다.

ㅂ. 취급소 : 지정수량 이상의 위험물을 **제조 외의 목적**으로 취급하기 위해 **대통령령**이 정한 장소로 법에 따라 허가 받은 곳이다.

② 종류

ㄱ. 제조소(제조하는 곳)

ㄴ. 저장소(저장하는 곳) : 옥내, 옥외, 옥내탱크, 옥외탱크, **이**동탱크, 지**하**탱크, **간**이탱크, **암**반탱크 (옥내/외, 옥내/외탱크, 기억하고 나머지는 이하간암탱크로 기억)

ㄷ. 취급소(판매하는 곳) : 주유, 판매, 이송, 일반

(2) 취급관계자

1) 위험물안전관리자

- **제조소 등(허가를 받지 아니하는 제조소 등**과 **이동탱크저장소**(차량에 고정된 탱크에 위험물을 저장 또는 취급하는 저장소를 말한다)를 **제외)의 관계인**은 위험물의 안전관리에 관한 직무를 수행하게 하기 위하여 제조소 등마다 **대통령령**이 정하는 위험물의 취급에 관한 **자격이 있는 자**를 위험물안전관리자로 **선임**하여야 하는데, **위험물을 저장 또는 취급하기 전**에 해야 한다.

- 위에 따라 안전관리자를 선임한 **제조소 등의 관계인**은 그 안전관리자를 **해임**하거나 안전관리자가 **퇴직**한 때에는 해임하거나 퇴직한 <u>날부터 30일 이내</u>에 다시 안전관리자를 선임하여야 한다.
- 안전관리자를 선임한 경우에는 <u>선임한 날부터 14일 이내</u>에 행정안전부령으로 정하는 바에 따라 <u>소방본부장 또는 소방서장</u>에게 신고하여야 한다.
- 안전관리자를 선임한 제조소 등의 관계인은 안전관리자가 여행·질병 그 밖의 사유로 인하여 **일시적으로 직무를 수행할 수 없거나 안전관리자의 해임 또는 퇴직과 동시에 다른 안전관리자를 선임하지 못하는 경우**에는 국가기술자격법에 따른 위험물의 취급에 관한 **자격취득자** 또는 위험물안전에 관한 **기본지식과 경험**이 있는 자로서 **행정안전부령이 정하는 자**를 대리자(代理者)로 지정하여 그 직무를 대행하게 하여야 한다. 이 경우 대리자가 안전관리자의 직무를 대행하는 기간은 **30일을 초과할 수 없다.** 행정안전부령에 의하면 <u>안전교육을 받은 자</u> 또는 <u>안전관리자를 지휘, 감독하는 자</u>이다.

2) 위험물운송책임자

위험물 운송의 감독 또는 지원을 하는 자를 말한다.

① 자격

ㄱ. 당해 위험물의 취급에 관한 **국가기술자격을 취득하고 관련 업무에 1년 이상 종사한 경력**이 있는 자

ㄴ. 위험물의 운송에 관한 **안전교육을 수료하고 관련 업무에 2년 이상 종사한 경력**이 있는 자

② <u>위험물운송책임자의 감독, 지원을 받아 운송해야 하는 위험물</u>

ㄱ. <u>알킬알루미늄</u>

ㄴ. <u>알킬리튬</u>

ㄷ. <u>알킬알루미늄 또는 알킬리튬 함유하는 위험물</u>

③ 위험물 운송의 감독 지원 방법

ㄱ. 운송책임자가 이동탱크저장소에 **동승**하여 운송 중인 위험물의 안전확보에 관하여 운전자에게 필요한 감독 또는 지원을 하는 방법. 다만 운전자가 운반책임자의 자격이 있는 경우에는 운송책임자의 자격이 없는 자가 동승할 수 있다.

ㄴ. 운송의 감독 또는 지원을 위하여 마련한 **별도의 사무실**에 운송책임자가 대기하면서 다음의 사항을 이행하는 방법(**동승하지 않는 것이다.**)

- **운송경로를 미리 파악하고 관할소방관서 또는 관련업체**(비상대응에 관한 협력을 얻을 수 있는 업체를 말한다)에 대한 **연락체계**를 갖추는 것
- 이동탱크저장소의 **운전자에 대하여 수시로 안전확보 상황을 확인**하는 것
- **비상 시의 응급처치에 관하여 조언**을 하는 것
- 그 밖에 위험물의 운송 중 **안전확보에 관하여 필요한 정보를 제공하고 감독 또는 지원**하는 것

3) 위험물운송자

- **이동탱크저장소**에 의하여 위험물을 운송하는 자를 말한다.
- 참고로 위험물운반자는 위험물을 담은 **용기를 운반하는 자**이다(운반은 용기, 적재방법, 운반방법에 관한 기준에 따라야 한다.).
- 위험물운송자, 위험물운반자의 자격을 확인하기 위해 **소방공무원 또는 경찰공무원**은 자격증의 제시 요구, 신원확인을 위한 증명서 제시 요구할 수 있다.

① 자격
    ㄱ. 「국가기술자격법」에 따른 **위험물 분야의 자격을 취득**할 것
    ㄴ. 위험물안전관리법에 따른 **안전교육을 수료**할 것

② 운송 시 준수사항
    ㄱ. 위험물운송자는 운송의 개시전에 이동저장탱크의 배출밸브 등의 밸브와 폐쇄장치 맨홀 및 주입구의 뚜껑 소화기 등의 점검을 충분히 실시할 것
    ㄴ. **위험물운송자는 장거리(고속국도에 있어서는 340km** 이상, **그 밖의 도로에 있어서는 200km** 이상을 말한다.)에 걸치는 운송을 하는 때에는 2명 이상의 운전자로 할 것. 다만, 다음에 해당하는 경우에는 그러하지 아니하다(예외).
- 운송책임자를 동승시킨 경우
- 운송하는 위험물이 제2류 위험물, 제3류 위험물(칼슘 또는 알루미늄의 탄화물과 이것 만을 함유한 것에 한한다.) 또는 제4류 위험물(특수인화물을 제외한다.)인 경우
- 운송도중에 2시간 이내 마다 20분 이상씩 휴식하는 경우

    ㄷ. 위험물운송자는 이동탱크저장소를 휴식/고장 등으로 일시 정차시킬 때에는 안전한 장소를 택하고 당해 이동탱크저장소의 안전을 위한 감시를 할수 있는 위치에 있는 등 운송하는 위험물의 안전확보에 주의할 것
    ㄹ. 위험물운송자는 이동저장탱크로부터 위험물이 현저하게 새는 등 재해발생의 우려가 있는 경우에는 재난을 방지하기 위한 응급조치를 강구하는 동시에 소방관서 그 밖의 관계기관에 통보할 것
    ㅁ. 위험물(**제4류 위험물에 있어서는 특수인화물 및 제1석유류**에 한한다.)을 운송하게 하는 자는 **위험물안전카드**를 위험물운송자로 하여금 휴대하게 할 것
    ㅂ. 위험물운송자는 위험물안전카드를 휴대하고 당해 카드에 기재된 내용에 따를 것 다만 재난 그 밖의 불가피한 이유가 있는 경우에는 당해 기재된 내용에 따르지 아니할 수 있다.

4) 안전교육

안전관리자(실무교육 8시간)·탱크시험자(실무교육 8시간)·위험물운반자(실무교육 4시간)·위험물운송자(실무교육 8시간) 등 위험물의 안전관리와 관련된 업무를 수행하는 자로서 **대통령령이 정하는 자**는 해당 업무에 관한 능력의 습득 또는 향상을 위하여 **소방청장이 실시하는 교육**을 받아야 한다.

(3) 저장/취급 기준

① 법의 적용제외 : **항공기·선박**(선박법 제1조의2 제1항의 규정에 따른 선박을 말한다.)·**철도 및 궤도**에 의한 위험물의 저장·취급 및 운반에 있어서는 이 법을 적용하지 아니한다.

② 지정수량 이상의 위험물을 저장소 아닌 장소에서 저장하거나 제조소 등이 아닌 장소에서 취급해서는 안 된다. **다만 90일 이내**, 시·도의 조례에 따라 관할소방서장의 승인으로 임시적으로 가능

③ 지정수량 미만의 경우, **저장 또는 취급**에 관해서는 **시·도의 조례**에서 정한 대로 한다(**운반의 경우는 아니다**.).

④ 저장소에는 위험물 외에는 저장하면 안된다. 다만, 옥내/외저장소의 경우 1m 이상 간격을 두는 경우, 옥내/외탱크저장소, 지하, 이동탱크저장소의 경우 구조, 설비에 나쁜 영향을 주지 않으면 위험물외의 물질은 함께 저장 가능하다.

⑤ 유별을 달리하는 위험물끼리는 같이 저장하면 안 된다. 다만, 옥내/외 저장소의 경우 아래와 같은 위험물은 서로 1m 간격을 두고 저장 가능하다.

ㄱ. **1류(알칼리금속 과산화물 또는 이를 함유한 것 제외)와 5류**

ㄴ. **1류와 6류**

ㄷ. **1류와 3류 중 자연발화성물질(황린 및 이를 함유한 것에 한함)**

ㄹ. **2류 중 인화성 고체와 4류**

ㅁ. 3류 중 알킬알루미늄 등과 4류(알킬알루미늄 또는 알킬리튬을 함유한 것에 한함)

ㅂ. 4류 중 유기과산화물 또는 이를 함유한 것과 5류 중 유기과산화물 또는 이를 함유한 것

암기요령

암기는 111234로 되어 있다는 것 기억하고, 1알5, 1 6, 1 3자, 2인4, 3알4알알, 4유5유 로 기억한다.

---

⑥ 옥내 저장소의 경우 동일 품명위험물이라도 자연발화위험 있는 경우의 위험물을 다량 저장할 경우 지정수량 10배마다 구분하여 0.3m 간격을 둔다.

⑦ 옥내 저장소의 경우 **기계에 의해 하역하는 구조로 된 용기만을 겹쳐 쌓는 경우 6m**, 제4류 위험물 중 **제3석유류, 제4석유류 및 동식물유류**를 수납하는 용기만을 겹쳐 쌓는 경우에 있어서는 **4m**, 그 밖의 경우에 있어서는 **3m** 초과하여 쌓으면 안 된다.

⑧ 옥내 저장소에서 용기 수납하는 경우 온도가 55℃를 넘지 않도록 해야 한다.

⑨ **알킬알루미늄 등**을 저장 또는 취급하는 **이동탱크저장소**에는 **긴급 시의 연락처, 응급조치에 관하여 필요한 사항을 기재한 서류, 방호복, 고무장갑, 밸브 등을 죄는 결합공구 및 휴대용 확성기**를 비치하여야 한다.

⑩ 알킬알루미늄 등, 아세트알데히드 등 및 디에틸에테르 등을 저장할 때는 다음의 기준을 지켜야 한다.

ㄱ. **이동저장탱크에 알킬알루미늄 등을 저장하는 경우에는 20kPa 이하**의 압력으로 **불활성의 기체**를 봉입하여 둘 것

ㄴ. **옥외저장탱크·옥내저장탱크 또는 지하저장탱크 중 압력탱크**에 저장하는 아세트알데히드 등 또는 디에틸에테르 등의 온도는 **40℃ 이하로 유지**할 것

ㄷ. **보냉장치가 있는 이동저장탱크**에 저장하는 아세트알데히드 등 또는 디에틸에테르 등의 온도는 당해 위험물의 **비점 이하로 유지**할 것

ㄹ. 보냉장치가 없는 이동저장탱크에 저장하는 아세트알데히드 등 또는 디에틸에테르 등의 온도는 **40℃ 이하로 유지**할 것

⑪ 옥외저장소의 경우 **아래의 위험물이 옥외에 저장**될 수 있다.

ㄱ. **2류 위험물 중 유황 또는 인화성 고체**(인화점이 섭씨 0도 이상인 것에 한함)

ㄴ. 4류 위험물 중 **제1석유류(인화점이 섭씨 0도 이상인 것에 한함), 알코올류, 2석유류, 3석유류, 4석유류**

ㄷ. **6류 위험물**

ㄹ. 2류, 4류 위험물 중 특별시, 광역시, 특별자치시, 특별차치도 또는 도의 **조례**에서 정한 위험물

ㅁ. 국제해사기구에 관한 협약에 의해 설치된 국제해사기구가 채택한 **국제해상 위험물규칙(IMDG 코드)**에 적합한 용기에 수납된 위험물

⑫ 위험물의 **취급**과 관련해서 제조과정에서의 기준(읽어만 보세요.)

ㄱ. 증류공정에 있어서는 위험물을 취급하는 설비의 내부압력의 변동 등에 의하여 액체 또는 증기가 새지 아니하도록 할 것

ㄴ. 추출공정에 있어서는 추출관의 내부압력이 비정상으로 상승하지 아니하도록 할 것

ㄷ. 건조공정에 있어서는 위험물의 온도가 부분적으로 상승하지 아니하는 방법으로 가열 또는 건조할 것

ㄹ. 분쇄공정에 있어서는 위험물의 분말이 현저하게 부유하고 있거나 위험물의 분말이 현저하게 기계·기구 등에 부착하고 있는 상태로 그 기계·기구를 취급하지 아니할 것

⑬ 위험물의 취급 중 소비에 관한 기준(읽고 이해만 하세요.)

ㄱ. 분사도장작업은 방화상 유효한 격벽 등으로 구획된 안전한 장소에서 실시할 것

ㄴ. 담금질 또는 열처리작업은 위험물이 위험한 온도에 이르지 아니하도록 하여 실시할 것

ㄷ. 버너를 사용하는 경우에는 버너의 역화를 방지하고 위험물이 넘치지 아니하도록 할 것

⑭ 주유취급소에서의 취급기준은 아래와 같다.

ㄱ. 자동차 등에 주유할 때에는 **고정주유설비를 사용하여 직접 주유할 것**(중요기준)

ㄴ. 자동차 등에 **인화점 40℃ 미만의 위험물을 주유할 때에는 자동차 등의 원동기를 정지**시킬 것(참고로 경유는 인화점이 40℃ 이상이므로 이에 해당하지 않는다). 다만, 연료탱크에 위험물을 주유하는 동안 방출되는 가연성 증기를 회수하는 설비가 부착된 고정주유설비에 의하여 주유하는 경우에는 그러하지 아니하다.

ㄷ. 고정주유설비 또는 고정급유설비에 접속하는 탱크에 위험물을 주입할 때에는 당해 탱크에 접속된 고정주유설비 또는 고정급유설비의 **사용을 중지하고, 자동차 등을 당해 탱크의 주입구에 접근시키지 아니할 것**

ㄹ. 고정주유설비 또는 고정급유설비에는 해당 설비에 접속한 전용탱크 또는 간이탱크의 **배관 외의 것을 통하여서는 위험물을 공급하지 아니할 것**

ㅁ. 이동저장탱크에 급유할 때에는 **고정급유설비를 사용하여 직접 급유**할 것

⑮ 이동탱크저장소에서의 취급기준은 아래와 같다.

ㄱ. 휘발유를 저장하던 이동저장탱크에 등유나 경유를 주입할 때 또는 등유나 경유를 저장하던 이동저장탱크에 휘발유를 주입할 때에는 다음의 기준에 따라 정전기등에 의한 재해를 방지하기 위한 조치를 해야 한다.

- 이동저장탱크의 상부로부터 위험물을 주입할 때에는 위험물의 액표면이 주입관의 끝부분을 넘는 높이가 될 때까지 그 주입관내의 **유속을 초당 1m 이하**로 할 것
- 이동저장탱크의 밑부분으로부터 위험물을 주입할 때에는 위험물의 액표면이 주입관의 정상부분을 넘는 높이가 될 때까지 그 주입배관내의 **유속을 초당 1m 이하**로 할 것
- 그 밖의 방법에 의한 위험물의 주입은 이동저장탱크에 가연성증기가 잔류하지 아니하도록 조치하고 안전한 상태로 있음을 확인한 후에 할 것

ㄴ. 이동저장탱크로부터 이동저장탱크로의 위험물 주입은 허용되지 않는다.

(4) 운반 기준(별표 19)

- **운반용기의 재질은 강판, 알루미늄판, 양철판, 유리, 금속판, 종이 플라스틱, 섬유팜, 고무류, 합성섬유, 삼, 짚 또는 나무이다.**
- 운반용기의 최대용적 또는 중량(별표 19 관련)(아래 표는 참고로만 볼 것, 출제비중 낮다.)

1. 고체위험물					수납 위험물의 종류								
운반 용기					제1류			제2류		제3류			제5류	
내장 용기		외장 용기			I	II	III	II	III	I	II	III	I	II
용기의 종류	최대용적 또는 중량	용기의 종류	최대용적 또는 중량											
유리용기 또는 플라스틱 용기	**10ℓ**	**나무상자 또는 플라스틱 상자(필요에 따라 불활성의 완충재를 채울 것)**	**125 kg**		○	○	○	○	○	○	○	○	○	○
			225 kg			○	○		○		○			○
		파이버판 상자(필요에 따라 불활성의 완충재를 채울 것)	40 kg		○	○	○	○	○	○	○	○	○	○
			55 kg				○		○		○			○
금속제 용기	30ℓ	나무상자 또는 플라스틱 상자	125 kg		○	○	○	○	○	○	○	○	○	○
			225 kg			○	○		○		○			○
		파이버판상자	40 kg		○	○	○	○	○	○	○	○	○	○
			55 kg			○	○		○		○			○
플라스틱 필름포대 또는 종이포대	5 kg	나무상자 또는 플라스틱 상자	50 kg		○	○	○	○	○			○	○	○
	50 kg		50 kg			○	○	○	○					○
	125 kg		125 kg				○	○	○					
	225 kg		225 kg					○						
	5 kg	파이버판 상자	40 kg		○	○	○	○	○			○	○	○
	40 kg		40 kg			○	○	○	○					○
	55 kg		55 kg					○	○					
		금속제 용기(드럼 제외)	60ℓ	○	○	○	○	○	○	○	○	○	○	○
		플라스틱 용기(드럼 제외)	10ℓ		○	○	○	○		○	○			○
			30ℓ			○	○	○			○			○
		금속제드럼	250ℓ	○	○	○	○	○	○	○	○	○	○	○
		플라스틱드럼 또는 파이버드럼 (방수성이 있는 것)	60ℓ		○	○	○	○		○	○	○		○
			250ℓ			○	○	○		○		○		○
		합성수지포대(방수성이 있는 것), 플라스틱필름포대, 섬유포대(방수성이 있는 것) 또는 종이포대(여러겹으로서 방수성이 있는 것)	50 kg			○	○	○						○

비고)
1. "○"표시는 수납위험물의 종류별 각란에 정한 위험물에 대하여 당해 각란에 정한 운반용기가 적응성이 있음을 표시한다.
2. 내장용기는 외장용기에 수납하여야 하는 용기로서 위험물을 직접 수납하기 위한 것을 말한다.
3. 내장용기의 용기의 종류란이 빈칸인 것은 외장용기에 위험물을 직접 수납하거나 유리용기, 플라스틱용기, 금속제용기, 폴리에틸렌포대 또는 종이포대를 내장용기로 할 수 있음을 표시한다.

2. 액체위험물

운반 용기				수납위험물의 종류							
내장 용기		외장 용기		제3류			제4류			제5류		제6류
용기의 종류	최대용적 또는 중량	용기의 종류	최대용적 또는 중량	I	II	III	I	II	III	I	II	I
유리 용기	5ℓ	나무 또는 플라스틱상자 (불활성의 완충재를 채울 것)	75 kg	○	○	○	○	○	○	○	○	○
			125 kg		○	○		○	○		○	
	10ℓ		225 kg						○			
	5ℓ	파이버판 상자 (불활성의 완충재를 채울 것)	40 kg	○	○	○	○	○	○	○	○	○
	10ℓ		55 kg						○			
플라스틱 용기	10ℓ	나무 또는 플라스틱 상자 (필요에 따라 불활성의 완충재를 채울 것)	75 kg	○	○	○	○	○	○	○	○	○
			125 kg		○	○		○	○		○	
			225 kg						○			
		파이버판 상자(필요에 따라 불활성의 완충재를 채울 것)	40 kg	○	○	○	○	○	○	○	○	○
			55 kg						○			
금속제 용기	30ℓ	나무 또는 플라스틱 상자	125 kg	○	○	○	○	○	○	○	○	○
			225 kg						○			
		파이버판 상자	40 kg	○	○	○	○	○	○	○	○	○
			55 kg		○	○		○	○			
		금속제 용기 (금속제 드럼 제외)	60ℓ				○	○	○			
		플라스틱 용기 (플라스틱 드럼 제외)	10ℓ				○	○	○		○	
			20ℓ					○	○			
			30ℓ						○		○	
		금속제 드럼(뚜껑 고정식)	250ℓ	○	○	○	○	○	○	○	○	○
		금속제 드럼(뚜껑 탈착식)	250ℓ					○	○			
		플라스틱 또는 파이버 드럼(플라스틱 내 용기 부착의 것)	250ℓ		○	○			○		○	

1) 적재방법

① 수납율(운반용기에 얼마만큼 채워야 하는지의 문제)

ㄱ. **고체위험물**은 운반용기 내용적의 **95% 이하**의 수납율로 수납할 것

ㄴ. **액체위험물**은 운반용기 내용적의 **98% 이하**의 수납율로 수납하되, 55도의 온도에서 누설되지 아니하도록 충분한 공간용적을 유지하도록 할 것

ㄷ. **알킬알루미늄 등(알킬리튬도)**은 운반용기의 내용적의 **90% 이하**의 수납율로 수납하되, **50℃의 온도에서 5% 이상의 공간용적을 유지**하도록 할 것

② 피복조치

ㄱ. **차광성 있는 피복**으로 가릴 위험물 : **1류**, **3류 중 자연발화성 물질**, **4류 중 특수인화물**, **5류**, **6류**

ㄴ. **방수성 있는 피복**으로 덮을 위험물(물을 피해야 하는 것) : **1류 중 알칼리금속 과산화물** 또는 이를 함유한 것, **2류 중 철분, 마그네슘, 금속분** 또는 이를 함유한 것, **3류 중 금수성물질**

ㄷ. **보냉 컨테이너**에 수납하는 등 온도 관리를 해야 하는 것 : **5류 중 55℃ 이하에서 분해될 우려 있는 것**

2) 운반 용기를 겹쳐 쌓는 경우 3m 이하로 쌓아야 한다.

3) 운반용기 외부 표시 사항

① **위험물의 품명, 위험등급, 화학명 및 수용성**(수용성 표시는 4류 위험물 중 수용성인 것에 한함)

② **위험물의 수량**

③ 위험물에 따른 **주의사항**

1류	1) 알칼리금속과산화물의 경우 : **화기/충격주의, 물기엄금 및 가연물접촉주의**
	2) 그 밖의 것 : 화기/충격주의, 가연물 접촉주의
2류	1) **철분, 마그네슘, 금속분 : 화기주의 물기엄금**
	2) **인화성 고체 : 화기엄금**
	3) 그 밖의 것 : 화기주의
3류	1) **자연발화성 물질 : 화기엄금 및 공기접촉엄금**
	2) **금수성물질 : 물기엄금**
4류	**화기엄금**
5류	화기엄금, 충격주의
6류	가연물접촉주의

※ 제조소의 게시판에 게시할 내용(운반 시 운반용기 주의사항과 관련이 있으니 여기서 살펴본다.)

ⅰ) 1류 알칼리금속의 과산화물:물기엄금

그 밖에:없음

ⅱ) 2류 인화성 고체:화기엄금

철분, 마그네슘, 금속분 및 그 밖에:화기주의

ⅲ) 3류 자연발화성 물질:화기엄금

금수성물질:물기엄금

ⅳ) 4류:화기엄금

ⅴ) 5류:화기엄금

ⅵ) 6류:없음

암기방법

물기엄금은 **알칼리금속과산화물과 금수성 물질 두가지**

화기주의는 **2류 중 인화성 고체를 제외한 물질**

없음은 **1류 중 알칼리금속과산화물 그 외의 물질과 6류**

나머지는 모두 화기엄금이다.

위의 운반용기 외부 표시사항은 일단 게시판 내용이 그대로 있고 거기에 내용이 추가된다고 생각하여 암기한다.

4) 기계에 의해 하역하는 구조로 된 운반용기 표시 사항

위에서 설명한 운반용기 외부에 표시해야 하는 사항 외에도 추가로 표시해야 하는 것이 있다.

① **운반용기의 제조년월 및 제조자의 명칭**

② **겹쳐쌓기 시험하중**

③ **운반용기의 종류에 따라 다음의 규정에 의한 중량**

ㄱ. 플렉서블 외의 운반용기 : 최대총중량(최대수용중량의 위험물을 수납하였을 경우의 운반용기의 전중량을 말한다.)

ㄴ. 플렉서블 운반용기 : 최대수용중량

2. 위험물 제조소 등의 시설

(1) 위험물 제조소(별표 4)

1) 안전거리

제조소(제6류 위험물을 취급하는 제조소를 제외한다)는 건축물의 외벽 또는 이에 상당하는 공작물의 외측으로부터 당해 제조소의 외벽 또는 이에 상당하는 공작물의 외측까지의 사이에 다음 규정에 의한 수평거리(이하 "안전거리"라 한다)를 두어야 한다.

① **유형문화재와 지정문화재 : 50m 이상**
② **학교, 병원, 극장 등 다수인 수용 시설(극단, 아동복지시설, 노인보호시설, 어린이집 등) : 30m 이상**
③ 고압가스, 액화석유가스 또는 도시가스를 저장 또는 취급하는 시설 : 20m 이상
④ **주거용인 건축물 등 : 10m 이상**
⑤ **사용전압이 35,000V를 초과하는 특고압가공전선 : 5m 이상**
⑥ 사용전압이 7,000V 초과 35,000V 이하의 특고압가공전선 : 3m 이상

> **암기 방법**
>
> 암기는 532153이고, 문학가주사사로 암기(문학가가 주사 부리다 사망하는 이야기)

2) 보유공지

저장소를 둘러싼 빈 땅을 의미하며, 안전을 위해 보유하고 있어야 하는 데 위험물의 최대수량에 따라 아래와 같은 기준이 있다.

취급하는 위험물의 최대수량	공지의 너비
지정수량의 **10배 이하**	**3m 이상**
지정수량의 **10배 초과**	**5m 이상**

제조소의 작업공정이 다른 작업장의 작업공정과 연속되어 있어, 제조소의 건축물 그 밖의 공작물의 주위에 공지를 두게 되면 그 제조소의 **작업에 현저한 지장이** 생길 우려가 있는 경우 당해 제조소와 다른 작업장 사이에 규정상 기준에 따라 **방화상 유효한 격벽(隔壁)**을 설치한 때에는 당해 제조소와 다른 작업장 사이에 제1호의 규정에 의한 **공지를 보유하지 아니할 수 있다.**

3) 표지 및 게시판

제조소에는 표지 및 게시판을 설치해야 한다.
① 표지 : **표지의 바탕은 백색으로, 문자는 흑색으로 한 "위험물 제조소"**라는 표지
② 게시판 : 위에서 설명한 제조소 게시판에 게시할 내용을 참조하고, 추가되는 부분을 살펴본다.
  ㄱ. 게시판에는 저장 또는 취급하는 **위험물의 유별·품명 및 저장최대수량 또는 취급최대수량, 지정수량의 배수 및 안전관리자의 성명 또는 직명**을 기재해야 하고, **게시판의 바탕은 백색, 문자는 흑색**이다.
  ㄴ. **물기엄금의 경우는 청색바탕에 백색문자**로, **화기주의 또는 화기엄금은 적색바탕에 백색문자**로 한다.
③ 게시판 및 표지의 크기는 한변의 길이가 0.3m 이상, 다른 한 변의 길이가 0.6m 이상인 직사각형으로 한다.

4) 건축물의 구조

① **지하층이 없도록 하여야 한다**. 다만, 위험물을 취급하지 아니하는 지하층으로서 위험물의 취급장소에서 새어나온 위험물 또는 가연성의 증기가 흘러 들어갈 우려가 없는 구조로 된 경우에는 그러하지 아니하다.
② **벽·기둥·바닥·보·서까래 및 계단을 불연재료**로 하고, **연소의 우려가 있는 외벽은 출입구 외의 개구부가 없는 내화구조의 벽**으로 하여야 한다. 이 경우 제6류 위험물을 취급하는 건축물에 있어서 위험물이 스며들 우려가 있는 부분에 대하여는 아스팔트 그 밖에 부식되지 아니하는 재료로 피복하여야 한다.
③ **지붕**은 폭발력이 위로 방출될 정도의 가벼운 **불연재료**로 덮어야 한다.
④ **출입구와 비상구에는 갑종방화문 또는 을종방화문**을 설치하되, **연소의 우려가 있는 외벽에 설치하는 출입구에는 수시로 열 수 있는 자동폐쇄식의 갑종방화문**을 설치하여야 한다.
⑤ 위험물을 취급하는 건축물의 창 및 출입구에 유리를 이용하는 경우에는 망입유리(두꺼운 판유리에 철망을 넣은 것)로 하여야 한다.
⑥ 액체의 위험물을 취급하는 건축물의 바닥은 위험물이 스며들지 못하는 재료를 사용하고, 적당한 경사를 두어 그 최저부에 집유설비를 하여야 한다.

5) 채광/조명/환기설비

① 채광설비 : 채광설비는 불연재료로 하고, 연소의 우려가 없는 장소에 설치하되 채광면적을 최소로 할 것
② 조명설비
  ㄱ. 가연성가스 등이 체류할 우려가 있는 장소의 조명등은 방폭등(防爆燈)으로 할 것
  ㄴ. 전선은 내화·내열전선으로 할 것
  ㄷ. 점멸스위치는 출입구 바깥부분에 설치할 것. 다만, 스위치의 스파크로 인한 화재·폭발의 우려가 없을 경우에는 그러하지 아니하다.

③ 환기설비

ㄱ. 환기는 **자연배기방식**으로 할 것

ㄴ. 급기구는 당해 급기구가 설치된 실의 **바닥면적 150m²마다 1개 이상**으로 하되, 급기구의 **크기는 800cm² 이상**으로 할 것. 다만 바닥면적이 150m² 미만인 경우에는 다음의 크기로 하여야 한다.

바닥면적	급기구의 면적
60m² 미만	150cm² 이상
60m² 이상 90m² 미만	300cm² 이상
90m² 이상 120m² 미만	450cm² 이상
120m² 이상 150m² 미만	600cm² 이상

④ **급기구는 낮은 곳에 설치**하고 가는 눈의 구리망 등으로 인화방지망을 설치할 것

⑤ 환기구는 지붕위 또는 지상 2m 이상의 높이에 회전식 고정벤티레이터 또는 루프팬 방식(roof fan : 지붕에 설치하는 배기장치)으로 설치할 것

6) 배출설비

① 배출설비는 국소방식으로 하여야 한다. 다만, 다음 각목의 1에 해당하는 경우에는 전역방식으로 할 수 있다.

ㄱ. 위험물취급설비가 배관이음 등으로만 된 경우

ㄴ. 건축물의 구조·작업장소의 분포 등의 조건에 의하여 전역방식이 유효한 경우

② 배출설비는 배풍기(오염된 공기를 뽑아내는 통풍기)·배출 덕트(공기 배출통로)·후드 등을 이용하여 강제적으로 배출하는 것으로 해야 한다.

③ **배출능력은 1시간당 배출장소 용적의 20배 이상인 것으로 하여야 한다.** 다만, 전역방식의 경우에는 바닥면적 1m² 당 18m³ 이상으로 할 수 있다.

④ 배출설비의 급기구 및 배출구는 다음 각목의 기준에 의하여야 한다.

ㄱ. 급기구는 높은 곳에 설치하고, 가는 눈의 구리망 등으로 인화방지망을 설치할 것

ㄴ. 배출구는 지상 2m 이상으로서 연소의 우려가 없는 장소에 설치하고, 배출 덕트가 관통하는 벽부분의 바로 가까이에 화재 시 자동으로 폐쇄되는 방화댐퍼(화재 시 연기 등을 차단하는 장치)를 설치할 것

⑤ 배풍기는 강제배기방식으로 하고, 옥내 덕트의 내압이 대기압 이상이 되지 아니하는 위치에 설치하여야 한다.

7) 옥외설비의 바닥

바닥의 최저부에 **집유설비**를 하여야 한다.

8) 압력계/안전장치

위험물을 가압하거나 압력을 증가시킬 우려가 있는 설비는 압력계 및 아래의 안전장치 설치해야 한다(다만, **파괴판은 위험물의 성질에 따라 안전밸브의 작동이 곤란한 가압설비**에 한한다.).

① 자동적으로 압력의 상승을 정지시키는 장치
② 감압측에 안전밸브를 부착한 감압밸브
③ 안전밸브를 겸하는 경보장치
④ 파괴판

9) 정전기 제거설비

정전기 제거설비를 아래의 방법으로 설치해야 한다.

① 접지에 의한 방법
② 공기 중의 상대습도를 70% 이상으로 하는 방법
③ 공기를 이온화하는 방법

10) 피뢰설비

지정수량의 **10배 이상**의 위험물을 취급하는 제조소(**제6류 위험물**을 취급하는 위험물제조소를 **제외**한다.)에는 피뢰설비를 설치해야 한다.

11) 방유제

제조소 옥외에 있는 위험물저장탱크의 경우 액체위험물을 취급하는 경우 방유제를 설치해야 한다(방유제는 탱크의 물질이 흘러나와서 확대되는 것을 막기위해 설치하는 둑을 의미한다.).

① **탱크가 1개 때 : 탱크용량의 50%**
② **탱크가 2개 이상일 때 : 최대 탱크 용량의 50% + 나머지 탱크 용량 합계의 10%**

12) 배관

① 지하에 매설하는 경우 **접합부분에는 점검구** 설치, 금속성 배관 **외면에는 부식방지조치**
② **최대사용압력의 1.5배 이상의 압력으로 내압시험** 해야 함
③ 지상에 설치시 **지면에 닿지 않도록** 설치

13) 위험물의 성질에 따른 특례

① **알킬알루미늄** 등(알킬알루미늄, 알킬리튬, 또는 이들을 함유한 것)을 취급하는 제조소의 특례
  ㄱ. 알킬알루미늄 등을 취급하는 설비의 주위에는 **누설범위를 국한하기 위한 설비**와 누설된 알킬알루미늄등을 안전한 장소에 설치된 저장실에 유입시킬수 있는 설비를 갖출 것
  ㄴ. 알킬알루미늄 등을 취급하는 설비에는 **불활성기체를 봉입하는 장치**를 갖출 것

② **아세트알데히드 등**을 취급하는 제조소의 특례
ㄱ. 아세트알데히드 등을 취급하는 설비는 **은·수은·동·마그네슘 또는 이들을 성분으로 하는 합금으로 만들지 아니할 것**
ㄴ. 아세트알데히드 등을 취급하는 설비에는 연소성 혼합기체의 생성에 의한 폭발을 방지하기 위한 **불활성기체 또는 수증기를 봉입하는 장치**를 갖출 것
ㄷ. 아세트알데히드 등을 취급하는 탱크(옥외에 있는 탱크 또는 옥내에 있는 탱크로서 그 용량이 지정수량의 5분의 1 미만의 것을 제외한다.)에는 **냉각장치 또는 저온을 유지하기 위한 장치(이하 "보냉장치"라 한다.)** 및 연소성 혼합기체의 생성에 의한 폭발을 방지하기 위한 **불활성기체를 봉입하는 장치**를 갖출 것. 다만, 지하에 있는 탱크가 아세트알데히드 등의 온도를 저온으로 유지할 수 있는 구조인 경우에는 냉각장치 및 보냉장치를 갖추지 아니할 수 있다.

③ 히드록실아민(하이드록실아민) 등을 취급하는 제조소의 특례
안전거리에 있어 아래의 산식에 따른 거리를 둔다.
- $D = 51.1\sqrt[3]{N}$
- D : 거리(m)
- N : 해당 제조소에서 취급하는 히드록실아민(하이드록실아민) 등의 지정수량의 배수

(2) 옥내저장소

1) 안전거리

① **제조소의 규정**에 따른다.
② 다만, 아래의 경우는 안전거리 **안 둘 수 있다.**
ㄱ. **제4석유류 또는 동식물유류**의 위험물을 저장 또는 취급하는 옥내저장소로서 그 최대수량이 **지정수량의 20배 미만**인 것
ㄴ. **제6류 위험물**을 저장 또는 취급하는 옥내저장소
ㄷ. **지정수량의 20배**(하나의 저장창고의 바닥면적이 150m² 이하인 경우에는 50배) **이하**의 위험물을 저장 또는 취급하는 옥내저장소로서 다음의 기준에 적합한 것
- 저장창고의 벽·기둥·바닥·보 및 지붕이 내화구조인 것
- 저장창고의 출입구에 수시로 열 수 있는 자동폐쇄방식의 갑종방화문이 설치되어 있을 것
- 저장창고에 창을 설치하지 아니할 것

2) 보유공지

저장 또는 취급하는 위험물의 최대수량	공지의 너비	
	벽·기둥 및 바닥이 내화구조로 된 건축물	그 밖의 건축물
지정수량의 5배 이하		0.5m 이상
지정수량의 5배 초과 10배 이하	1m 이상	1.5m 이상
지정수량의 10배 초과 20배 이하	2m 이상	3m 이상
지정수량의 20배 초과 50배 이하	3m 이상	5m 이상
지정수량의 50배 초과 200배 이하	5m 이상	10m 이상
지정수량의 200배 초과	10m 이상	15m 이상

3) 표지 및 게시판

제조소와 동일하다.

4) 건축물의 구조

① 독립된 건축물로 하여야 한다.

② 지면에서 처마까지의 높이(이하 "처마높이"라 한다)가 6m 미만인 단층건물로 하고 그 바닥을 지반면보다 높게 하여야 한다. 다만, 제2류 또는 제4류의 위험물만을 저장하는 창고로서 다음 각목의 기준에 적합한 창고의 경우에는 20m 이하로 할 수 있다.

  ㄱ. 벽·기둥·보 및 바닥을 내화구조로 할 것
  ㄴ. 출입구에 갑종방화문을 설치할 것
  ㄷ. 피뢰침을 설치할 것. 다만, 주위상황에 의하여 안전상 지장이 없는 경우에는 그러하지 아니하다.

③ 바닥면적

  ㄱ. 다음의 위험물을 저장하는 창고 : 1,000m² 이하
    • 제1류 위험물 중 아염소산염류, 염소산염류, 과염소산염류, 무기과산화물 그 밖에 지정수량이 50kg인 위험물
    • 제3류 위험물 중 칼륨, 나트륨, 알킬알루미늄, 알킬리튬 그 밖에 지정수량이 10kg인 위험물 및 황린
    • 제4류 위험물 중 특수인화물, 제1석유류 및 알코올류
    • 제5류 위험물 중 유기과산화물, 질산에스테르류 그 밖에 지정수량이 10kg인 위험물
    • 제6류 위험물
  ㄴ. 위 위험물 외의 위험물을 저장하는 창고 : 2,000m² 이하
  ㄷ. **위 두가지의 위험물을 내화구조의 격벽으로 완전히 구획된 실에 각각 저장하는 창고 : 1,500m² 이하**

> **암기 방법**
>
> **1000m²인 경우 4류 위험물 중 제1석유류 및 알코올류를 제외하고는 모두 위험등급이 I등급**인 물질이다. 즉, 기본적으로 위험등급이 1등급이면 바닥면적이 1000m² 이하이다. 그 외는 2000m²로 기억하고, 격벽인 경우 1,500으로 기억하면 된다.

④ 저장창고의 **벽·기둥 및 바닥**은 **내화구조**로 하고, **보와 서까래**는 **불연재료**로 하여야 한다. 다만, 지정수량의 10배 이하의 위험물의 저장창고 또는 제2류 위험물(인화성고체는 제외한다.)과 제4류의 위험물(인화점이 70℃ 미만인 것은 제외한다.)만의 저장창고에 있어서는 연소의 우려가 없는 벽·기둥 및 바닥은 불연재료로 할 수 있다.

⑤ **지붕**을 폭발력이 위로 방출될 정도의 **가벼운 불연재료**로 하고, 천장을 만들지 않아야 한다.

⑥ **출입구**에는 **갑종방화문 또는 을종방화문**을 설치하되, **연소의 우려가 있는 외벽**에 있는 출입구에는 **수시로 열 수 있는 자동폐쇄식의 갑종방화문**을 설치하여야 한다.

  ㄱ. **연소의 우려가 있는 외벽**이란 다음의 선을 기산점으로 **3m(2층 이상은 5m) 이내**에 있는 제조소 등의 외벽을 말한다.
  - 제조소 등의 설치된 **부지의 경계선**
  - 제조소 등의 인접한 **도로의 중심선**
  - 제조소 등의 외벽과 동일부지 내의 **다른 건물의 외벽간의 중심선**

⑦ 바닥을 물이 스며 나오지 않는 구조로 해야 하는 경우
  ㄱ. 1류 위험물 중 **알칼리금속의 과산화물** 또는 이를 함유하는 것
  ㄴ. 2류 위험물 중 **철분·금속분·마그네슘** 또는 이중 어느 하나 이상을 함유하는 것
  ㄷ. 3류 위험물 중 **금수성물질**
  ㄹ. **4류** 위험물

⑧ 액상의 위험물 저장하는 경우의 바닥
  ㄱ. 바닥은 위험물이 스며들지 아니하는 구조
  ㄴ. 적당한 경사
  ㄷ. 최저부에 **집유설비**

⑨ 채광/조명/환기 : 제조소와 동일, 인화점이 70℃ 미만인 위험물의 저장창고에 있어서는 내부에 체류한 가연성의 증기를 지붕 위로 **배출하는 설비**를 설치해야 한다.

⑩ **지정수량의 10배** 이상의 저장창고(제6류 위험물의 저장창고를 **제외**한다.)에는 **피뢰침**을 설치해야 한다. 저장창고는 각층의 바닥을 지면보다 높게 하고, 바닥면으로부터 상층의 바닥(상층이 없는 경우에는 처마)까지의 높이(이하 **"층고"라 한다.**)를 **6m 미만**으로 하여야 한다.

ㄱ. 하나의 저장창고의 **바닥면적 합계는 1,000m² 이하**로 하여야 한다.

ㄴ. 저장창고의 벽·기둥·바닥 및 보를 내화구조로 하고, 계단을 불연재료로 하며, 연소의 우려가 있는 외벽은 출입구외의 개구부를 갖지 아니하는 벽으로 하여야 한다.

ㄷ. 2층 이상의 층의 바닥에는 개구부를 두지 아니하여야 한다. 다만, 내화구조의 벽과 갑종방화문 또는 을종방화문으로 구획된 계단실에 있어서는 그러하지 아니하다.

5) 위험물의 성질에 따른 옥내저장소의 특례

① **지정과산화물(5류 위험물 중 유기과산화물** 또는 이를 함유한 것으로 지정수량 **10kg 인 것**)

ㄱ. 저장창고는 바닥면적 **150m² 이내마다 격벽**으로 완전하게 구획할 것. 이 경우 당해 격벽은 두께 30cm 이상의 철근콘크리트조 또는 철골철근콘크리트조로 하거나 두께 40cm 이상의 보강콘크리트블록조로 하고, 당해 저장창고의 양측의 외벽으로부터 1m 이상, 상부의 지붕으로부터 50cm 이상 돌출하게 하여야 한다.

ㄴ. **외벽은 두께 20cm 이상의 철근콘크리트조나 철골철근콘크리트조** 또는 두께 30cm 이상의 보강콘크리트블록조로 할 것

ㄷ. 지붕의 **서까래의 간격은 30cm 이하**로 할 것

ㄹ. **출입구에는 갑종방화문**을 설치할 것

ㅁ. 저장창고의 **창은 바닥면으로부터 2m 이상**의 높이에 두되, 하나의 벽면에 두는 창의 면적의 합계를 **당해 벽면의 면적의 80분의 1 이내**로 하고, **하나의 창의 면적을 0.4m² 이내**로 할 것

(3) 옥외저장소

① 안전거리 : 제조소와 동일

② 주위에 경계표시 해야 한다.

③ 보유공지 : 위의 경계 표시 주위 아래의 표에 따라 보유공지 있어야 한다.

저장 또는 취급하는 위험물의 최대수량	공지의 너비
지정수량의 10배 이하	3m 이상
지정수량의 10배 초과 20배 이하	5m 이상
지정수량의 20배 초과 50배 이하	9m 이상
지정수량의 50배 초과 200배 이하	12m 이상
지정수량의 200배 초과	15m 이상

다만, 제4류 위험물 중 제4석유류와 제6류 위험물을 저장 또는 취급하는 옥외저장소의 보유공지는 다음 표에 의한 공지의 너비의 3분의 1 이상의 너비

④ 옥외저장소 중 경계표 안쪽에서 **덩어리 유황만을 저장, 취급**하는 경우

　ㄱ. 하나의 경계표시의 **내부의 면적은 100m² 이하**일 것

　ㄴ. 2 이상의 경계표시를 설치하는 경우에 있어서는 각각의 경계표시 내부의 면적을 **합산한 면적은 1,000m² 이하**로 할 것

　ㄷ. 경계표시는 불연재료로 만드는 동시에 유황이 새지 아니하는 구조로 할 것

⑤ 경계표시의 **높이는 1.5m 이하**로 할 것

(4) 옥외탱크저장소

옥외탱크저장소 중 최대수량이 100만 리터 이상인 것을 특정옥외탱크저장소라 한다.

1) 안전거리

저장소와 동일(**옥내/외저장소, 옥외탱크저장소** 외의 저장소는 안전거리 규제대상 아니다. 취급소도 **일반취급**소만 안전거리 규제 대상이다.)

2) 보유공지(화재확산 방지, 피난, 소화활동 용이를 위한 목적이다.)

저장 또는 취급하는 위험물의 최대수량	공지의 너비
지정수량의 500배 이하	**3m 이상**
지정수량의 500배 초과 1,000배 이하	5m 이상
지정수량의 1,000배 초과 2,000배 이하	9m 이상
지정수량의 2,000배 초과 3,000배 이하	12m 이상
지정수량의 3,000배 초과 4,000배 이하	**15m 이상**
지정수량의 4,000배 초과	당해 탱크의 수평단면의 최대지름(가로형인 경우에는 긴 변)과 높이 중 큰 것과 같은 거리 이상. 다만, 30m 초과의 경우에는 30m 이상으로 할 수 있고, 15m 미만의 경우에는 15m 이상으로 하여야 한다.

① 6류 위험물 외의 위험물의 경우 옥외저장탱크를 동일한 방유제 안에 2개이상 설치하는 경우 위 보유공지의 3분의 1이상으로 할 수 있다(단, 너비는 3m 이상이어야 한다.).

② 6류 위험물인 경우 위 보유공지의 3분의 1 이상으로 할 수 있다(단, 너비는 1.5m 이상이어야 한다.).

③ 6류 위험물인 경우 동일구내 2개 이상 설치할 경우 보유공지의 3분의 1의 3분의 1로 할 수 있다(단, 너비는 1.5m 이상이어야 한다.).

④ 탱크 **원주 1m당 37리터로 20분간** 물을 분수할 수 있는 **물분무설비**가 있으면 보유공지의 2분의 1 이상의 공지로 할 수 있다.

3) 외부구조 및 설비

① 옥외저장탱크는 특정옥외저장탱크 및 준특정옥외저장탱크 외에는 **두께 3.2mm** 이상의 **강철판** 또는 소방청장이 정하여 고시하는 규격에 적합한 재료로 제작해야 하고, **압력탱크**(최대상용압력이 대기압을 초과하는 탱크를 말한다) **외의 탱크**는 **충수시험**, **압력탱크는 최대상용압력의 1.5배의 압력으로 10분간 실시하는 수압시험**에서 각각 새거나 변형되지 아니하여야 한다.

② 옥외저장탱크 중 압력탱크외의 탱크(제4류 위험물의 옥외저장탱크에 한한다.)에 있어서는 밸브없는 통기관 또는 대기밸브부착 통기관을 다음 각목에 정하는 바에 의하여 설치하여야 하고, 압력탱크에 있어서는 규정에 의한 안전장치를 설치하여야 한다.

ㄱ. **밸브없는 통기관(열려있다.)**
- **지름은 30mm 이상**일 것
- **끝부분은 수평면보다 45도 이상 구부려** 빗물 등의 침투를 막는 구조로 할 것
- 인화점이 38℃ 미만인 위험물만을 저장 또는 취급하는 탱크에 설치하는 통기관에는 화염방지장치를 설치하고, 그 외의 탱크에 설치하는 통기관에는 40메쉬(mesh) 이상의 구리망 또는 동등 이상의 성능을 가진 **인화방지장치**를 설치할 것. 다만, 인화점이 70℃ 이상인 위험물만을 해당 위험물의 인화점 미만의 온도로 저장 또는 취급하는 탱크에 설치하는 통기관에는 인화방지장치를 설치하지 않을 수 있다.
- 가연성의 증기를 회수하기 위한 밸브를 통기관에 설치하는 경우에 있어서는 당해 통기관의 밸브는 저장탱크에 위험물을 주입하는 경우를 제외하고는 항상 개방되어 있는 구조로 하는 한편, 폐쇄하였을 경우에 있어서는 **10kPa 이하**의 압력에서 개방되는 구조로 할 것. 이 경우 개방된 부분의 유효단면적은 777.15mm^2 이상이어야 한다.

ㄴ. 대기밸브부착 통기관(닫혀있다가 **5kPa** 압력으로 작동한다.)
- 5kPa 이하의 압력차이로 작동할 수 있을 것
- 인화점이 38℃ 미만인 위험물만을 저장 또는 취급하는 탱크에 설치하는 통기관에는 화염방지장치를 설치하고, 그 외의 탱크에 설치하는 통기관에는 40메쉬(mesh) 이상의 구리망 또는 동등 이상의 성능을 가진 **인화방지장치**를 설치할 것. 다만, 인화점이 70℃ 이상인 위험물만을 해당 위험물의 인화점 미만의 온도로 저장 또는 취급하는 탱크에 설치하는 통기관에는 인화방지장치를 설치하지 않을 수 있다.

③ 옥외저장탱크의 펌프설비

   ㄱ. 펌프설비의 주위에는 **너비 3m 이상의 공지**를 보유할 것

   ㄴ. 펌프 및 이에 부속하는 전동기를 위한 건축물 그 밖의 공작물(이하 "펌프실"이라 한다)의 벽·기둥·바닥 및 보는 불연재료로 할 것

   ㄷ. 펌프실의 지붕을 폭발력이 위로 방출될 정도의 가벼운 불연재료로 할 것

   ㄹ. 펌프실의 창 및 출입구에는 갑종방화문 또는 을종방화문을 설치할 것

   ㅁ. 펌프실의 창 및 출입구에 유리를 이용하는 경우에는 망입유리로 할 것

   ㅂ. 펌프실의 **바닥**의 주위에는 높이 0.2m 이상의 턱을 만들고 바닥은 콘크리트 등 위험물이 스며들지 아니하는 재료로 적당히 경사지게 하여 그 **최저부에는 집유설비**를 설치할 것

   ㅅ. 펌프실 외의 장소에 설치하는 펌프설비에는 그 직하의 **지반면의 주위에** 높이 **0.15m 이상의 턱**을 만들고 당해 지반면은 콘크리트 등 위험물이 스며들지 아니하는 재료로 적당히 경사지게 하여 그 최저부에는 집유설비를 할 것. **4류 위험물**(온도 **20℃의 물 100g에 용해되는 양이 1g 미만**인 것에 한한다.)의 경우 직접 배수구에 유입하지 아니하도록 집유설비에 **유분리장치**를 설치하여야 한다.

4) 게시판

"옥외저장탱크 주입구"에도 게시판을 **백색바탕, 흑색문자**로 표시한다.

5) 방유제

제3류, 4류, 5류 위험물 중 인화성이 있는 액체(이황화탄소를 제외한다)은 아래와 같이 방유제를 설치해야 한다.

① 용량

   ㄱ. **탱크가 하나**일 때 : 탱크 용량의 **110% 이상**

   ㄴ. **탱크가 2기 이상**일 경우 : 탱크 중 중량 **최대인 것의 110% 이상**

   ㄷ. **인화성 없는 액체위험물**의 경우 : 위 두가지의 경우 모두 110%를 **100%**로 한다.

② **방유제는 높이 0.5m 이상 3m 이하, 두께 0.2m 이상**, 지하매설 깊이 1m 이상으로 할 것

③ 방유제내의 **면적은 8만m² 이하**로 할 것

④ 방유제내의 설치하는 옥외저장탱크의 **수는 10 이하**로 할 것

⑤ 방유제는 옥외저장탱크의 지름에 따라 그 **탱크의 옆판으로부터 다음에 정하는 거리를 유지**할 것. 다만, 인화점이 200℃ 이상인 위험물을 저장 또는 취급하는 것에 있어서는 그러하지 아니하다.

   ㄱ. **지름이 15m 미만인 경우에는 탱크 높이의 3분의 1 이상**

   ㄴ. **지름이 15m 이상인 경우에는 탱크 높이의 2분의 1 이상**

(5) 옥내탱크저장소

1) 옥내탱크(이하 "옥내저장탱크"라 한다.)는 **단층건축물에 설치된 탱크전용실에 설치할 것**

2) 옥내저장탱크와 탱크전용실의 벽과의 사이 및 옥내저장탱크의 상호간에는 **0.5m 이상의 간격**을 유지할 것

3) 옥내저장탱크의 용량(동일한 탱크전용실에 옥내저장탱크를 2 이상 설치하는 경우에는 각 탱크의 용량의 합계를 말한다.)은 **지정수량의 40배 이하일 것, 4석유류 및 동식물유류 외의 제4류 위험물**에 있어서 당해 수량이 20,000ℓ를 초과할 때에는 **20,000ℓ 이하일 것**

4) 옥내탱크저장소 중 **탱크전용실을 단층건물 외의 건축물에 설치하는 경우**

  ① 대상 물질
    ㄱ. **제2류 위험물 중 황화인·적린 및 덩어리 유황**
    ㄴ. **제3류 위험물 중 황린**
    ㄷ. **제6류 위험물 중 질산**
    ㄹ. **제4류 위험물 중 인화점이 38℃ 이상인 위험물**
  ② 기준
    이 경우 옥내저장탱크는 탱크전용실에 설치해야 한다. 다만, **제2류 위험물 중 황화인·적린 및 덩어리 유황, 제3류 위험물 중 황린, 제6류 위험물 중 질산**의 탱크전용실은 **건축물의 1층 또는 지하층**에 설치해야 한다.

(6) 지하탱크저장소(별표 8)

1) **지면하에 설치된 탱크전용실에 설치하여야 한다.** 다만, 제4류 위험물의 지하저장탱크가 다음 아래의 기준에 적합한 때에는 그러하지 아니하다.

  ① 당해 탱크를 지하철·지하가 또는 지하터널로부터 수평거리 10m 이내의 장소 또는 지하건축물 내의 장소에 설치하지 아니할 것
  ② 당해 탱크를 그 수평투영의 세로 및 가로보다 각각 0.6m 이상 크고 두께가 0.3m 이상인 철근콘크리트조의 뚜껑으로 덮을 것
  ③ 뚜껑에 걸리는 중량이 직접 당해 탱크에 걸리지 아니하는 구조일 것
  ④ 당해 탱크를 견고한 기초 위에 고정할 것
  ⑤ 당해 탱크를 지하의 가장 가까운 벽·피트(pit : 인공지하구조물)·가스관 등의 시설물 및 대지경계선으로부터 0.6m 이상 떨어진 곳에 매설할 것

2) **탱크전용실**은 지하의 가장 가까운 **벽·피트·가스관 등의 시설물 및 대지경계선**으로부터 **0.1m 이상** 떨어진 곳에 설치하고, **지하저장탱크와 탱크전용실의 안쪽과의 사이는 0.1m 이상의 간격**을 유지하도록 하며, 당해 탱크의 주위에 마른 모래 또는 습기 등에 의하여 응고되지 아니하는 **입자지름 5mm 이하의 마른 자갈분**을 채워야 한다.

3) 지하저장탱크의 윗부분은 **지면으로부터 0.6m 이상 아래**에 있어야 한다.

4) 지하저장탱크를 **2 이상 인접해 설치하는 경우**에는 그 상호간에 1m(당해 2 이상의 지하저장탱크의 **용량의 합계가 지정수량의 100배 이하인 때에는 0.5m**) 이상의 간격을 유지하여야 한다. 다만, 그 사이에 **탱크전용실의 벽이나 두께 20cm 이상의 콘크리트 구조물이 있는 경우에는 그러하지 아니하다.**

5) 게시판 및 표지는 제조소와 동일하게 표시하면 된다.

6) **압력탱크**(최대상용압력이 46.7kPa 이상인 탱크를 말한다) **외의 탱크에 있어서는 70kPa의 압력으로, 압력탱크에 있어서는 최대상용압력의 1.5배의 압력으로 각각 10분간 수압시험을 실시하여 새거나 변형되지 아니하여야 한다.**

7) **통기관은 지면으로부터** 4m 이상 높이에 설치해야 한다.

8) 지하저장탱크의 주위에는 당해 탱크로부터의 **액체위험물의 누설을 검사하기 위한 관**을 다음의 각목의 기준에 따라 **4개소 이상** 적당한 위치에 설치하여야 한다.
   ① 이중관으로 할 것. 다만, 소공이 없는 상부는 단관으로 할 수 있다.
   ② 재료는 금속관 또는 경질합성수지관으로 할 것
   ③ 관은 탱크전용실의 바닥 또는 탱크의 기초까지 닿게 할 것
   ④ 관의 밑부분으로부터 탱크의 중심 높이까지의 부분에는 소공이 뚫려 있을 것. 다만, 지하수위가 높은 장소에 있어서는 지하수위 높이까지의 부분에 소공이 뚫려 있어야 한다.
   ⑤ 상부는 물이 침투하지 아니하는 구조로 하고, 뚜껑은 검사 시에 쉽게 열 수 있도록 할 것

9) 탱크전용실은 벽·바닥 및 뚜껑을 다음 각 목에 정한 기준에 적합한 철근콘크리트구조 또는 이와 동등 이상의 강도가 있는 구조로 설치하여야 한다.
   ① 벽·바닥 및 뚜껑의 두께는 0.3m 이상일 것
   ② 벽·바닥 및 뚜껑의 내부에는 지름 9mm부터 13mm까지의 철근을 가로 및 세로로 5cm부터 20cm까지의 간격으로 배치할 것

③ 벽·바닥 및 뚜껑의 재료에 수밀(액체가 새지 않도록 밀봉되어 있는 상태)콘크리트를 혼입하거나 벽·바닥 및 뚜껑의 중간에 아스팔트층을 만드는 방법으로 적정한 방수조치를 할 것

10) 아래와 같은 방법으로 과충전을 방지하는 장치를 설치하여야 한다.

① 탱크용량을 초과하는 위험물이 주입될 때 자동으로 그 주입구를 폐쇄하거나 위험물의 공급을 자동으로 차단하는 방법

② **탱크용량의 90%가 찰 때 경보음을 울리는 방법**

11) 강제이중벽탱크

① 탱크의 본체와 외벽의 사이에 3mm 이상의 감지층을 두어야 한다.
② 탱크본체와 외벽 사이의 감지층 간격을 유지하기 위한 스페이서를 설치하여야 한다.
③ 스페이서는 탱크의 고정밴드 위치 및 기초대 위치에 설치하여야 한다.
④ **재질은 원칙적으로 탱크본체와 동일한 재료로 설치**하여야 한다.
⑤ **탱크전용실 없이 지하에 직접 매립**한다.

(7) 간이탱크저장소(별표 9)

1) 하나의 간이탱크저장소에 설치하는 간이저장탱크는 **그 수를 3 이하로 하고**, 동일한 품질의 위험물의 간이저장탱크를 2 이상 설치하지 아니하여야 한다.

2) **두께 3.2mm 이상의 강판으로 흠이 없도록 제작하여야 하며, 70kPa의 압력으로 10분간의 수압시험을** 실시하여 새거나 변형되지 아니하여야 한다.

3) 간이저장탱크의 **용량은 600ℓ 이하여야 한다.**

4) 간이저장탱크는 움직이거나 넘어지지 아니하도록 지면 또는 가설대에 고정시키되, 옥외에 설치하는 경우에는 그 탱크의 주위에 너비 1m 이상의 공지를 두고, 전용실안에 설치하는 경우에는 탱크와 전용실의 벽과의 사이에 0.5m 이상의 간격을 유지하여야 한다.

(8) 이동탱크저장소(별표 10)

1) 상치장소

① 옥외에 있는 상치장소는 화기를 취급하는 장소 또는 인근의 건축물로부터 5m 이상(인근의 건축물이 1층인 경우에는 3m 이상)의 거리를 확보하여야 한다. 다만, 하천의 공지나 수면, 내화구조 또는 불연재료의 담 또는 벽 그 밖에 이와 유사한 것에 접하는 경우를 제외한다.

② 옥내에 있는 상치장소는 벽·바닥·보·서까래 및 지붕이 내화구조 또는 불연재료로 된 건축물의 1층에 설치하여야 한다.

2) 구조

① **탱크**(맨홀 및 주입관의 뚜껑을 포함한다.)는 **두께 3.2mm 이상의 강철판** 또는 이와 동등 이상의 강도·내식성 및 내열성이 있다고 인정하여 소방청장이 정하여 고시하는 재료 및 구조로 위험물이 새지 아니하게 제작할 것

② **압력탱크**(최대상용압력이 46.7kPa 이상인 탱크를 말한다.) **외의 탱크는 70kPa의 압력**으로, **압력탱크는 최대상용압력의 1.5배의 압력으로 각각 10분간의 수압시험**을 실시하여 새거나 변형되지 아니할 것. 이 경우 수압시험은 용접부에 대한 비파괴시험과 기밀시험으로 대신할 수 있다.

③ 내부에 **4,000ℓ 이하마다 3.2mm 이상의 강철판** 또는 이와 동등 이상의 강도·내열성 및 내식성이 있는 금속성의 것으로 **칸막이**를 설치

④ 안전장치

상용압력이 20kPa 이하인 탱크에 있어서는 20kPa 이상 24kPa 이하의 압력에서, 상용압력이 **20kPa를 초과하는 탱크에 있어서는 상용압력의 1.1배 이하**의 압력에서 작동하는 것으로 설치

⑤ 방파판(브레이크 시 쏠림 방지)

ㄱ. **두께 1.6mm 이상의 강철판** 또는 이와 동등 이상의 강도·내열성 및 내식성이 있는 금속성의 것으로 할 것

ㄴ. 하나의 구획부분에 2개 이상의 방파판을 이동탱크저장소의 진행방향과 평행으로 설치하되, 각 방파판은 그 높이 및 칸막이로부터의 거리를 다르게 할 것

ㄷ. 하나의 구획부분에 설치하는 각 방파판의 면적의 합계는 당해 구획부분의 최대 수직단면적의 50% 이상으로 할 것. 다만, 수직단면이 원형이거나 짧은 지름이 1m 이하의 타원형일 경우에는 40% 이상으로 할 수 있다.

⑥ 방호틀

ㄱ. 두께 2.3mm 이상의 강철판 또는 이와 동등 이상의 기계적 성질이 있는 재료

ㄴ. 정상부분은 부속장치보다 50mm 이상 높게 하거나 이와 동등 이상의 성능이 있는 것으로 할 것

3) 이동저장탱크의 외부 도장

구분	1류	2류	3류	4류	5류	6류
도장 색상	회색	**적색**	**청색**	적색권장	**황색**	**청색**

① 탱크의 앞면과 뒷면을 제외한 면적의 40% 이내의 면적은 다른 유별의 색상외의 색상으로 도장 가능하다.
② 회적청(적)황청으로 암기한다.

4) 표지, 그림문자, UN번호 기준

① 표지
   ㄱ. 위치 : 전면 상단 및 후면 상단(이동탱크저장소), 전면 및 후면(위험물 운반 차량)
   ㄴ. 색상 및 문자 : 흑색 바탕에 황색의 반사 도료로 "위험물"이라 표기할 것
② UN번호, 그림문자

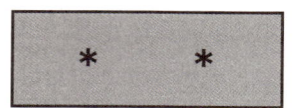

황색 사각형 안에 번호를 표기한다. 휘발유의 경우 1203번

인화성 액체의 경우의 그림문자이다.

③ 위험물 표지, UN번호, 그림문자를 위에서부터 아래의 순서로 게시한다.
위험물 중 **알킬알루미늄 또는 알킬리튬**을 저장하는 이동탱크저장소에는 **긴급 시의 연락처ㆍ응급조치에 관하여 필요한 사항을 기재한 서류** 및 **고무장갑ㆍ밸브 등의 결합 공구**와 **확성기를 비치**하여야 한다.

(9) 주유취급소

1) 주유공지

주유취급소의 고정주유설비의 주위에는 주유를 받으려는 자동차 등이 출입할 수 있도록 **너비 15m 이상, 길이 6m 이상의 콘크리트 등**으로 포장한 공지(이하 "**주유공지**"라 한다.)를 보유하여야 하고, 고정급유설비를 설치하는 경우에는 고정급유설비의 호스기기의 주위에 필요한 공지(이하 "급유공지"라 한다.)를 보유하여야 한다.

2) 표지, 게시판

① 제조소기준에 따라 "위험물 주유취급소"라는 표지를 한다.

② **황색바탕에 흑색문자**로 "**주유중엔진정지**"라는 표시를 한 게시판을 설치하여야 한다.

3) 탱크 용량

① 자동차 등에 주유하기 위한 **고정주유설비**에 직접 접속하는 전용탱크로서 **50,000ℓ 이하**의 것

② **고정급유설비**에 직접 접속하는 전용탱크로서 **50,000ℓ 이하**의 것

③ **보일러** 등에 직접 접속하는 전용탱크로서 **10,000ℓ 이하**의 것

④ 자동차 등을 점검·정비하는 작업장 등(주유취급소안에 설치된 것에 한한다.)에서 사용하는 **폐유·윤활유** 등의 위험물을 저장하는 탱크로서 용량이 **2,000ℓ 이하**인 탱크

⑤ **간이저장탱크** 600L

⑥ **고속도로** 주유취급소의 경우 고정주유설비에 직접 접속하는 경우 **60,000ℓ까지 가능**

4) 고정주유설비

① 주유취급소에는 자동차 등의 연료탱크에 직접 주유하기 위한 고정주유설비를 설치하여야 한다

② 펌프기기는 주유관 끝부분에서의 최대배출량이 **제1석유류의 경우에는 분당 50ℓ 이하, 경유의 경우에는 분당 180ℓ 이하, 등유의 경우에는 분당 80ℓ 이하**인 것으로 할 것. 다만, 이동저장탱크에 주입하기 위한 고정급유설비의 펌프기기는 최대배출량이 분당 300ℓ 이하

③ 고정주유설비의 **중심선을 기점으로 하여 도로경계선까지 4m 이상 거리**를 유지할 것

5) 건축물 등의 제한(아래의 건물 등을 제외하고는 안 된다. 상식적으로 생각하면 된다.)

① 주유 또는 등유·경유를 옮겨 담기 위한 작업장

② 주유취급소의 업무를 행하기 위한 사무소

③ 자동차 등의 점검 및 간이정비를 위한 작업장

④ 자동차 등의 세정을 위한 작업장

⑤ 주유취급소에 출입하는 사람을 대상으로 한 점포·휴게음식점 또는 전시장

⑥ 주유취급소의 관계자가 거주하는 주거시설

⑦ 전기자동차용 충전설비(전기를 동력원으로 하는 자동차에 직접 전기를 공급하는 설비를 말한다. 이하 같다.)

⑧ 그 밖의 소방청장이 정하여 고시하는 건축물 또는 시설

6) 담 또는 벽

① 주위에는 자동차 등이 출입하는 쪽 외의 부분에 높이 2m 이상의 내화구조 또는 불연재료의 담 또는 벽을

설치하여야 한다.

　② 다음 각 목의 기준에 모두 적합한 경우에는 담 또는 벽의 일부분에 방화상 유효한 구조의 유리를 부착할 수 있다.

　　ㄱ. 유리를 부착하는 위치는 주입구, **고정주유설비 및 고정급유설비로부터 4m 이상** 거리를 둘 것
　　ㄴ. 유리를 부착하는 방법은 다음의 기준에 모두 적합할 것
　　　　• 주유취급소 내의 **지반면으로부터 70cm를 초과하는 부분**에 한하여 유리를 부착할 것
　　　　• 하나의 유리판의 **가로의 길이는 2m 이내**일 것
　　　　• 유리판의 테두리를 금속제의 구조물에 견고하게 고정하고 해당 구조물을 담 또는 벽에 견고하게 부착할 것
　　　　• 유리의 구조는 접합유리(두장의 유리를 두께 0.76mm 이상의 폴리비닐부티랄 필름으로 접합한 구조를 말한다)로 하되, 「유리구획 부분의 내화시험방법(KS F 2845)」에 따라 시험하여 비차열 30분 이상의 방화성능이 인정될 것
　　ㄷ. 유리를 부착하는 범위는 전체의 담 또는 벽의 길이의 10분의 2를 초과하지 아니할 것

7) 셀프용 고정주유설비

• 미리, 1회 연속주유량 및 시간을 설정할 수 있어야 함. 그 상한은 휘발유 : 100L 이하, 4분 이하, 경유 : 600L 이하, 12분 이하

(10) 판매취급소

1) 저장 또는 취급하는 위험물의 수량이 **지정수량의 20배 이하인 판매취급소**(제1종 판매취급소), **지정수량의 40배 이하면 제2종 판매취급소**가 된다.

2) 1종 판매취급소의 기준

① 제1종 판매취급소는 **건축물의 1층에 설치할 것**
② 위험물을 **배합하는 실은 다음에 의할 것**
　ㄱ. **바닥면적은 6m² 이상 15m² 이하**로 할 것
　ㄴ. 내화구조 또는 불연재료로 된 벽으로 구획할 것
　ㄷ. 바닥은 위험물이 침투하지 아니하는 구조로 하여 적당한 경사를 두고 집유설비를 할 것
　ㄹ. 출입구에는 수시로 열 수 있는 **자동폐쇄식의 갑종방화문**을 설치할 것
　ㅁ. **출입구 문턱의 높이는 바닥면으로부터 0.1m 이상**으로 할 것
　ㅂ. 내부에 체류한 가연성의 증기 또는 가연성의 미분을 지붕 위로 방출하는 설비를 할 것

(11) 이송취급소

1) 배관을 통해 위험물을 공급하며, 계량기에 의해 계량된 양에 따라 금액을 정산하는 방식이다.

2) 설치장소: 아래의 장소 이외여야 한다.

① 철도 및 도로의 터널 안
② 고속국도 및 자동차전용도로의 차도, 갓길 및 중앙분리대
③ 호수, 저수지 등으로서 수리의 수원이 되는 곳
④ 급경사지역으로서 붕괴의 위험이 있는 지역

3) 하천 또는 수로의 밑에 배관을 매설하는 경우에는 배관의 외면과 계획하상과의 거리는 아래와 같다.

① **하천을 횡단하는 경우 : 4.0m**
② 수로를 횡단하는 경우
 ㄱ. 하수도 또는 운하 : 2.5m
 ㄴ. 그 외의 좁은 수로 : 1.2m

4) 밸브는 해당 밸브의 관리에 관계하는 자가 아니면 수동으로 개폐할 수 없어야 한다.

5) 비파괴시험

배관 등의 용접부는 비파괴시험을 실시하여 합격할 것. 이 경우 이송기지내의 지상에 설치된 배관 등은 **전체 용접부의 20% 이상을 발췌**하여 시험할 수 있다.

6) 경보설비

① **이송기지**에는 **비상벨장치 및 확성장치**를 설치할 것
② 가연성증기를 발생하는 위험물을 취급하는 펌프실 등에는 가연성증기 경보설비를 설치할 것

(12) 탱크의 용량

1) 탱크의 용량은 당해 탱크의 내용적에서 공간용적을 뺀 용적으로 한다.

2) 내용적은 아래와 같이 계산한다.

① 타원형 탱크

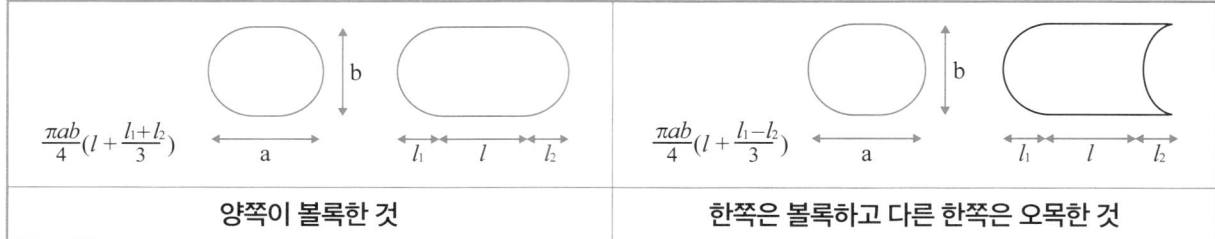

② 원통형 탱크

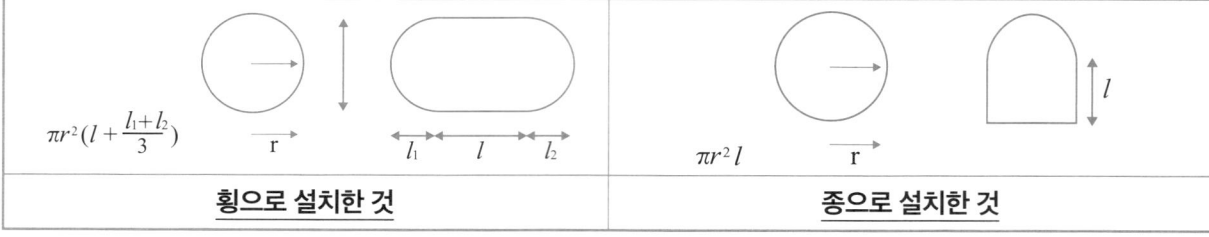

3) 공간용적은 탱크의 일정 여유공간을 확보해서 폭발, 과주입 등을 대비하는 것이다.

4) 탱크의 공간용적은 탱크용적의 **100분의 5이상 100분의 10이하로 한다.**

5) 소화설비를 설치한 것에 있어서는 당해 소화설비의 소화약제 **방출구로부터 0.3미터 이상 1미터 미만** 사이의 용적으로 한다.

6) 암반탱크의 경우 탱크 내에 용출하는 **7일 간의 지하수 양**에 상당하는 용적과 해당 탱크의 내용적의 **100분의 1의 용적** 중에서 큰 용적으로 한다.

V. 위험물안전관리법령 사항

1. 제조소 등의 설치 등

(1) 설치 및 변경

1) 제조소 등을 **설치**하고자 하거나, 제조소 등의 **위치·구조 또는 설비** 가운데 행정안전부령이 정하는 사항을 **변경**하고자 하는 때 관할하는 특별시장·광역시장·특별자치시장·도지사 또는 특별자치도지사(이하 "**시·도지사**"라 한다.)의 **허가를 받아야 한다.**

   ① **위치·구조 또는 설비 등 변경** 시 허가 받지 아니하면 **시·도지사는 허가 취소, 사용정지 명령** 가능하다.
   ② 펌프설비 또는 1일 취급량이 지정수량 5분의 1 미만 설비 증설은 예외

2) 제조소 등의 **위치·구조 또는 설비의 변경없이** 당해 제조소 등에서 저장하거나 취급하는 위험물의 **품명·수량 또는 지정수량의 배수를 변경**하고자 하는 자는 변경하고자 하는 날의 1일 전까지 행정안전부령이 정하는 바에 따라 **시·도지사에게 신고**하여야 한다.

3) 아래의 어느 하나에 해당하는 제조소 등의 경우에는 **허가를 받지 아니하고** 당해 제조소 등을 설치하거나 그 위치·구조 또는 설비를 변경할 수 있으며, **신고를 하지 아니하고** 위험물의 품명·수량 또는 지정수량의 배수를 변경할 수 있다.

   ① 주택의 난방시설(공동주택의 중앙난방시설을 제외한다.)을 위한 저장소 또는 취급소
   ② **농예용·축산용 또는 수산용**으로 필요한 난방시설 또는 건조시설을 위한 **지정수량 20배 이하의 저장소** (*취급소 아니다.*)

(2) 탱크안전성능검사

1) 제조소 등의 설치 또는 그 위치·구조 또는 설비의 변경에 관하여 따른 허가를 받은 자가 위험물탱크의 설치 또는 그 위치·구조 또는 설비의 변경공사를 하는 때에는 규정에 따른 완공검사를 받기 전에 시·도지사가 실시하는 탱크안전성능검사를 아래와 같이 받아야 한다.

   ① **기초·지반검사** : 옥외탱크저장소의 액체위험물탱크 중 그 용량이 100만 리터 이상인 탱크
   ② **충수(充水)·수압검사** : 액체위험물을 저장 또는 취급하는 탱크
   ③ **용접부검사** : 옥외탱크저장소의 액체위험물탱크 중 그 용량이 100만 리터 이상인 탱크
   ④ **암반탱크검사** : 액체위험물을 저장 또는 취급하는 암반 내의 공간을 이용한 탱크

(3) 완공검사

1) 제조소 등의 설치를 마쳤거나 그 위치·구조 또는 설비의 변경을 마친 때에는 시·도지사가 행하는 완공검사를 받아야 해당 시설을 사용할 수 있다.

2) 완공검사 신청서는 시·도지사, 소방서장, 한국소방산업기술원에 제출한다.

(4) 지위승계

제조소 등의 설치자가 사망하거나 그 제조소 등을 양도·인도한 때 또는 법인인 제조소 등의 설치자의 합병이 있는 때에는 그 상속인, 제조소 등을 양수·인수한 자 또는 합병 후 존속하는 법인이나 합병에 의하여 설립되는 법인 등이 그 지위를 승계하고 승계한 날부터 **30일 이내에 시·도지사에게** 그 사실을 **신고**해야 한다.

(5) 용도폐지

용도를 폐지한 경우 용도를 폐지한 날부터 **14일 이내에 시·도지사**에게 신고해야 한다.

2. 예방규정

- **대통령령이 정하는 제조소 등의 관계인**은 당해 제조소 등의 화재예방과 화재 등 재해발생 시의 비상조치를 위하여 행정안전부령이 정하는 바에 따라 예방규정을 정하여 당해 제조소 등의 사용을 시작하기 전에 **시·도지사, 또는 소방서장에게 제출**하여야 한다. 예방규정을 변경한 때에도 또한 같다.

- 대통령령이 정하는 제조소 등 즉 예방규정을 정해야 하는 제조소 등은 아래와 같다.
  ① 지정수량의 **10배 이상의 위험물을 취급하는 제조소**
  ② 지정수량의 **100배 이상의 위험물을 저장하는 옥외저장소**
  ③ 지정수량의 **150배 이상의 위험물을 저장하는 옥내저장소**
  ④ 지정수량의 **200배 이상의 위험물을 저장하는 옥외탱크저장소**
  ⑤ **암반탱크저장소**
  ⑥ **이송취급소**
  ⑦ **지정수량의 10배 이상의 위험물을 취급하는 일반취급소**. 다만, 제4류 위험물(특수인화물을 제외한다.)만을 지정수량의 50배 이하로 취급하는 일반취급소(제1석유류·알코올류의 취급량이 지정수량의 10배 이하인 경우에 한한다.)로서 다음 각목의 어느 하나에 해당하는 것을 제외한다.
  ㄱ. 보일러·버너 또는 이와 비슷한 것으로서 위험물을 소비하는 장치로 이루어진 일반취급소
  ㄴ. 위험물을 용기에 옮겨 담거나 차량에 고정된 탱크에 주입하는 일반취급소

3. 정기점검

- 대통령령이 정하는 제조소 등의 관계인은 그 제조소 등에 대하여 연 1회 이상 행정안전부령이 정하는 바에 따라 규정에 따른 기술기준에 적합한지의 여부를 정기적으로 점검하고 점검결과를 기록하여 보존하여야 한다.
- 정기점검 대상 제조소 등은 아래와 같다.
  ① 위의 예방규정 대상 제조소 등
  ② 지하탱크저장소
  ③ 이동탱크저장소
  ④ 위험물을 취급하는 탱크로서 지하에 매설된 탱크가 있는 제조소·주유취급소 또는 일반취급소

4. 자체소방대

(1) 자체소방대 지정 대상

① 제조소 또는 일반취급소에서 취급하는 제4류 위험물의 최대수량의 합이 지정수량의 3천 배 이상인 경우
② 옥외탱크저장소에 저장하는 제4류 위험물의 최대수량이 지정수량의 50만 배 이상인 경우

(2) 화학소방자동차 및 자체소방대원의 수

사업소의 구분	화학소방자동차	자체소방대원의 수
1. 제조소 또는 일반취급소에서 취급하는 제4류 위험물의 최대수량의 합이 지정수량의 **3천 배 이상 12만 배 미만**인 사업소	1대	5인
2. 제조소 또는 일반취급소에서 취급하는 제4류 위험물의 최대수량의 합이 지정수량의 **12만 배 이상 24만 배 미만**인 사업소	2대	10인
3. 제조소 또는 일반취급소에서 취급하는 제4류 위험물의 최대수량의 합이 지정수량의 **24만 배 이상 48만 배 미만**인 사업소	3대	15인
4. 제조소 또는 일반취급소에서 취급하는 제4류 위험물의 최대수량의 합이 지정수량의 **48만 배 이상**인 사업소	4대	20인
5. **옥외탱크저장소**에 저장하는 제4류 위험물의 최대수량이 지정수량의 **50만 배 이상**인 사업소	2대	10인

화학소방자동차에는 행정안전부령으로 정하는 소화능력 및 설비를 갖추어야 하고, 소화활동에 필요한 소화약제 및 기구(방열복 등 개인장구를 포함한다)를 비치하여야 한다.

(3) 화학소방자동차에 갖추어야 하는 소화능력 및 설비의 기준

화학소방자동차의 구분	소화능력 및 설비의 기준
포수용액 방사차	포수용액의 방사능력이 매분 2,000ℓ 이상일 것
	소화약액탱크 및 소화약액혼합장치를 비치할 것
	10만ℓ 이상의 포수용액을 방사할 수 있는 양의 소화약제를 비치할 것
분말 방사차	분말의 방사능력이 매초 35kg 이상일 것
	분말탱크 및 가압용가스설비를 비치할 것
	1,400kg 이상의 분말을 비치할 것
할로젠화합물 방사차	할로젠화합물의 방사능력이 매초 40kg 이상일 것
	할로젠화합물탱크 및 가압용가스설비를 비치할 것
	1,000kg 이상의 할로젠화합물을 비치할 것
이산화탄소 방사차	이산화탄소의 방사능력이 매초 40kg 이상일 것
	이산화탄소저장용기를 비치할 것
	3,000kg 이상의 이산화탄소를 비치할 것
제독차	**가성소오다 및 규조토를 각각 50kg** 이상 비치할 것

5. 행정처분

(1) 행정처분의 기준

위반행위	근거 법조문	행정처분기준		
		1차	2차	3차
(1) **변경허가를 받지 않고, 제조소 등의 위치·구조 또는 설비를 변경한 경우**	법 제12조 제1호	**경고 또는 사용정지 15일**	사용정지 60일	허가취소
(2) **완공검사**를 받지 않고 제조소 등을 사용한 경우	법 제12조 제2호	**사용정지 15일**	사용정지 60일	허가취소
(3) 안전조치 이행명령을 따르지 않은 경우	법 제12조 제2호의2	경고	허가취소	-
(4) 수리·개조 또는 이전의 명령을 위반한 경우	법 제12조 제3호	사용정지 30일	사용정지 90일	허가취소
(5) **위험물안전관리자를 선임하지 않은 경우**	법 제12조 제4호	**사용정지 15일**	사용정지 60일	허가취소
(6) 대리자를 지정하지 않은 경우	법 제12조 제5호	사용정지 10일	사용정지 30일	허가취소
(7) 정기점검을 하지 않은 경우	법 제12조 제6호	사용정지 10일	사용정지 30일	허가취소
(8) 정기검사를 받지 않은 경우	법 제12조 제7호	**사용정지 10일**	사용정지 30일	허가취소
(9) 저장·취급기준 준수명령을 위반한 경우	법 제12조 제8호	사용정지 30일	사용정지 60일	허가취소

(2) 긴급사용정지명령

시·도지사, 소방본부장 또는 소방서장은 **공공의 안전을 유지하거나 재해의 발생을 방지**하기 위하여 긴급한 필요가 있다고 인정하는 때에는 제조소 등의 관계인에 대하여 당해 제조소 등의 사용을 일시정지하거나 그 사용을 제한할 것을 명할 수 있다.

6. 벌칙

- **제조소 등 또는 허가를 받지 않고** 지정수량 이상의 위험물을 저장 또는 취급하는 장소에서 **위험물을 유출·방출 또는 확산**시켜 **사람의 생명·신체 또는 재산에 대하여 위험을 발생**시킨 자는 **1년 이상 10년 이하의 징역**
  ① 위와 같은 행위로 사람을 **상해(傷害)**에 이르게 한 때에는 **무기 또는 3년 이상의 징역**
  ② 위와 같은 행위로 **사망**에 이르게 한 때에는 **무기 또는 5년 이상의 징역**

- **업무상 과실**로 제조소 등에서 **위험물을 유출·방출 또는 확산**시켜 **사람의 생명·신체 또는 재산에 대하여 위험**을 발생시킨 자는 **7년 이하의 금고 또는 7천만 원 이하의 벌금**에 처한다.
  ① 위와 같은 행위로 사람을 **사상(死傷)**에 이르게 한 자는 **10년 이하의 징역 또는 금고나 1억 원 이하의 벌금**

위험물기능사
기출스피드문답암기

△ 1회
△ 2회
△ 3회
△ 4회
△ 5회

1회 기출 스피드 문답암기
위험물기능사

01 다음 중 제4류 위험물의 화재 시 물을 이용한 소화를 시도하기 전에 고려해야 하는 위험물의 성질로 가장 옳은 것은?

① ✓ 수용성, 비중
② 증기비중, 끓는점
③ 색상, 발화점
④ 분해온도, 녹는점

해 비수용성 비중이 1보다 작은 4류 위험물, 질식소화 효과적, 주수소화 시 화재면 확대시키는 위험 있음.

02 다음 점화에너지 중 물리적 변화에서 얻어지는 것은?

① ✓ 압축열
② 산화열
③ 중합열
④ 분해열

해 점화원은 물리적 에너지인 마찰열, 압축열, 스파크, 화학적 에너지인 산화열, 연소열, 분해열, 등이 있음. 상식적으로 생각하면 나머지는 물리적 변화가 아니다.

03 금속분의 연소 시 주수소화 하면 위험한 원인으로 옳은 것은?

① 물에 녹아 산이 된다.
② 물과 작용하여 유독가스를 발생한다.
③ ✓ 물과 작용하여 수소가스를 발생한다.
④ 물과 작용하여 산소가스를 발생한다.

해 2류 위험물 금속분은 물과 반응하면 수소가 발생하여 위험함.

04 다음 중 유류저장 탱크화재에서 일어나는 현상으로 거리가 먼 것은?

① 보일오버
② ✓ 플래쉬오버
③ 슬롭오버
④ BLEVE

해 화재시 현상
- 보일오버 – 유류화재 시 탱크 밑면에 고여있는 물이 증발하면서 기름을 탱크 밖으로 분출시키는 현상
- 플래쉬오버 – 건물 화재 시, 순간적으로 화재가 확대되는 현상
- 슬롭오버 – 탱크화재 시, 유류표면에서 소화약제의 물이 기화하면서 기름을 탱크 외부로 분출시키는 현상
- BLEVE – 화재로 탱크가 파열되면서 액화가스가 팽창하면서 폭발하는 현상

05 다음 중 정전기 방지대책으로 가장 거리가 먼 것은?

① 접지를 한다.
② 공기를 이온화한다.
③ ✓ 21% 이상의 산소농도를 유지하도록 한다.
④ 공기의 상대습도를 70% 이상으로 한다.

해 정전기 방지대책
접지, 공기이온화, 상대습도 70%이상

06 폭발의 종류에 따른 물질이 잘못 짝지어진 것은?

① 분해폭발 – 아세틸렌, 산화에틸렌
② 분진폭발 – 금속분, 밀가루
③ 중합폭발 – 시안화수소, 염화비닐
④ 산화폭발 – 히드라진, 과산화수소 ✓

해 종류
- 분해 – 아세틸렌, 산화에틸렌, 히드라진
- 분진 – 금속분, 곡물분말
- 중합 – 시안화수소, 염화비닐
- 산화 – LPG, LNG

07 착화 온도가 낮아지는 원인과 가장 관계가 있는 것은?

① 발열량이 적을 때
② 압력이 높을 때 ✓
③ 습도가 높을 때
④ 산소와의 결합력이 나쁠 때

해 발화점 낮아지는 경우
발열량 클 때, 압력 높을 때, 습도 낮을 때, 산소와 결합력이 좋을 때

08 제5류 위험물의 화재예방상 유의사항 및 화재 시 소화방법에 관한 설명으로 옳지 않은 것은?

① 대량의 주수에 의한 소화가 좋다.
② 화재초기에는 질식소화가 효과적이다. ✓
③ 일부 물질의 경우 운반 또는 저장시 안정제를 사용해야 한다.
④ 가연물과 산소공급원이 같이 있는 상태이므로 점화원의 방지에 유의하여야 한다.

해 5류 위험물, 가연물과 산소공급원이 같이 있으므로 질식소화는 안 맞고, 주수소화 해야 함. 운반 시 폭발 위험 있어 안정제 사용

09 과염소산의 화재 예방에 요구되는 주의사항에 대한 설명으로 옳은 것은?

① 유기물과 접촉 시 발화의 위험이 있기 때문에 가연물과 접촉시키지 않는다. ✓
② 자연발화의 위험이 높으므로 냉각시켜 보관한다.
③ 공기 중 발화하므로 공기와의 접촉을 피해야 한다.
④ 액체 상태는 위험하므로 고체 상태로 보관한다.

해 6류 위험물 과염소산, 불연성임. 유기물과 접촉 시 발화 위험있음. 가연물과 접촉시키지 않는다.

10 15℃의 기름 100g에 8000J의 열량을 주면 기름의 온도는 몇 ℃가 되겠는가?(단, 기름의 비열은 2J/g·℃이다)

① 25 ② 45
③ 50 ④ 55 ✓

해
- 열량 = 비열 × 질량 × 온도차
- 8000 = 2 × 100 × 온도차
- 온도차는 40, 따라서 온도는 55(15 + 40)가 됨

11 제6류 위험물의 화재에 적응성이 없는 소화설비는?

① 옥내소화전설비
② 스프링클러설비
③ 포소화설비
④ 불활성가스소화설비 ✓

해 6류 위험물은 주수소화, 포소화 가능하나, 불활성가스 소화설비는 적응성이 없음

12 소화약제로서 물의 단점인 동결현상을 방지하기 위하여 주로 사용되는 물질은?

① 에틸알콜 ② 글리세린
③ 에틸렌글리콜 ④ 탄산칼슘

해 동결방지를 위해 에틸렌글리콜을 주로 사용

13 다음 중 D급 화재에 해당하는 것은?

① 플라스틱 화재 ② 나트륨 화재
③ 휘발유 화재 ④ 전기 화재

해 화재종류
- A급 일반화재, 백색(소화기 표시)
- B급 유류화재, 황색
- C급 전기화재, 청색
- D급 금속화재, 무색

14 위험물안전관리법령상 철분, 금속분, 마그네슘에 적응성이 있는 소화설비는?

① 불활성가스소화설비
② 할로젠화합물소화설비
③ 포소화설비
④ 탄산수소염류소화설비

해 1류 위험물 중 알칼리금속과산화물, 2류 중 철분, 금속분, 마그네슘, 3류중 금수성 물질 주수금지.
철분, 금속분, 마그네슘은 탄산수소염류소화설비 사용함

15 위험물안전관리법령상 제4류 위험물에 적응성이 없는 소화설비는?

① 옥내소화전설비
② 포소화설비
③ 불활성가스소화설비
④ 할로젠화합물소화설비

해 4류는 질식소화, 4류 위험물은 일반적으로 물을 사용한 냉각소화 적응성 없음

16 물은 냉각소화가 주된 대표적인 소화약제이다. 물의 소화효과를 높이기 위하여 무상 주수를 함으로서 부가적으로 작용하는 소화효과로 이루어진 것은?

① 질식소화작용, 제거소화작용
② 질식소화작용, 유화소화작용
③ 타격소화작용, 유화소화작용
④ 타격소화작용, 피복소화작용

해 무상주수는 얇게 펴서 물을 뿌리는 것으로, 질식효과, 유화효과(표면을 막는 효과)을 함

17 다음 중 소화약제 강화액의 주성분에 해당하는 것은?

① K_2CO_3 ② K_2O_2
③ CaO_2 ④ $KBrO_3$

해 강화액 소화약제는 탄산칼륨

18 위험물안전관리법령상 소화설비의 적응성에 관한 내용이다. 옳은 것은?

① ✓ 마른모래는 대상물 중 제1류 ~ 제6류 위험물에 적응성이 있다.
② 팽창질석은 전기설비를 포함한 모든 대상물에 적응성이 있다.
③ 분말소화약제는 셀룰로이드류의 화재에 가장 적당하다.
④ 물분무소화설비는 전기설비에 사용할 수 없다.

해 마른모래는 1 – 6위험물에 적응성 있음. 건물 전기설비에 없음, 팽창질석은 전기설비에 적응성 없음. 제5류 위험물인 셀룰로이드류는 냉각소화에 적응성 높음. 물분무소화설비 전기설비 사용 가능

19 다음 중 공기포 소화약제가 아닌 것은?

① 단백포 소화약제
② 합성계면활성제포 소화약제
③ ✓ 화학포 소화약제
④ 수성막포 소화약제

해 포소화기는 화학포 소화약제와 그 외 공기포 소화약제로 구분

20 분말소화약제 중 제1종과 제2종 분말이 각각 열분해 될 때 공통적으로 생성되는 물질은?

① N_2, CO_2 ② N_2, O_2
③ ✓ H_2O, CO_2 ④ H_2O, N_2

해 1종 탄산소수나트륨, 2종 탄산수소칼륨은 열분해 되면 물과 이산화탄소가 나옴

21 포름산에 대한 설명으로 옳지 않은 것은?

① 물, 알코올, 에테르에 잘 녹는다.
② 개미산이라고도 한다.
③ ✓ 강한 산화제이다.
④ 녹는점이 상온보다 낮다.

해 4류위험물, 강한 환원제임, 산화제는 1류, 6류에 해당

22 제3류 위험물에 해당하는 것은?

① ✓ NaH ② Al
③ Mg ④ P_4S_3

해 수소화나트륨 1번, 나머지는 2류

23 지방족 탄화수소가 아닌 것은?

① ✓ 톨루엔 ② 아세트알데히드
③ 아세톤 ④ 디에틸에테르

해 탄화수소분류
- 지방족 – 사슬형으로 연결, 아세톤 등
- 벤젠족 – 벤젠고리 있는 것, 톨루엔이 대표적

24 위험물안전관리 법령상 위험물의 지정수량으로 옳지 않은 것은?

① 니트로셀룰로오스 : 10kg
② 히드록실아민(하이드록실아민) : 100kg
③ ✓ 아조벤젠 : 50kg
④ 트리니트로페놀 : 200kg

해 아조벤젠은 200kg

25 셀룰로이드에 대한 설명으로 옳은 것은?

① 질소가 함유된 무기물이다
✓② 질소가 함유된 유기물이다.
③ 유기의 염화물이다.
④ 무기의 염화물이다.

해 셀룰로이드는 5류 위험물 중 질산에테르류로 질소를 포함한 유기물

26 에틸알코올의 증기 비중은 약 얼마인가?

① 0.72　　② 0.91
③ 1.13　　✓④ 1.59

해 분자량을 29로 나눈 것, C_2H_5OH,
　$12 \times 2 + 1 \times 6 + 16 = 46$, $46/29 = 1.59$

27 과염소산나트륨의 성질이 아닌 것은?

✓① 물과 급격히 반응하여 산소를 발생한다.
② 가열하면 분해되어 조연성 가스를 방출한다.
③ 융점은 400℃보다 높다.
④ 비중은 물보다 무겁다.

해 1류 위험물 중 알칼리금속과산화물이 물과 반응하여 산소를 발생함. 과염소산나트륨은 1류 위험물 중 이에 해당 안함(과염소산염류)

28 인화칼슘이 물과 반응할 경우에 대한 설명 중 틀린 것은?

① 발생 가스는 가연성이다.
✓② 포스겐 가스가 발생한다.
③ 발생 가스는 독성이 강하다.
④ $Ca(OH)_2$ 가 생성된다.

해 물과 반응하여 포스핀 가스(PH_3)가 발생한다.

29 화학적으로 알코올을 분류할 때 3가 알코올에 해당하는 것은?

① 에탄올　　② 메탄올
③ 에틸렌글리콜　　✓④ 글리세린

해 OH수의 따라 구분, 에틸알코올, 메틸알코올은 1가, 에틸렌글리콜은 2가, 글리세린은 3가

30 위험물안전관리법령상 품명이 다른 하나는?

① 니트로글리콜　　② 니트로글리세린
③ 셀룰로이드　　✓④ 테트릴

해 테트릴은 5류 위험물 중 니트로화합물(나이트로화합물), 나머지는 5류위험물 중 질산에스테르류

31 주수소화를 할 수 없는 위험물은?

✓① 금속분　　② 적린
③ 유황　　④ 과망간산칼륨

해 2류 위험물 금속분(알루미늄 등)질식소화 해야 함

32 제1류 위험물 중 흑색화약의 원료로 사용되는 것은?

✓① KNO_3　　② $NaNO_3$
③ BaO_2　　④ NH_4NO_3

해 질산칼륨과 황으로 흑색화약을 만듦

33 다음 중 제6류 위험물에 해당하는 것은?

✓① IF_5　　② $HClO_3$
③ NO_3　　④ H_2O

해 • 오불화요오드는 6류 할로겐화합물이다.
　• 과염소산($HClO_4$), 질산(HNO_3)이 제6류 위험물이다.

34 다음 중 제4류 위험물에 해당하는 것은?

① $Pb(N_3)_2$ ② CH_3ONO_2
③ N_2H_4 ✓ ④ NH_2OH

해 히드라진은 4류 위험물

35 다음의 분말은 모두 150마이크로미터의 체를 통과하는 것이 50중량퍼센트 이상이 된다. 이들 분말 중 위험물안전관리법령상 품명이 "금속분"으로 분류되는 것은?

① 철분 ② 구리분
③ 알루미늄분 ✓ ④ 니켈분

해 철분은 별도의 기준이 있고 구리, 니켈분은 제외된다.

36 다음 중 분자량이 가장 큰 위험물은?

① 과염소산 ✓ ② 과산화수소
③ 질산 ④ 히드라진

해
- $HClO_4 : 1 + 35.5 + 16 \times 4 = 100.5$
- $H_2O_2 : 1 \times 2 + 16 \times 2 = 34$
- $HNO_3 : 1 + 14 + 16 \times 3 = 63$
- $N_2H_4 : 14 \times 2 + 1 \times 4 = 32$

37 인화칼슘, 탄화알루미늄, 나트륨이 물과 반응하였을 때 발생하는 가스에 해당하지 않는 것은?

① 포스핀가스 ② 수소
③ 이황화탄소 ✓ ④ 메탄

해
- 인화칼슘과 물 반응 시 포스핀
- 탄화알루미늄과 물 반응 시 메탄
- 나트륨과 물 반응 시 수소

38 연소 시 발생하는 가스를 옳게 나타낸 것은?

① 황린 – 황산가스
② 황 – 무수인산가스
③ 적린 – 아황산가스
④ 삼황화사인(삼황화린) – 아황산가스 ✓

해 황린은 오산화인, 황은 아황산가스, 적린은 오산화인, 삼황화린은 아황산가스 발생

39 염소산나트륨에 대한 설명으로 틀린 것은?

① 조해성이 크므로 보관용기는 밀봉하는 것이 좋다.
② 무색·무취의 고체이다.
③ 산과 반응하여 유독성의 이산화나트륨 가스가 발생한다. ✓
④ 물, 알코올, 글리세린에 녹는다.

해 산화반응하여 이산화염소를 발생시킬 수 있다.

40 질산칼륨을 약 400℃에서 가열하여 열분해시킬 때 주로 생성되는 물질은?

① 질산과 산소
② 질산과 칼륨
③ 아질산칼륨과 산소 ✓
④ 아질산칼륨과 질소

41 위험물안전관리법령에서 정한 피난설비에 관한 내용이다. ( )에 알맞은 것은?

> 주유취급소 중 건축물의 2층 이상의 부분을 점포/휴게음식점 또는 전시장의 용도로 사용하는 것에 있어서는 해당 건축물의 2층 이상으로부터 주유취급소의 부지 밖으로 통하는 출입구와 해당 출입구로 통하는 통로/계단 및 출입구에 ( )를(을) 설치하여야 한다.

① 피난사다리 ②✓유도등
③ 공기호흡기 ④ 시각경보기

42 옥내저장소에 제3류 위험물인 황린을 저장하면서 위험물안전관리 법령에 의한 최소한의 보유공지로 3m를 옥내저장소 주위에 확보하였다. 이 옥내저장소에 저장하고 있는 황린의 수량은? (단, 옥내저장소의 구조는 벽·기둥 및 바닥이 내화구조로 되어 있고 그 외의 다른 사항은 고려하지 않는다.)

① 100kg 초과 500kg 이하
②✓400kg 초과 1000kg 이하
③ 500kg 초과 5000kg 이하
④ 1000kg 초과 40000kg 이하

해 옥내저장소의 경우 벽/기둥 및 바닥이 내화구조로 된 경우, 3m 이상인 경우 지정수량의 20배 초과 50배 이하이다. 황린의 지정수량은 20kg

43 위험물안전관리법령상 이동탱크저장소에 의한 위험물운송 시 위험물운송자는 장거리에 걸치는 운송을 하는 때에는 2명 이상의 운전자로 하여야 한다. 다음 중 그러하지 않아도 되는 경우가 아닌 것은?

① 적린을 운송하는 경우
② 알루미늄의 탄화물을 운송하는 경우
③✓이황화탄소를 운송하는 경우
④ 운송도중에 2시간 이내마다 20분 이상씩 휴식하는 경우

해 2류, 3류(칼슘 또는 알루미늄의 탄화물과 이것만을 함유한 것), 4류(특수인화물 제외), 경우 1인 운전 가능, 이황화탄소는 4류 특수인화물임

44 각각 지정수량의 10배인 위험물을 운반할 경우 제5류 위험물과 혼재 가능한 위험물에 해당하는 것은?

① 제1류 위험물 ②✓제2류 위험물
③ 제3류 위험물 ④ 제6류 위험물

해 423, 524, 61

45 위험물안전관리법령상 옥외탱크저장소의 기준에 따라 다음의 인화성 액체 위험물을 저장하는 옥외저장탱크 1 ~ 4호를 동일의 방유제 내에 설치하는 경우 방유제에 필요한 최소 용량으로서 옳은 것은? (단, 암반탱크 또는 특수액체위험물탱크의 경우는 제외한다.)

- 1호 탱크 - 등유 1500kL
- 2호 - 가솔린 1000kL
- 3호 - 경유 500kL
- 4호 - 중유 250kL

① 1650kL ② 1500kL
③ 500kL ④ 250kL

해 옥외탱크저장소 2개 이상인 경우 최대 것의 용량의 110%, 1호의 110%

46 위험물안전관리법령상 사업소의 관계인이 자체소방대를 설치 하여야 할 제조소 등의 기준으로 옳은 것은?

① 제4류 위험물을 지정수량의 3천배 이상 취급하는 제조소 또는 일반취급소
② 제4류 위험물을 지정수량의 5천배 이상 취급하는 제조소 또는 일반취급소
③ 제4류 위험물 중 특수인화물을 지정수량의 3천배 이상 취급하는 제조소 또는 일반취급소
④ 제4류 위험물 중 특수인화물을 지정수량의 5천배 이상 취급하는 제조소 또는 일반취급소

47 소화난이도등급Ⅱ의 제조소에 소화설비를 설치할 때 대형수동식소화기와 함께 설치하여야 하는 소형수동식소화기 등의 능력단위에 관한 설명으로 맞는 것은?

① 위험물의 소요단위에 해당하는 능력단위의 소형수동식소화기 등을 설치할 것
② 위험물의 소요단위의 1/2 이상에 해당하는 능력단위의 소형수동식소화기 등을 설치할 것
③ 위험물의 소요단위의 1/5 이상에 해당하는 능력단위의 소형수동식소화기 등을 설치할 것
④ 위험물의 소요단위의 10배 이상에 해당하는 능력단위의 소형수동식소화기 등을 설치할 것

48 다음 중 위험물안전관리법이 적용되는 영역은?

① 항공기에 의한 대한민국 영공에서의 위험물의 저장, 취급 및 운반
② 궤도에 의한 위험물의 저장, 취급 및 운반
③ 철도에 의한 위험물의 저장, 취급 및 운반
④ 자가용승용차에 의한 지정수량 이하의 위험물의 저장, 취급 및 운반

해 항공기, 궤도, 철도의 경우 제외되고, 지정수량 미만의 경우 저장, 취급은 시·도의 조례로 정하도록 하는 내용도 위험물안전관리법에서 규정한 것이므로 지정수량 이하의 저장, 취급도 위험물안전관리법의 규율을 받는 것이다.

49 위험물안전관리법령상 위험물의 운반 시 운반용기는 다음의 기준에 따라 수납 적재하여야 한다. 다음 중 틀린 것은?

① 수납하는 위험물과 위험한 반응을 일으키지 않아야 한다.
② 고체 위험물은 운반용기 내용적의 95% 이하로 수납하여야 한다.
❸ 액체위험물은 운반용기 내용적의 95% 이하로 수납하여야 한다.
④ 하나의 외장용기에는 다른 종류의 위험물을 수납하지 않는다.

해 액체위험물인 경우 수납율은 98% 이하여야 한다.

50 위험물안전관리법령상 위험물을 운반하기 위해 적재할 때 예를 들어 제6류 위험물은 1가지 유별(제1류 위험물)하고만 혼재할 수 있다. 다음 중 가장 많은 유별과 혼재가 가능한 것은?(단, 지정수량의 1/10을 초과하는 위험물이다)

① 제1류　　　② 제2류
③ 제3류　　　❹ 제4류

해 423, 524 61, 4류는 2, 3, 5류 3개와 혼재 가능

51 다음 위험물 중에서 옥외저장소에서 저장·취급할 수 없는 것은? (단, 특별시·광역시 또는 도의 조례에서 정하는 위험물과 IMDG Code에 적합한 용기에 수납된 위험물의 경우는 제외한다.)

① 아세트산　　　② 에틸렌글리콜
③ 크레오소트유　❹ 아세톤

해 • 2류 중 유황 또는 인화성고체(인화점 섭씨 0이상)
• 4류 중 제1석유류(인화점 섭씨 0도 이상), 알코올류, 제2, 3, 4 석유류 및 동식물유류
• 아세톤은 제1석유류 이지만 인화점이 -18℃이므로 안 된다.

52 디에틸에테르에 대한 설명으로 틀린 것은?

❶ 일반식은 R - CO - R'이다.
② 연소범위는 약 1.9 ~ 48%이다.
③ 증기비중 값이 비중 값보다 크다.
④ 휘발성이 높고 마취성을 가진다.

해 일반식은 R - O - R', 증기비중 74/29로 2.55 비중 0.72보다 크다. 에테르는 - O - 형태이다.

53 위험물안전관리상 지하탱크저장소 탱크전용실의 안쪽과 지하저장탱크와의 사이는 몇 m 이상의 간격을 유지하여야 하는가?

❶ 0.1　　　② 0.2
③ 0.3　　　④ 0.5

54 다음 ( ) 안에 들어갈 수치를 순서대로 바르게 나열한 것은? (단, 제4류 위험물에 적응성을 갖기 위한 살수밀도기준을 적용하는 경우를 제외한다.)

> 위험물제조소 등에 설치하는 폐쇄형 헤드의 스프링클러설비는 30개의 헤드를 동시에 사용할 경우 각 선단의 방사압력이 ( ) kPa이상이고 방수량이 1분당 ( )L 이상이어야 한다.

① 100, 80 ✓
② 120, 80
③ 100, 100
④ 120, 100

55 위험물안전관리법령상 제조소 등의 위치·구조 또는 설비 가운데 총리령이 정하는 사항을 변경허가를 받지 아니하고 제조소 등의 위치·구조 또는 설비를 변경한 때 1차 행정처분기준으로 옳은 것은?

① 사용정지 15일
② 경고 또는 사용정지 15일 ✓
③ 사용정지 30일
④ 경고 또는 업무정지 30일

56 위험물안전관리법령상 제조소 등의 관계인이 정기적으로 점검하여야 할 대상이 아닌 것은?

① 지정수량의 10배 이상의 위험물을 취급하는 제조소
② 지하탱크저장소
③ 이동탱크저장소
④ 지정수량의 100배 이상의 위험물은 저장하는 옥외탱크저장소 ✓

해 옥외탱크저장소의 경우 200배 이상이어야 한다.

57 위험물안전관리법령상 위험물제조소의 옥외에 있는 하나의 액체위험물 취급탱크 주위에 설치하는 방유제의 용량은 해당 탱크용량의 몇 % 이상으로 하여야 하는가?

① 50% ✓
② 60%
③ 100%
④ 110%

해 위험물제조소의 경우 탱크용량의 50% 이상으로 해야 한다.

58 위험물안전관리법령상 이송취급소에 설치하는 경보·설비의 기준에 따라 이송기지에 설치하여야 하는 경보설비로만 이루어진 것은?

① 확성장치, 비상벨장치 ✓
② 비상방송설비, 비상경보설비
③ 확성장치, 비상방송설비
④ 비상방송설비, 자동화재탐지설비

59 위험물안전관리법령상 위험물의 탱크 내용적 및 공간용적에 관한 기준으로 틀린 것은?

① 위험물을 저장 또는 취급하는 탱크의 용량은 해당 탱크의 내용적에서 공간용적을 뺀 용적으로 한다.
② 탱크의 공간용적은 탱크의 내용적의 100분의 5 이상 100분의 10 이하의 용적으로 한다.
③ 소화설비(소화약제 방출구를 탱크안의 윗부분에 설치하는 것에 한한다)를 설치하는 탱크의 공간용적은 해당 소화설비의 소화약제방출구 아래의 0.3m 이상 1m 미만 사이의 면으로부터 윗부분의 용적으로 한다.
④ 암반탱크에 있어서는 해당 탱크 내에 용출하는 30일 간의 지하수의 양에 상당하는 용적과 해당 탱크의 내용적의 100분의 1의 용적 중에서 보다 큰 용적을 공간용적으로 한다.

해 암반탱크에 있어서는 해당 탱크 내의 용출하는 7일간의 지하수 양과 해당 탱크의 내용적의 100분의 1의 용적 중 큰 용적으로 한다.

60 위험물안전관리법령상 위험등급의 종류가 나머지 셋과 다른 하나는?

① 제1류 위험물 중 중크롬산염류
② 제2류 위험물 중 인화성고체
③ 제3류 위험물 중 금속의 인화물
④ 제4류 위험물 중 알코올류

해 ④ 위험등급 II, 나머지는 모두 III 등급이다.

2회 위험물기능사 기출 스피드 문답암기

01 제조소의 옥외에 모두 3개의 휘발유 취급탱크를 설치하고 그 주위에 방유제를 설치하고자 한다. 방유제 안에 설치하는 각 취급탱크의 용량이 5만L, 3만L, 2만L 일 때 필요한 방유제의 용량은 몇 L 이상인가?

① 66000　　② 60000
③ 33000　　④ ✓ 30000

해 제조소의 경우 탱크 1기인 경우 탱크 용량 × 0.5, 2기 이상인 경우 최대 탱크 용량 × 0.5 + 나머지 탱크 용량 합 × 0.1, 따라서 5만의 반인 2만 오천에 나머지 5만의 0.1인 5천을 합해서 3만 리터이다.

02 위험물안전관리법령에 따라 위험물을 유별로 정리하여 서로 1m 이상의 간격을 두었을 때 옥내저장소에서 함께 저장하는 것이 가능한 경우가 아닌 것은?

① 제1류 위험물(알칼리금속의 과산화물 또는 이를 함유한 것을 제외한다)과 제5류 위험물을 저장하는 경우
② 제3류 위험물 중 알킬알루미늄과 제4류 위험물(알킬알루미늄 또는 알킬리튬을 함유한 것에 한한다)을 저장하는 경우
③ ✓ 제1류 위험물과 제3류 위험물 중 금수성물질을 저장하는 경우
④ 제2류 위험물 중 인화성고체와 제4류 위험물을 저장하는 경우

해 1류 위험물과 제3류 중 자연발화성 물질(황린 또는 이를 함유한 것)이 1m간격을 두었을 때 함께 저장 가능하다. 금수성 물질은 1류와 함께 저장 가능한 것이 아니다.

03 다음 중 스프링클러 설비의 소화작용으로 가장 거리가 먼 것은?

① 질식작용　　② 희석작용
③ 냉각작용　　④ ✓ 억제작용

해 냉각작용에 더하여 물이 뿌려지므로 희석작용 및 질식작용도 있다. 억제작용은 할로겐원소 소화약제의 주된 작용이다.

04 금속화재를 옳게 설명한 것은?

① C급 화재이고, 표시색상은 청색이다.
② C급 화재이고, 표시색상은 없다.
③ D급 화재이고, 표시색상은 청색이다.
④ ✓ D급 화재이고, 표시색상은 없다.

해 금속화재는 D급, 표시색상은 무색이다.

05 위험물안전관리법령상 개방형 스프링클러 헤드를 이용하는 스프링클러설비에서 수동식 개방밸브를 개방 조작하는 데 필요한 힘은 얼마 이하가 되도록 설치하여야 하는가?

① 5 kg　　② 10 kg
③ ✓ 15 kg　　④ 20 kg

06 과산화바륨과 물이 반응하였을 때 발생하는 것은?

① 수소　　　　　　② 산소 ✓
③ 탄산가스　　　　④ 수성가스

🅗 1류로 무기과산화물로 물과 반응하면 산소를 발생한다.

07 트리에틸알루미늄의 화재 시 사용할 수 있는 소화약제(설비)가 아닌 것은?

① 마른모래　　　　② 팽창질석
③ 팽창진주암　　　④ 이산화탄소 ✓

🅗 3류 중 금수성, 따라서 주수금지, 탄산수소염류 분말소화약제, 마른모래, 팽창질석, 팽창진주암 등을 이용

08 다음 중 할로젠화합물 소화약제의 주된 소화효과는?

① 부촉매효과 ✓　　② 희석효과
③ 파괴효과　　　　④ 냉각효과

🅗 할로젠화합물은 억제효과 화학반응을 억제하는 부촉매 효과가 있다.

09 가연물이 되기 쉬운 조건이 아닌 것은?

① 산소와 친화력이 클 것
② 열전도율이 클 것 ✓
③ 발열량이 클 것
④ 활성화에너지가 작을 것

🅗 열전도율이 높으면 온도가 쉽게 상승하지 않는다.

10 위험물안전관리법령상 옥내주유취급소에 있어서 해당 사무소 등의 출입구 및 피난구와 당해 피난구로 통하는 통로·계단 및 출입구에 무엇을 설치하게 하는가?

① 화재감지기
② 스프링클러설비
③ 자동화재탐지설비
④ 유도등 ✓

🅗 주유소 출입구 하면 유도등 기억해야 한다.

11 철분, 금속분, 마그네슘의 화재에 적응성이 있는 소화약제는?

① 탄산수소염류분말 ✓
② 할로젠화합물
③ 물
④ 이산화탄소

🅗 2류, 주수금지, 탄산수소염류 분말소화약제, 마른모래, 팽창질석, 팽창진주암 등

12 제1종 분말소화약제의 주성분으로 사용하는 것은?

① $KHCO_3$　　　　② H_2SO_4
③ $NaHCO_3$ ✓　　④ $NH_4H_2PO_4$

🅗 탄산수소나트륨이며 ③, ①은 탄산수소칼륨 2종의 주성분, ②은 황산, ④은 인산암모늄으로 3종

13 소화설비의 설치기준에서 유기과산화물 1,000kg은 몇 소요단위에 해당하는가?

① 10 ✓
② 20
③ 100
④ 200

해 위험물의 경우 지정수량의 10배가 소요단위이다. 유기과산화물은 5류로 10kg이 지정수량, 따라서 소요단위는 100kg이고, 1000kg은 10소요단위이다.

14 위험물안전관리법령상 주유취급소에서의 위험물 취급 기준으로 옳지 않은 것은?

① 자동차에 주유할 때에는 고정주유설비를 이용하여 직접 주유할 것
② ✓ 자동차에 경유 위험물을 주유할 때에는 자동차의 원동기를 반드시 정지시킬 것
③ 고정주유설비에는 당해 주유설비에 접속한 전용탱크 또는 간이탱크의 배관 외의 것을 통하여서는 위험물을 공급하지 아니할 것
④ 고정주유설비에 접속하는 탱크에 접속된 고정주유설비의 사용을 중지할 것

해 인화점 40℃ 미만 위험물 주유 시 자동차 등의 원동기를 정지시켜야 한다. 경유의 경우 인화점이 50 – 70℃ 이므로 해당 안 됨
② 나머지 지문은 맞다.

15 위험물안전관리에 대한 설명 중 옳지 않은 것은?

① 이동탱크저장소는 위험물안전관리자 선임대상에 해당되지 않는다.
② 위험물안전관리자가 퇴직한 경우 퇴직한 날부터 30일 이내에 다시 안전관리자를 선임하여야 한다.
③ 위험물안전관리자를 선임한 경우에는 선임한 날로부터 14일 이내에 소방본부장 또는 소방서장에게 신고하여야 한다.
④ ✓ 위험물안전관리자가 일시적으로 직무를 수행할 수 없는 경우에는 위험물안전관리에 관한 업무에 1년 이상 종사한 경력이 있는 사람을 대리자로 지정할 수 있다.

해 대리인의 자격은 자격취득자, 안전교육을 받은 자, 안전관리자를 지위 감독하는 지위에 있는 자이다.

16 Hallon 1211에 해당하는 물질의 분자식은?

① CBr_2FCl
② ✓ CF_2ClBr
③ CCl_2FBr
④ FC_2BrCl

해 할론에서 숫자는 C, F, Cl, Br 의 숫자 각 숫자를 의미

17 주유취급소의 벽(담)에 유리를 부착할 수 있는 기준에 대한 설명으로 옳은 것은?

① 유리 부착 위치는 주입구, 고정주유설비로부터 2m 이상 이격되어야 한다.
② 지반면으로부터 50센티미터를 초과하는 부분에 한하여 설치하여야 한다.
③ ✓ 하나의 유리판 가로의 길이는 2m 이내로 한다.
④ 유리의 구조는 기준에 맞는 강화유리로 하여야 한다.

해 주입구, 고정주유설비로부터 4m 이상 이격, 지반면으로부터 70센티미터 초과하는 부분에 한해 설치, 유리의 구조는 접합유리여야 한다.

18 다음 중 위험물안전관리법령에서 정한 지정수량이 나머지 셋과 다른 물질은?

① 아세트산 ② 히드라진
③ ✓클로로벤젠 ④ 니트로벤젠

해 나머지는 모두 2000L이나, 3번만 1000L이다.

19 제3류 위험물을 취급하는 제조소는 300명 이상을 수용할 수 있는 극장으로부터 몇 m 이상의 안전거리를 유지하여야 하는가?

① 5 ② 10
③ ✓30 ④ 70

해 학교, 병원, 극장 등 다수인 수용 시설로부터는 30m이상 유지해야 한다.

20 표준상태에서 탄소 1몰이 완전히 연소하면 몇 L의 이산화탄소가 생성되는가?

① 11.2 ② ✓22.4
③ 44.8 ④ 56.8

해 탄소의 연소 반응식은 $C + O_2 \rightarrow CO_2$ 이다. 1몰 탄소가 연소하면 1몰 이산화탄소가 발생하고, 기체 1몰의 부피는 22.4L이다.

21 위험물안전관리법령에서 정한 알킬알루미늄 등을 저장 또는 취급하는 이동탱크 저장소에 비치해야 하는 물품이 아닌 것은?

① 방호복 ② 고무장갑
③ ✓비상조명등 ④ 휴대용확성기

해 소방관련 법령에 따라 비치해야 하는 품목에 대한 설명, 비상조명은 아니다.

22 제4류 위험물에 대한 일반적인 설명으로 옳지 않은 것은?

① 대부분 연소 하한 값이 낮다.
② 발생증기는 가연성이며 대부분 공기보다 무겁다.
③ ✓대부분 무기화합물이므로 정전기 발생에 주의한다.
④ 인화점이 낮을수록 화재 위험성이 높다.

해 기름의 성질을 기억, 탄소, 수소를 포함하는 유기화합물이다.

23 위험물안전관리법령에서 정한 아세트알데히드 등을 취급하는 제조소의 특례에 따라 다음 (   )에 해당하지 않는 것은?

> 아세트알데히드 등을 취급하는 설비는 (   )·(   )·동·(   ) 또는 이들을 성분으로 하는 합금으로 만들지 아니할 것

① ✓금 ② 은
③ 수은 ④ 마그네슘

해 아세트알데히드 등 취급하는 제조소의 특례, 은, 수은, 동, 마그네슘 또는 이들 성분의 합금 만들지 아니할 것. 금은 아니다.

24 위험물안전관리법령상 이동탱크저장소에 의한 위험물의 운송 시 장거리에 걸친 운송을 하는 때에는 2명 이상의 운전자로 하는 것이 원칙이다. 다음 중 예외적으로 1명의 운전자가 운송하여도 되는 경우의 기준으로 옳은 것은?

① 운송도중에 2시간 이내마다 10분 이상씩 휴식하는 경우
✓② 운송도중에 2시간 이내마다 20분 이상씩 휴식하는 경우
③ 운송도중에 4시간 이내마다 10분 이상씩 휴식하는 경우
④ 운송도중에 4시간 이내마다 20분 이상씩 휴식하는 경우

25 나트륨에 관한 설명으로 옳은 것은?

① 물보다 무겁다.
② 융점이 100℃ 보다 높다.
③ 물과 격렬히 반응하여 산소를 발생시키고 발열한다.
✓④ 등유는 반응이 일어나지 않아 저장에 사용된다.

해 물보다 가볍고, 융점은 97.8℃, 물과 강하게 반응하며 수소를 발생시킨다. 따라서 등유, 석유 속에 보관한다.

26 다음은 위험물을 저장하는 탱크의 공간용적 산정기준이다. ( )에 알맞은 수치로 옳은 것은?

> 암반탱크에 있어서는 당해 탱크 내에 용출하는 ( )일간의 지하수의 양에 상당하는 용적과 당해 탱크의 내용적의 ( )의 용적 중에서 보다 큰 용적을 공간용적으로 한다.

✓① 7, 1/100
② 7, 5/100
③ 10, 1/100
④ 10, 5/100

해 통상 탱크 내용적의 5%이상 10%이하, 암반탱크의 경우, 7일간의 지하수 양에 상응하는 용적과 내용적의 100분의 1 중 큰 용적

27 위험물안전관리법령상 예방규정을 정하여야 하는 제조소 등의 관계인은 위험물제조소 등에 대하여 기술기준에 적합한지의 여부를 정기적으로 점검을 하여야 한다. 법적 최소 점검주기에 해당하는 것은? (단, 100만 리터 이상의 옥외탱크 저장소는 제외한다)

① 월 1회 이상
② 6개월 1회 이상
✓③ 연 1회 이상
④ 2년 1회 이상

해 정기점검은 연 1회 이상이다.

28 $CH_3COC_2H_5$ 의 명칭 및 지정수량을 옳게 나타낸 것은?

① 메틸에틸케톤, 50L
✓② 메틸에틸케톤, 200L
③ 메틸에틸에테르, 50L
④ 메틸에틸에테르, 200L

해 CH_3를 메틸이라 부름, CO는 케톤, C_2H_5는 에틸이라 부름, 메틸에틸케톤이고, 4류, 지정수량 200L

29 위험물안전관리법령상 제4석유류를 저장하는 옥내저장탱크의 용량은 지정수량의 몇 배 이하여야 하는가?

① 20 ✓② 40
③ 100 ④ 150

해 지정수량의 40배 이하이다.

30 위험물제조소의 환기설비 중 급기구는 급기구가 설치된 실의 바닥면적 몇 m^2마다 1개 이상으로 설치하여야 하는가?

① 100 ✓② 150
③ 200 ④ 800

해 $150m^2$마다 1개씩, 크기는 $800cm^2$로 해야 한다.

31 위험물제조소 등의 종류가 아닌 것은?

① 간이탱크저장소 ② 일반취급소
③ 이송취급소 ✓④ 이동판매취급소

해 제조소 등은, 제조소, 저장소, 취급소를 의미한다. 취급소의 종류는 주유, 일반, 판매, 이송 4가지이다. 이동판매취급소는 아니다.

32 공기를 차단하고 황린을 약 몇 ℃로 가열하면 적린이 생성되는가?

① 60 ② 100
③ 150 ✓④ 260

해 황린을 가열하면 적린이되는데, 260℃로 가열하면 된다.

33 위험물안전관리법령상 정기점검 대상인 제조소 등의 조건이 아닌 것은?

① 예방규정 작성대상인 제조소 등
② 지하탱크저장소
③ 이동탱크저장소
✓④ 지정수량 5배의 위험물을 취급하는 옥외탱크를 둔 제조소

해 1, 2, 3외에 위험물 취급하는 탱크로, 지하 매설탱크가 있는 제조소, 주유취급소, 일반취급소이다.

34 다음 중 지정수량이 가장 큰 것은?

① 과염소산칼륨
✓② 트리니트로톨루엔
③ 황린
④ 유황

해 각, 50, 200, 20, 100kg이다.

35 제2류 위험물에 대한 설명으로 옳지 않은 것은?

✓① 대부분 물보다 가벼우므로 주수소화는 어려움이 있다.
② 점화원으로부터 멀리하고 가열을 피한다.
③ 금속분은 물과의 접촉을 피한다.
④ 용기파손으로 인한 위험물의 누설에 주의한다.

해 금속분, 철분, 마그네슘 등은 주수금지이다. 물과 접촉을 금해야 한다. 그 외에는 대부분 주수소화한다. 물보다 무겁고, 연소가 잘 된다.

36 다음 물질 중 물에 대한 용해도가 가장 낮은 것은?

① 아크릴산　　② 아세트알데히드
③ 벤젠　　　　④ 글리세린

해 벤젠만 비수용성이다.

37 분자량이 약 110인 무기과산화물로 물과 접촉하여 발열하는 것은?

① 과산화마그네슘　　② 과산화벤젠
③ 과산화칼슘　　　　④ 과산화칼륨

해 K_2O_2는 $39 \times 2 + 16 \times 2$ 로 110이다.

38 1차 알코올에 대한 설명으로 가장 적절한 것은?

① OH기의 수가 하나이다.
② OH기가 결합된 탄소 원자에 붙은 알킬기의 수가 하나이다.
③ 가장 간단한 알코올이다.
④ 탄소의 수가 하나인 알코올이다.

해 알코올은 OH수에 따라 1가 2가 등이 되고, 탄소에 붙은 알킬기의 수에 따라 1차, 2차 등이 된다. 1차 알코올은 알킬기가 하나라는 의미이다.

39 위험물안전관리법령상 산화성 액체에 대한 설명으로 옳은 것은?

① 과산화수소는 농도와 밀도가 비례한다.
② 과산화수소는 농도가 높을수록 끓는점이 낮아진다.
③ 질산은 상온에서 불연성이지만 고온으로 가열하면 스스로 발화한다.
④ 질산을 황산과 일정 비율로 혼합하여 왕수를 제조할 수 있다.

해 6류 위험물에 대한 설명으로, 과산화수소는 농도가 높으면 끓는점이 높아지고, 질산은 불연성이고, 스스로 발화하지 않는다. 염산과 혼합하여 왕수를 제조할 수 있다. 과산화수소 농도가 높아지면 해당 용액의 과산화수소 비율이 증가하고 물의 비율이 감소한다는 의미인데, 밀도는 질량을 부피로 나눈 것으로 부피가 같을 경우, 질량이 큰 물질이 더 많을수록 밀도가 증가한다. 따라서, 과산화수소는 물보다 질량이 크므로 농도가 높을수록 해당 용액의 밀도가 증가한다.

40 위험물안전관리법령상 제4류 위험물 운반용기의 외부에 표시하여야 하는 주의사항을 모두 옳게 나타낸 것은?

① 화기엄금 및 충격주의
② 가연물 접촉주의
③ 화기엄금
④ 화기주의 및 충격주의

해 3번, 그 외 일반적으로 품명, 위험등급, 화학명 수용성, 수량 등을 표시한다.

41 알루미늄분이 염산과 반응하였을 경우 생성되는 가연성가스는?

① 산소　　② 질소
③ 메탄　　④ 수소 ✓

해 2류 금속분의 하나인 알루미늄분, 염산과 반응하여 수소 발생

42 휘발유의 성질 및 취급시의 주의사항에 관한 설명 중 틀린 것은?

① 증기가 모여 있지 않도록 통풍을 잘 시킨다.
② 인화점이 상온이므로 상온 이상에서는 취급 시 각별한 주의가 필요하다. ✓
③ 정전기 발생에 주의해야 한다.
④ 강산화제 등과 혼촉 시 발화할 위험이 있다.

해 증기는 공기보다 무거우므로 통풍이 잘 되어야 한다. 인화점은 −43 ~ −20℃ 정도로 상온보다 낮다. 정전기 발생 시 연소할 수 있다.

43 위험물안전관리법령에서 정한 주유취급소의 고정주유설비 주위에 보유하여야 하는 주유공지의 기준은?

① 너비 10m 이상, 길이 6m 이상
② 너비 15m 이상, 길이 6m 이상 ✓
③ 너비 10m 이상, 길이 10m 이상
④ 너비 15m 이상, 길이 10m 이상

44 위험물안전관리법령상 벌칙의 기준이 나머지 셋과 다른 하나는?

① 제조소 등에 대한 긴급 사용정지 제한 명령을 위반한 자
② 탱크시험자로 등록하지 아니하고 탱크시험자의 업무를 한 자
③ 저장소 또는 제조소 등이 아닌 장소에서 지정수량 이상의 위험물을 저장 또는 취급한 자 ✓
④ 제조소 등의 완공검사를 받지 아니하고 위험물을 저장·취급한 자 ✓

해 나머지는 1년 이하의 징역 또는 1천만 원 이하의 벌금, 3번은 3년 이하의 징역 또는 3천만 원 이하의 벌금, 4번은 1,500만 원 이하의 벌금형, 법령개정된 문제이다. 참고만 하면 될 듯 하다.

45 위험물안전관리법령에서 정하는 위험등급 Ⅱ에 해당하지 않는 것은?

① 제1류 위험물 중 질산염류
② 제2류 위험물 중 적린
③ 제3류 위험물 중 유기금속화합물
④ 제4류 위험물 중 제2석유류 ✓

해 4는 위험등급 Ⅲ 등급

46 니트로셀룰로오스의 위험성에 대하여 옳게 설명한 것은?

① 물과 혼합하면 위험성이 감소한다. ✓
② 공기 중에서 산화되지만 자연발화의 위험은 없다.
③ 건조할수록 발화의 위험성이 낮다.
④ 알코올과 반응하여 발화한다.

해 자연발화가 가능한 위험물질 5류, 물에 혼합하면 위험성이 떨어진다. 건조하면 자연발화 위험이 증가한다.

47 $C_6H_2(NO_2)_3OH$와 CH_3NO_3의 공통성질에 해당하는 것은?

① 니트로화합물(나이트로화합물)이다.
② 인화성과 폭발성이 있는 액체이다.
③ 무색의 방향성 액체이다.
✓④ 에탄올에 녹는다.

해 5류, 트리니트로페놀, 질산메틸이다. 각 니트로화합물(나이트로화합물), 질산에스테르류이다. 각 고체, 액체이다. 모두 에탄올에 녹는다.

48 위험물안전관리법령에서 정한 소화설비의 설치기준에 따라 다음 (   )에 알맞은 숫자를 차례대로 나타낸 것은?

| 제조소 등에 전기설비(전기배선, 조명기구 등은 제외한다)가 설치된 경우에는 당해 장소의 면적 (   )m^2마다 소형수동식소화기를 (   )개 이상 설치할 것 |

① 50, 1　　② 50, 2
✓③ 100, 1　④ 100, 2

49 알루미늄 분말의 저장 방법 중 옳은 것은?

① 에틸알코올 수용액에 넣어 보관한다.
✓② 밀폐 용기에 넣어 건조한 것에 보관한다.
③ 폴리에틸렌병에 넣어 수분이 많은 곳에 보관한다.
④ 염산 수용액에 넣어 보관한다.

해 2류 중 금속분, 물과 가까이 하면 안 된다. 물, 산, 알칼리 등과 반응한다.

50 다음 중 산을 가하면 이산화염소를 발생시키는 물질로 분자량이 약 90.5인 것은?

✓① 아염소산나트륨
② 브롬산나트륨
③ 옥소산칼륨(요오드산칼륨)
④ 중크롬산나트륨

해 염소가 있어야 한다.
$NaClO_2$, $23 + 35.5 + 16 \times 2 = 90.5$

51 니트로글리세린에 관한 설명으로 틀린 것은?

① 상온에서 액체 상태이다.
✓② 물에는 잘 녹지만 유기용제에는 녹지 않는다.
③ 충격 및 마찰에 민감하므로 주의해야 한다.
④ 다이너마이트의 원료로 쓰인다.

해 5류 질산에스테르류, 물에 잘 녹지 않고, 유기용제(벤젠, 알코올 등)에 녹는다.

52 아세트산메틸의 일반 성질 중 틀린 것은?

① 과일냄새를 가진 휘발성 액체이다.
② 증기는 공기보다 무거워 낮은 곳에 체류한다.
③ 강산화제와의 혼촉은 위험하다.
✓④ 인화점은 − 20℃ 이하이다.

해 4류 중 1석유류이고, 인화점은 − 4℃이다.

53 위험물안전관리법령상 운송책임자의 감독 지원을 받아 운송하여야 하는 위험물에 해당하는 것은?

① 알킬알루미늄, 산화프로필렌, 알킬리튬
② 알킬알루미늄, 산화프로필렌
✓③ 알킬알루미늄, 알킬리튬
④ 산화프로필렌, 알킬리튬

54 위험물안전관리법령상 다음 ( )에 알맞은 수치를 모두 합한 것은?

> • 과염소산의 지정수량은 ( )kg이다.
> • 과산화수소는 농도가 ( )% 미만인 것은 위험물에 해당하지 않는다.
> • 질산은 비중이 ( ) 이상인 것만 위험물로 규정한다.

① 349.36 ② 549.36
③ 337.49 ④ 537.49

해 6류 위험물 지정수량은 300kg, 과산화수소는 36wt% 이상 농도만 위험물이다. 질산은 1.49 이상 비중만 위험물이다.

55 살충제 원료로 사용되기도 하는 암회색 물질로 물과 반응하여 포스핀 가스를 발생할 위험이 있는 것은?

① 인화아연 ② 수소화나트륨
③ 칼륨 ④ 나트륨

해 포스핀 가스(인화수소)는 PH_3로 인을 포함해야 한다.

56 유황의 특성 및 위험성에 대한 설명 중 틀린 것은?

① 산화성 물질이므로 환원성 물질과 접촉을 피해야 한다.
② 전기의 부도체이므로 전기 절연체로 쓰인다.
③ 공기 중 연소 시 유해가스를 발생한다.
④ 일반상태의 경우 분진폭발의 위험성이 있다.

해 유황은 산화성 물질이 아니다. 환원성 물질이다. 연소 시 이산화황을 발생시킨다.

57 과산화벤조일 취급 시 주의사항에 대한 설명 중 틀린 것은?

① 수분을 포함하고 있으면 폭발하기 쉽다.
② 가열, 충격, 마찰을 피해야 한다.
③ 저장용기는 차고 어두운 곳에 보관한다.
④ 희석제를 첨가하여 폭발성을 낮출 수 있다.

해 5류, 수분을 포함하면 폭발성이 감소한다.

58 과염소산칼륨의 성질에 관한 설명 중 틀린 것은?

① 무색, 무취의 결정이다.
② 알코올, 에테르에 잘 녹는다.
③ 진한 황산과 접촉하면 폭발할 위험이 있다.
④ 400℃ 이상으로 가열하면 분해하여 산소가 발생할 수 있다.

해 1류 과염소산염류, 알코올, 에테르에 녹지 않는다.

59 분말의 형태로서 150마이크로미터의 체를 통과하는 것이 50중량퍼센트 이상인 것만 위험물로 취급되는 것은?

① Zn ② Fe
③ Ni ④ Ca

해 구리 니켈 제외한 금속분은 150마이크로미터의 체를 통과하는 50중량퍼센트 이상되는 것이 위험물이다. 1번, 아연 – 철, 마그네슘은 금속분과 별도로 별도의 기준에 따라 다루어진다.

60 다음 물질 중 인화점이 가장 높은 것은?

① 아세톤 ② 디에틸에테르
③ 에탄올 ④ 벤젠

해 순서대로 – 18, – 45, 13, – 11℃이다.

3회 위험물기능사 기출 스피드 문답암기

01 [보기]에서 소화기의 사용방법을 옳게 설명한 것을 모두 나열한 것은?

[보기]
㉠ 적응화재에만 사용할 것
㉡ 불과 최대한 멀리 떨어져서 사용할 것
㉢ 바람을 마주보고 풍하에서 풍상 방향으로 사용할 것
㉣ 양옆으로 비로 쓸 듯이 골고루 사용할 것

① ㉠㉡　　② ㉠㉢
❸ ㉠㉣　　④ ㉠㉢㉣

해 방출거리 안에서 바람을 등지고 해야 한다.

02 산화제와 환원제를 연소의 4요소와 연관 지어 연결한 것으로 옳은 것은?

❶ 산화제 – 산소공급원, 환원제 – 가연물
② 산화제 – 가연물, 환원제 – 산소공급원
③ 산화제 – 연쇄반응, 환원제 – 점화원
④ 산화제 – 점화원, 환원제 – 가연물

해 연소는 산소, 점화, 가연물로 이루어진다. 산화제가 산소공급하고 가연물은 환원제의 역할을 한다.

03 포소화약제에 의한 소화방법으로 다음 중 가장 주된 소화효과는?

① 희석소화　　❷ 질식소화
③ 제거소화　　④ 자기소화

해 포소화 약제는 질식소화가 주된 효과이다.

04 다음 중 증발연소를 하는 물질이 아닌 것은?

① 황　　❷ 석탄
③ 파라핀　　④ 나프탈렌

해 석탄은 분해연소 한다.

05 위험물안전관리법령상 면적 400㎡ 옥내주유취급소의 소화난이도 등급은?

① I　　❷ II
③ III　　④ IV

해 주유취급소 중 면적이 500m² 초과하면 I 등급, 옥내면서 I 에 해당하지 않으면 II, 옥내 아니거나 I 등급이 아닌 경우는 III. 옥내주유취급소는 면적이 500m² 초과 안하면 2등급이다.

06 위험물안전관리법령의 소화설비 설치기준에 의하면 옥외소화전설비의 수원의 수량은 옥외소화전 설치 개수(설치개수가 4 이상인 경우에는 4)에 몇 m³을 곱한 양 이상이 되도록 하여야 하는가?

① 7.5m³　　❷ 13.5m³
③ 20.5m³　　④ 25.5m³

해 참고로 옥내소화전은 7.8m³을 곱한 양이다.

07 1몰의 이황화탄소와 고온의 물이 반응하여 생성되는 독성 기체물질의 부피는 표준상태에서 얼마인가?

① 22.4L   ✓ 44.8L
③ 67.2L   ④ 134.4L

해 $CS_2 + 2H_2O \rightarrow CO_2 + 2H_2S$ 즉 1몰의 이황화탄소가 물과 반응하여 2몰의 황화수소가 나온다. 1몰의 부피는 22.4L이므로 2몰인 경우 44.8L가 된다.

08 알킬리튬에 대한 설명으로 틀린 것은?

① 제3류 위험물이고 지정수량은 10kg이다.
② 가연성의 액체이다.
③ 이산화탄소와는 격렬하게 반응한다.
✓ 소화방법으로는 물로 주수는 불가하며, 할로젠화합물 소화약제를 사용하여야 한다.

해 주수불가 물질, 탄산수소염류 분말소화약제, 마른모래, 팽창질석, 팽창진주암 사용

09 국소방출방식의 이산화탄소 소화설비의 분사헤드에서 방출되는 소화약제의 방사 기준은?

① 10초 이내에 균일하게 방사할 수 있을 것
② 15초 이내에 균일하게 방사할 수 있을 것
✓ 30초 이내에 균일하게 방사할 수 있을 것
④ 60초 이내에 균일하게 방사할 수 있을 것

10 다음 위험물의 화재 시 주수소화가 가능한 것은?

① 철분   ② 마그네슘
③ 나트륨   ✓ 황

해 황은 물속에 저장하고, 반응하지 않는다.

11 화재 원인에 대한 설명으로 틀린 것은?

✓ 연소 대상물의 열전도율이 좋을수록 연소가 잘 된다.
② 온도가 높을수록 연소 위험이 높아진다.
③ 화학적 친화력이 클수록 연소가 잘 된다.
④ 산소와 접촉이 잘 될수록 연소가 잘 된다.

해 열전소율은 낮을수록 온도가 쉽게 올라가 연소가 잘 된다.

12 다음 고온체의 색깔을 낮은 온도부터 옳게 나열한 것은?

① 암적색 < 황적색 < 백적색 < 휘적색
② 휘적색 < 백적색 < 황적색 < 암적색
③ 휘적색 < 암적색 < 황적색 < 백적색
✓ 암적색 < 휘적색 < 황적색 < 백적색

해 암은 어둡다는 뜻, 휘는 밝다는 뜻, 백은 가장 밝은 것이다. 적색, 황색, 백색 순서 등으로 기억해서 풀어야 한다.

13 화재 시 이산화탄소를 사용하여 공기 중 산소의 농도를 21vol%에서 13vol%로 낮추려면 공기 중 이산화탄소의 농도는 약 몇 vol%가 되어야 하는가?

① 34.3   ✓ 38.1
③ 42.5   ④ 45.8

해 소화농도는 $\frac{21 - 산소농도}{21} \times 100$, $(21-13)/21$에 100 곱하면 된다. 약 38.1%

14 다음의 위험물 중에서 이동탱크저장소에 의하여 위험물을 운송할 때 운송책임자의 감독·지원을 받아야 하는 위험물은?

☑ ① 알킬리튬
② 아세트알데히드
③ 금속의 수소화물
④ 마그네슘

🅗 알킬알루미늄, 알킬리튬 기억해야 한다.

15 폭발 시 연소파의 전파속도 범위에 가장 가까운 것은?

☑ ① 0.1 ~ 10m/s
② 100 ~ 1000m/s
③ 2000 ~ 3500m/s
④ 5000 ~ 10000m/s

🅗 참고로 폭굉속도는 1000 – 3500 m/s

16 위험물제조소의 안전거리 기준으로 틀린 것은?

☑ ① 초·중등교육법 및 고등교육법에 의한 학교 – 20m 이상
② 의료법에 의한 병원급 의료기관 – 30m 이상
③ 문화재보호법 규정에 의한 지정문화재 – 50m 이상
④ 사용전압이 35,000V를 초과하는 특고압가공전선 – 5m 이상

🅗 학교도 30m 이상이다.

17 위험물안전관리법령상 위험물제조소 등에서 전기설비가 있는 곳에 적응하는 소화설비는?

① 옥내소화전설비
② 스프링클러설비
③ 포소화설비
☑ ④ 할로젠화합물소화설비

🅗 전기설비는 할로젠화합물소화설비, 물분무, 분말소화설비 등이다.

18 제5류 위험물의 화재 시 소화방법에 대한 설명으로 옳은 것은?

① 가연성 물질로서 연소속도가 빠르므로 질식소화가 효과적이다.
② 할로젠화합물 소화기가 적응성이 있다.
③ CO_2 및 분말소화기가 적응성이 있다.
☑ ④ 다량의 주수에 의한 냉각소화가 효과적이다.

🅗 5류는 주수소화가 효과적

19 Halon 1301 소화약제에 대한 설명으로 틀린 것은?

① 저장 용기에 액체상으로 충전한다.
② 화학식을 CF_3Br이다.
③ 비점이 낮아서 기화가 용이하다.
☑ ④ 공기보다 가볍다.

🅗 CF_3Br 은 12 + 19 × 3 + 80으로 당연히 공기 29보다 무겁다. 증기비중이 1보다 크다.

20 스프링클러설비의 장점이 아닌 것은?

① 화재의 초기 진압에 효율적이다.
② 사용 약제를 쉽게 구할 수 있다.
③ 자동으로 화재를 감지하고 소화할 수 있다.
④ 다른 소화 설비보다 구조가 간단하고, 시설비가 적다.

해 스프링클러는 구조가 복잡하고 시설비가 많이 든다.

21 황화인에 대한 설명 중 옳지 않은 것은?

① 삼황화린은 황색 결정으로 공기 중 약 100℃에서 발화할 수 있다.
② 오황화린은 담황색 결정으로 조해성이 있다.
③ 오황화린은 물과 접촉하여 유독성 가스를 발생할 위험이 있다.
④ 삼황화린은 연소하여 황화수소 가스를 발생할 위험이 있다.

해 삼황화린은 연소하여 이산화황 오산화인을 만든다.

22 위험물안전관리법령상 제조소 등의 정기점검 대상에 해당하지 않는 것은?

① 지정수량 15배의 제조소
② 지정수량 40배의 옥내탱크저장소
③ 지정수량 50배의 이동탱크저장소
④ 지정수량 20배의 지하탱크저장소

해 지정수량 10배이상 제조소, 이동탱크저장소, 지하탱크저장소는 그 대상이다.

23 제조소 등의 소화설비 설치 시 소요단위 산정에서 제조소 또는 취급소의 건축물은 외벽이 내화구조인 것은 연면적 (　　)m²를 1소요단위로 하며, 외벽이 내화구조가 아닌 것은 연면적 (　　)m²를 1소요단위로 한다. 괄호 안에 알맞은 수치를 차례대로 나열한 것은?

① 200, 100   ② 150, 100
③ 150, 50   ④ 100, 50

24 탄화칼슘의 취급방법에 대한 설명으로 옳지 않은 것은?

① 물, 습기와의 접촉을 피한다.
② 건조한 장소에 밀봉·밀전하여 보관한다.
③ 습기와 작용하여 다량의 메탄이 발생하므로 저장 중에 메탄가스의 발생유무를 조사한다.
④ 저장용기에 질소가스 등 불활성 가스를 충전하여 저장한다.

해 탄화칼슘은 물과 반응하여 아세틸렌이 발생한다. 메탄을 발생시키는 것은 탄화알루미늄이다.

25 등유의 지정수량에 해당하는 것은?

① 100L   ② 200L
③ 1000L   ④ 2000L

해 제4류위험물 제2석유류로 1000L

26 위험물저장소에 해당하지 않는 것은?

① 옥외저장소   ② 지하탱크저장소
③ 이동탱크저장소   ④ 판매저장소

해 판매저장소는 없다. 판매취급소는 있다.

27 벤젠 1몰을 충분한 산소가 공급되는 표준상태에서 완전연소 시켰을 때 발생하는 이산화탄소의 양은 몇 L인가?

① 22.4
② 134.4 ✓
③ 168.8
④ 224.0

해 $2C_6H_6 + 15O_2 \rightarrow 12CO_2 + 6H_2O$ 벤젠 1몰당 6몰의 이산화탄소가 나온다. 기체1몰은 22.4L이다.

28 지정과산화물을 저장 또는 취급하는 위험물 옥내저장소의 저장창고 기준에 대한 설명으로 틀린 것은?

① 서까래의 간격은 30cm 이하로 할 것
② 저장창고의 출입구에는 갑종방화문을 설치할 것
③ 저장창고의 외벽을 철근콘크리트조로 할 경우 두께를 10cm 이상으로 할 것 ✓
④ 저장창고의 창은 바닥면으로부터 2m 이상의 높이에 둘 것

해 외벽을 철근콘크리트조로 할 경우 두께를 20cm 이상으로 해야 한다.

29 물과 접촉 시, 발열하면서 폭발 위험성이 증가하는 것은?

① 과산화칼륨 ✓
② 과망간산나트륨
③ 요오드산칼륨
④ 과염소산칼륨

해 과산화칼륨은 1류위험물 물과 반응하고 산소를 발생시키며 폭발

30 다음 중 벤젠 증기의 비중에 가장 가까운 값은?

① 0.7
② 0.9
③ 2.7 ✓
④ 3.9

해 증기비중은 질량 계산해서 29로 나누면 된다. C_6H_6 12, 1이 각 6개씩, 78이고, 29로 나누면 약 2.7이다.

31 다음 중 니트로글리세린을 다공질의 규조토에 흡수시키기 위해 제조한 물질은?

① 흑색화약
② 니트로셀룰로오스
③ 다이너마이트 ✓
④ 연화약

해 니트로글리세린하면 다이너마이트이다.

32 아염소산염류의 운반용기 중 적응성 있는 내장용기의 종류와 최대 용적이나 중량을 옳게 나타낸 것은? (단, 외장용기의 종류는 나무상자 또는 플라스틱 상자이고, 외장용기의 최대 중량은 125kg으로 한다.)

① 금속제 용기 : 20L
② 플라스틱 필름 포대 : 60kg
③ 종이 포대 : 55kg
④ 유리용기 : 10L ✓

33 아세트알데히드의 저장·취급 시 주의사항으로 틀린 것은?

① 강산화제와의 접촉을 피한다.
② 취급설비에는 구리합금의 사용을 피한다.
③ 수용성이기 때문에 화재 시 물로 희석 소화가 가능하다.
④ 옥외저장 탱크에 저장 시 조연성 가스를 주입한다. ✓

해 불활성 가스를 주입하여 저장한다. 조연성은 연소를 돕는다는 뜻

34 위험물 분류에서 제1석유류에 대한 설명으로 옳은 것은?

① 아세톤, 휘발유 그 밖에 1기압에서 인화점이 섭씨 21도 미만인 것 ✓
② 등유, 경유 그 밖에 액체로서 인화점이 섭씨 21도 이상 70도 미만의 것
③ 중유, 도료류로서 인화점이 섭씨 70도 이상 200도 미만의 것
④ 기계유, 실린더유 그 밖의 액체로서 인화점이 섭씨 200도 이상 250도 미만인 것

35 제2류 위험물의 일반적 성질에 대한 설명으로 가장 거리가 먼 것은?

① 가연성 고체 물질이다.
② 연소 시 연소열이 크고 연소속도가 빠르다.
③ 산소를 포함하여 조연성 가스의 공급이 없이 연소가 가능하다. ✓
④ 비중이 1보다 크고 물에 녹지 않는다.

해 산소를 포함하고 조연성 가스 공급없이 연소 가능한 것은 5류이다.

36 위험물안전관리법령상 동식물유류의 경우 1기압에서 인화점은 섭씨 몇도 미만으로 규정하고 있는가?

① 150℃   ② 250℃ ✓
③ 450℃   ④ 600℃

37 과염소산칼륨과 아염소산나트륨의 공통 성질이 아닌 것은?

① 지정수량이 50kg이다.
② 열분해 시 산소를 방출한다.
③ 강산화성 물질이며 가연성이다. ✓
④ 상온에서 고체의 형태이다.

해 1류는 불연성, 조연성의 성질을 주로 가진다.

38 제5류 위험물의 일반적 성질에 관한 설명으로 옳지 않은 것은?

① 화재발생 시 소화가 곤란하므로 적은 양으로 나누어 저장한다.
② 운반용기 외부에 충격주의, 화기엄금의 주의사항을 표시한다.
③ 자기연소를 일으키며 연소속도가 대단히 빠르다.
④ 가연성물질이므로 질식소화 하는 것이 가장 좋다. ✓

해 5류는 주수소화 한다.

39 다음 중 자연발화의 위험성이 가장 큰 물질은?

① 아마인유 ✓   ② 야자유
③ 올리브유   ④ 피마자유

해 4류 동식물유 중 건성유는 자연발화 위험이 있다. 아마인유는 건성유, 나머지는 불건성유이다.

40 운반을 위하여 위험물을 적재하는 경우에 차광성이 있는 피복으로 가려주어야 하는 것은?

① **특수인화물** ② 제1석유류
③ 알코올류 ④ 동식물유류

해 4류 위험물 중 특수인화물만 차광성 있는 피복으로 가려야 한다.

41 위험물제조소 등에 옥내소화전설비를 설치할 때 옥내소화전이 가장 많이 설치된 층의 소화전의 개수가 4개일 때 확보하여야 할 수원의 수량은?

① 10.4m³ ② 20.8m³
③ **31.2m³** ④ 41.6m³

해 옥내소화전설비인 경우 소화전 개수 곱하기 7.8m³이다.

42 황린의 저장 방법으로 옳은 것은?

① **물속에 저장한다.**
② 공기 중에 보관한다.
③ 벤젠 속에 저장한다.
④ 이황화탄소 속에 보관한다.

해 황린은 pH9 물속에서 안정하다.

43 위험물안전관리법령상 지정수량이 다른 하나는?

① **인화칼슘** ② 루비듐
③ 칼슘 ④ 차아염소산칼륨

해 인화칼슘은 3류로 300kg이다. 나머지는 50kg

44 과염소산나트륨에 대한 설명으로 옳지 않은 것은?

① 가열하면 분해하여 산소를 방출한다.
② **환원제이며 수용액은 강한 환원성이 있다.**
③ 수용성이며 조해성이 있다.
④ 제1류 위험물이다.

해 1류로 산화제이다.

45 질산메틸의 성질에 대한 설명으로 틀린 것은?

① 비점은 약 66℃이다.
② **증기는 공기보다 가볍다.**
③ 무색투명한 액체이다.
④ 자기반응성 물질이다.

해 5류 질산에스테르류 질량은 CH_3NO_3로 질량 77이 된다. 29로 나누면 2.65가 되므로 공기보다 무겁다. 그냥 질량이 29보다 큰 물질은 다 공기보다 무겁다.

46 옥외탱크저장소의 소화설비를 검토 및 적용할 때에 소화난이도 등급 I 에 해당되는지를 검토하는 탱크높이의 측정 기준으로서 적합한 것은?

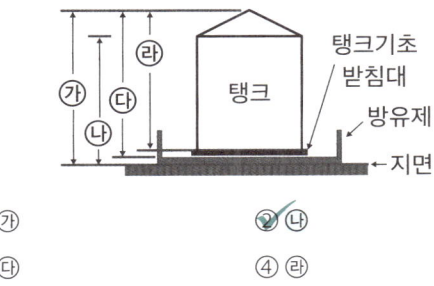

① 가 ② **나**
③ 다 ④ 라

해 지반면으로부터 탱크 옆판의 상단까지 높이가 6m 이상이면 소화난이도 I등급이다.

47 지정수량은 300kg이고, 산화성액체 위험물이며, 가열하면 분해하여 유독성 가스를 발생하며, 증기비중은 약 3.5인 위험물에 해당하는 것은?

① 브롬산칼륨 ② 클로로벤젠
③ 질산 ④ 과염소산 ✓

📖 산화성액체는 6류, 6류는 모두 지정수량 300kg. 증기비중은 과염소산 $HClO_4$의 질량 100.5를 29로 나누면 약 3.5이다.

48 금속나트륨에 대한 설명으로 옳지 않은 것은?

① 물과 격렬히 반응하여 발열하고 수소가스를 발생한다.
② 에틸알코올과 반응하여 나트륨에틸라이트와 수소가스를 발생한다.
③ 할로겐화합물 소화약제는 사용할 수 없다.
④ 은백색의 광택이 있는 중금속이다. ✓

📖 3류로 나트륨은 잘 부서지는 경금속이다. 중금속은 아니다.

49 옥내저장소의 저장창고에 $150m^2$ 이내마다 일정 규격의 격벽을 설치하여 저장하여야 하는 위험물은?

① 제5류 위험물 중 지정과산화물 ✓
② 알킬알루미늄 등
③ 아세트알데히드 등
④ 히드록실아민(하이드록실아민) 등

📖 지정과산화물 저장에 대한 설명이다.

50 염소산나트륨의 저장 및 취급 방법으로 옳지 않은 것은?

① 철제 용기에 저장한다. ✓
② 습기가 없는 찬 장소에 보관한다.
③ 조해성이 크므로 용기는 밀전한다.
④ 가열, 충격, 마찰을 피하고 점화원의 접근을 금한다.

📖 1류, 철제를 부식시킨다.

51 위험물제조소 등의 허가에 관계된 설명으로 옳은 것은?

① 제조소 등을 변경하고자 하는 경우에는 언제나 허가를 받아야 한다.
② 위험물의 품명을 변경하고자 하는 경우에는 언제나 허가를 받아야 한다.
③ 농예용으로 필요한 난방시설을 위한 지정수량 20배 이하의 저장소는 허가대상이 아니다. ✓
④ 저장하는 위험물의 변경으로 지정수량의 배수가 달라지는 경우는 언제나 허가대상이 아니다.

📖 제조소 등을 변경하고자 할 때는 허가 받지 아니하는 경우도 있다. 품명 변경은 시·도지사에게 신고로 가능하다.

52 황의 성질에 대한 설명 중 틀린 것은?

① 물에 녹지 않으나, 이황화탄소에 녹는다.
② 공기 중에서 연소하여 아황산가스를 발생한다.
③ 전도성 물질이므로 정전기 발생에 유의하여야 한다. ✓
④ 분진폭발의 위험성에 주의하여야 한다.

📖 부도체이다. 그러므로 정전기 발생에 주의해야 한다.

53 다음 중 증기의 밀도가 가장 큰 것은?

① 디에틸에테르 ② 벤젠
③ 가솔린(옥탄 100%) ④ 에틸알코올

해 밀도는 질량을 부피로 나눈 것, 따라서 분자량이 크면 크다. 가솔린(옥탄100%)은 C_8H_{18}로 가장 무겁다.

54 과산화수소의 위험성으로 옳지 않은 것은?

① 산화제로서 불연성 물질이지만 산소를 함유하고 있다.
② 이산화망간 촉매 하에서 분해가 촉진된다.
③ 분해를 막기 위해 히드라진을 안정제로 사용할 수 있다.
④ 고농도의 것은 피부에 닿으면 화상의 위험이 있다.

해 인산, 요산의 안정제를 사용한다.

55 위험물안전관리법령상 제조소 등에 대한 긴급 사용정지 명령 등을 할 수 있는 권한이 없는 자는?

① 시·도지사 ② 소방본부장
③ 소방서장 ④ 소방방재청장

56 위험물제조소 등에서 위험물안전관리법상 안전거리 규제 대상이 아닌 것은?

① 제6류 위험물을 취급하는 제조소를 제외한 모든 제조소
② 주유취급소
③ 옥외저장소
④ 옥외탱크저장소

해 제조소, 옥외저장소, 옥내저장소, 옥외탱크저장소이다.

57 위험물안전관리법에서 규정하고 있는 사항으로 옳지 않은 것은?

① 위험물저장소를 경매에 의해 시설의 전부를 인수한 경우에는 30일 이내에, 저장소의 용도를 폐지한 경우에는 14일 이내에 시·도지사에게 그 사실을 신고하여야 한다.
② 제조소 등의 위치·구조 및 설비기준을 위반하여 사용한 때에는 시·도지사는 허가취소, 전부 또는 일부의 사용 정지를 명할 수 있다.
③ 경유 20000L를 수산용 건조시설에 사용하는 경우에는 위험물법의 허가는 받지 아니하고 저장소를 설치할 수 있다.
④ 위치·구조 또는 설비의 변경 없이 저장소에서 저장하는 위험물 지정수량의 배수를 변경하고자 하는 경우에는 변경하고자 하는 날의 7일전까지 시·도지사에게 신고하여야 한다.

해 허가취소, 전부 또는 일부 사용 정지는 변경허가 없이 변경한 경우에 한다. 위반 시는 아니다. 2번. 그리고 법 개정으로 지정수량의 배수 변경 시에는 1일전까지 시·도지사에게 신고해야 한다.

58 제5류 위험물의 니트로화합물(나이트로화합물)에 속하지 않은 것은?

① 니트로벤젠 ② 테트릴
③ 트리니트로톨로엔 ④ 피크린산

해 니트로벤젠은 4류

59 과산화나트륨 78g과 충분한 양의 물이 반응하여 생성되는 기체의 종류와 생성량을 옳게 나타낸 것은?

① 수소, 1g ② 산소, 16g ✓
③ 수소, 2g ④ 산소, 32g

해 $2Na_2O_2 + 2H_2O \rightarrow 4NaOH + O_2$ 과산화나트륨은 23 두개, 16두개로 78이다. 과산화나트륨 2몰당 산소 1몰 발생. 78은 과산화나트륨 1개이므로 산소는 반 몰 즉 16g이 된다.

60 옥내탱크저장소 중 탱크전용실을 단층건물 외의 건축물에 설치하는 경우 탱크전용실을 건축물의 1층 또는 지하층에만 설치하여야 하는 위험물이 아닌 것은?

① 제2류 위험물 중 덩어리 유황
② 제3류 위험물 중 황린
③ 제4류 위험물 중 인화점이 38℃ 이상인 위험물 ✓
④ 제6류 위험물 중 질산

해 이에 해당하는 물질은 그 외에도 제2류위험물 중 황화인, 적린 등이 있다.

4회 기출 스피드 문답암기
위험물기능사

01 니트로화합물(나이트로화합물)과 같은 가연성 물질이 자체 내에 산소를 함유하고 있어 공기 중의 산소를 필요로 하지 않고, 자체의 산소에 의해서 연소되는 현상은?

✔① 자기연소　　　② 등심연소
③ 훈소연소　　　④ 분해연소

해 5류 고체하면 자기연소이다.

02 제1류 위험물인 과산화나트륨의 보관용기에 화재가 발생하였다. 소화약제로 가장 적당한 것은?

① 포소화약제　　　② 물
✔③ 마른모래　　　④ 이산화탄소

해 1류 중 알칼리금속 과산화물은 주수금지, 마른모래, 팽창질석, 팽창진주암, 탄산수소염류분말소화약제 등

03 위험물안전관리법령에 따라 옥내소화전설비를 설치할 때 배관의 설치기준에 대한 설명으로 옳지 않은 것은?

① 배관용 탄소 강관(KS D 3507)을 사용할 수 있다.
✔② 주 배관의 입상관 구경은 최소 60mm 이상으로 한다.
③ 펌프를 이용한 가압송수장치의 흡수관은 펌프마다 전용으로 설치한다.
④ 원칙적으로 급수배관은 생활용수배관과 같이 사용할 수 없으며 전용배관으로만 사용한다.

해 주 배관의 구경은 최소 50mm 이상이다.

04 위험물의 화재 별 소화방법으로 옳지 않은 것은?

① 황린 – 분무주수에 의한 냉각소화
✔② 인화칼슘 – 분무주수에 의한 냉각소화
③ 톨루엔 – 포에 의한 질식소화
④ 질산메틸 – 주수에 의한 냉각소화

해 인화칼슘은 3류 금수성물질이다. 분무주수하면 안 된다.

05 옥내에서 지정수량 100배 이상을 취급하는 일반취급소에 설치하여야 하는 경보설비는?(단, 고인화점 위험물만을 취급하는 경우는 제외한다.)

① 비상경보설비
✔② 자동화재탐지설비
③ 비상방송설비
④ 비상벨설비 및 확성장치

해 연면적 500㎡ 이상, 옥내에서 지정수량 100배인 경우 자동화재탐지설비를 설치해야 한다.

06 강화액소화기에 대한 설명이 아닌 것은?

① 알칼리 금속염류가 포함된 고농도의 수용액이다.
② A급 화재에 적응성이 있다.
③ 어는점이 낮아서 동절기에도 사용이 가능하다.
✔④ 물의 표면장력을 강화시킨 것으로 심부화재에 효과적이다.

해 금속염류인, 탄산칼륨을 첨가한 어는점이 낮아진 소화기이다. 표면장력이 약해진다.

07 인화점이 섭씨 200℃ 미만인 위험물을 저장하기 위하여 높이가 15m이고, 지름이 18m인 옥외저장탱크를 설치하는 경우 옥외저장탱크와 방유제와의 사이에 유지하여야 하는 거리는?

① 5.0m 이상　　② 6.0m 이상
③ 7.5m 이상 ✓　④ 9.0m 이상

해 지름이 15m 이상인 경우 탱크높이의 2분의 1 이상이다.

08 금속칼륨에 대한 초기의 소화약제로서 적합한 것은?

① 물　　　　　　② 마른모래 ✓
③ CCl_4　　　　④ CO_2

해 3류 금수성 물질

09 위험물을 취급함에 있어서 정전기를 유효하게 제거하기 위한 설비를 설치하고자 한다. 위험물안전관리법령상 공기 중의 상대 습도를 몇 % 이상 되게 하여야 하는가?

① 50　　　　　　② 60
③ 70 ✓　　　　　④ 80

해 정전기 방지 위해서는 접지, 상대습도 70% 이상, 공기 이온화이다.

10 위험물안전관리법령에 따른 자동화재탐지설비의 설치기준에서 하나의 경계구역의 면적은 얼마 이하로 하여야 하는가? (단, 해당 건축물 그 밖의 공작물의 주요한 출입구에서 그 내부의 전체를 볼 수 없는 경우이다.)

① 500m^2　　　② 600m^2 ✓
③ 800m^2　　　④ 1000m^2

해 경계구역은 원칙적으로 600제곱미터 이하이다.

11 제1종 분말소화약제의 적응 화재 급수는?

① A급　　　　　② BC급 ✓
③ AB급　　　　④ ABC급

해 3종을 제외하고 모두 BC이다. 3종은 ABC

12 제1류 위험물의 저장 방법에 대한 설명으로 틀린 것은?

① 조해성 물질은 방습에 주의한다.
② 무기과산화물은 물속에 보관한다. ✓
③ 분해를 촉진하는 물품과의 접촉을 피하여 저장한다.
④ 복사열이 없고, 환기가 잘되는 서늘한 곳에 저장한다.

해 무기과산화물은 알칼리금속과산화물을 포함하므로 물과 접촉을 피해야 한다.

13 유류화재의 급수와 표시색상으로 옳은 것은?

① A급, 백색　　　② B급, 백색
③ A급, 황색　　　④ B급, 황색 ✓

14 소화기의 사용방법으로 잘못된 것은?

① 적응화재에 따라 사용할 것
② 성능에 따라 방출거리 내에서 사용할 것
③ 바람을 마주보며 소화할 것 ✓
④ 양옆으로 비로 쓸 듯이 방사할 것

해 바람을 등지고 사용해야 한다.

15 다음 물질 중 분진폭발의 위험성이 가장 낮은 것은?

① 밀가루   ② 알루미늄분말
③ 모래 ✓   ④ 석탄

해 분진폭발은 입자가 가벼워야 한다. 모래, 시멘트 등은 분진폭발하지 않는다.

16 열의 이동 원리 중 복사에 관한 예로 적당하지 않은 것은?

① 그늘이 시원한 이유
② 더러운 눈이 빨리 녹는 현상
③ 보온병 내부를 거울벽으로 만드는 것
④ 해풍과 육풍이 일어나는 원리 ✓

해 4번은 대류, 공기의 흐름에 따라 열을 전달하는 것이다.

17 제4류 위험물로만 나열된 것은?

① 특수인화물, 황산, 질산
② 알코올, 황린, 니트로화합물(나이트로화합물)
③ 동식물유류, 질산, 무기과산화물
④ 제1석유류, 알코올류, 특수인화물 ✓

18 위험물안전관리법령상의 규제에 관한 설명 중 틀린 것은?

① 지정수량 미만의 위험물의 저장, 취급 및 운반은 시도조례에 의하여 규제한다. ✓
② 항공기에 의한 위험물의 저장, 취급 및 운반은 위험물안전관리법의 규제대상이 아니다.
③ 궤도에 의한 위험물의 저장, 취급 및 운반은 위험물안전관리법의 규제대상이 아니다.
④ 선박법의 선박에 의한 위험물의 저장, 취급 및 운반은 위험물안전관리법의 규제대상이 아니다.

해 지정수량 미만의 위험물의 저장, 취급은 시도조례에 의하나 운반은 아니다.

19 그림과 같이 횡으로 설치한 원통형 위험물탱크에 대하여 탱크의 용량을 구하면 약 몇 m^3인가? (단, 공간용적은 탱크 내용적의 100분의 5로 한다.)

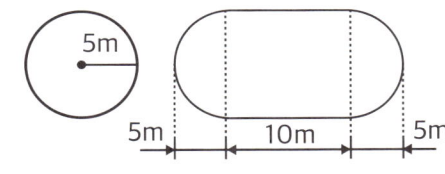

① 196.3   ② 261.6
③ 785.0   ④ 994.8 ✓

해 내용적에서 공간용적을 제외해야 한다.
내용적은 $V = \pi r^2 (l + \dfrac{l_1 + l_2}{3})$ 이다.
$\pi \times 5^2 \times (10 + \dfrac{5+5}{3})$ 여기에 0.95를 곱하면 약 994.8이다.

20 위험물안전관리법령상 옥내소화전설비의 비상전원은 몇 분 이상 작동할 수 있어야 하는가?

① 45분 ✓   ② 30분
③ 20분   ④ 10분

21 위험물 "황린, 인화칼슘, 리튬"을 위험등급 I, 위험등급 II, 위험등급 III의 순서로 옳게 나열한 것은?

① 황린, 인화칼슘, 리튬
✓② 황린, 리튬, 인화칼슘
③ 인화칼슘, 황린, 리튬
④ 인화칼슘, 리튬, 황린

22 휘발유에 대한 설명으로 옳지 않은 것은?

① 지정수량은 200리터이다.
② 전기의 불량도체로서 정전기 축적이 용이하다.
③ 원유의 성질, 상태, 처리방법에 따라 탄화수소의 혼합비율이 다르다.
✓④ 발화점은 −43 ~ −20℃ 정도이다.

해 4번은 인화점에 대한 설명이다. 발화점은 300도 정도이다.

23 위험물 운반 시 동일한 트럭에 제1류 위험물과 함께 적재할 수 있는 유별은?(단, 지정수량의 5배 이상인 경우이다.)

① 제3류　　　　② 제4류
✓③ 제6류　　　　④ 없음

해 423 524 61

24 황린의 저장 및 취급에 있어서 주의할 사항 중 옳지 않은 것은?

① 독성이 있으므로 취급에 주의할 것
✓② 물과의 접촉을 피할 것
③ 산화제와의 접촉을 피할 것
④ 화가의 접근을 피할 것

해 황린은 3류중 주수하는 물질로 물에 반응하지 않는다.

25 위험물안전관리법상 제조소 등의 허가, 취소 또는 사용정지의 사유에 해당하지 않는 것은?

✓① 안전교육 대상자가 교육을 받지 아니한 때
② 완공검사를 받지 않고, 제조소 등을 사용한 때
③ 위험물안전관리자를 선임하지 아니한 때
④ 제조소 등의 정기검사를 받지 아니한 때

해 1번은 아니다.

26 위험물의 유별 구분이 나머지 셋과 다른 하나는?

① 니트로글리콜　　✓② 벤젠
③ 아조벤젠　　　　④ 디니트로벤젠

해 나머지는 5류, 벤젠은 4류이다.

27 제4류 위험물 중 제1석유류에 속하는 것은?

① 에틸렌글리콜　　② 글리세린
✓③ 아세톤　　　　　④ n − 부탄올

28 횡으로 설치한 원통형 위험물 저장탱크의 내용적이 500L 일 때 공간용적은 최소 몇 L 이어야 하는가?

① 15　　　　✓② 25
③ 35　　　　④ 50

해 내용적의 100분의 5 이상 100분의 10 이하이다.

29 탄화칼슘을 습한 공기 중에 보관하면 위험한 이유로 가장 옳은 것은?

✅① 아세틸렌과 공기가 혼합된 폭발성 가스가 생성될 수 있으므로
② 에틸렌과 공기 중 질소가 혼합된 폭발성 가스가 생성될 수 있으므로
③ 분진폭발의 위험성이 증가하기 때문에
④ 포스핀과 같은 독성 가스가 발생하기 때문에

해 탄화칼슘 물과 반응하여 아세틸렌 발생시킨다.

30 인화성액체 위험물을 저장 또는 취급하는 옥외탱크저장소의 방유제 내에 용량 10만L 와 5만L인 옥외저장탱크 2기를 설치하는 경우에 확보하여야 하는 방유제의 용량은?

① 50000L 이상
② 80000L 이상
✅③ 110000L 이상
④ 150000L 이상

해 2기 이상인 경우 최대용량 기준 110%이다. 즉, 110,000L 이상이다.

31 적린의 성질에 대한 설명 중 틀린 것은?

① 물이나 이황화탄소에 녹지 않는다.
② 발화온도는 약 260℃ 정도이다.
✅③ 연소할 때 인화수소 가스가 발생한다.
④ 산화제가 섞여 있으면 마찰에 의해 착화하기 쉽다.

해 연소하면 오산화인이 발생한다. 반응식에 수소가 없다.

32 트리니트로페놀의 성상에 대한 설명 중 틀린 것은?

✅① 융점은 약 61℃이고, 비점은 약 120℃이다.
② 쓴 맛이 있으며 독성이 있다.
③ 단독으로는 마찰, 충격에 비교적 안정하다.
④ 알코올, 에테르, 벤젠에 녹는다.

해 융점은 120도, 비점은 약 255도이다.

33 위험물안전관리법령에서 제3류 위험물에 해당하지 않는 것은?

① 알칼리금속
② 칼륨
✅③ 황화인
④ 황린

해 3번은 2류이다.

34 위험물안전관리법령상 정기점검 대상인 제조소 등의 조건이 아닌 것은?

① 예방규정 작성대상인 제조소 등
② 지하탱크저장소
③ 이동탱크저장소
✅④ 지정수량 5배의 위험물을 취급하는 옥외탱크를 둔 제조소

해 제조소의 경우, 지정수량 10배의 경우 예방규정 대상이고 정기점검 대상이다. 지하 매설 탱크가 있는 제조소도 해당한다.

35 Ca₃P₂ 600kg을 저장하려 한다. 지정수량의 배수는 얼마인가?

① ✓ 2배
② 3배
③ 4배
④ 5배

해 인화칼슘으로 지정수량은 300kg이다.

36 디에틸에테르의 보관, 취급에 관한 설명으로 틀린 것은?

① 용기는 밀봉하여 보관한다.
② 환기가 잘 되는 곳에 보관한다.
③ 정전기가 발생하지 않도록 취급한다.
④ ✓ 저장용기에 빈 공간이 없게 가득 채워 보관한다.

해 빈공간이 있어야 한다. 마찰 방지 위해서이다.

37 아닐린에 대한 설명으로 옳은 것은?

① ✓ 특유의 냄새를 가진 기름상 액체이다.
② 인화점이 0℃ 이하여서 상온에서 인화의 위험이 높다.
③ 황산과 같은 강산화제와 접촉하면 중화되어 안정하게 된다.
④ 증기는 공기와 혼합하여 인화, 폭발의 위험은 없는 안정한 상태가 된다.

해 3류 석유류이다. 인화점이 70도 이상이고, 강산화제와 접촉하면 폭발 위험 있다. 공기와 혼합하게 되면 위험하다. 4류는 주로 밀봉한다.

38 벤젠의 저장 및 취급 시 주의사항에 대한 설명으로 틀린 것은?

① 정전기 발생에 주의한다.
② 피부에 닿지 않도록 주의한다.
③ ✓ 증기는 공기보다 가벼워 높은 곳에 체류하므로 환기에 주의한다.
④ 통풍이 잘되는 서늘하고, 어두운 곳에 저장한다.

해 증기는 공기보다 무겁다.

39 질산칼륨의 성질에 해당하는 것은?

① ✓ 무색 또는 흰색 결정이다.
② 물과 반응하면 폭발의 위험이 있다.
③ 물에 녹지 않으나 알코올에 잘 녹는다.
④ 황산, 목분과 혼합하면 흑색화약이 된다.

해 1류, 알칼리금속과산화물 아니므로 주수소화 가능. 물에 잘 녹고, 알코올에 안 녹는다. 황, 목분과 혼합하면 흑색화약이 된다.

40 위험물제조소 등에 자체소방대를 두어야 할 대상의 위험물안전관리법령상 기준으로 옳은 것은? (단, 원칙적인 경우에 한한다.)

① 지정수량 3000배 이상의 위험물을 저장하는 저장소 또는 제조소
② 지정수량 3000배 이상의 위험물을 취급하는 제조소 또는 일반취급소
③ 저정수량 3000배 이상의 제4류 위험물을 저장하는 저장소 또는 제조소
④ ✓ 지정수량 3000배 이상의 제4류 위험물을 취급하는 제조소 또는 일반취급소

41 위험물안전관리법령상 위험물에 해당하는 것은?

① 황산
② 비중이 1.41인 질산
③ 53마이크로미터의 표준체를 통과하는 것이 50중량% 미만인 철의 분말
④ ✓ 농도가 40중량%인 과산화수소

해 과산화수소의 경우 농도가 36중량% 이상이면 위험물이다.

42 위험물안전관리법령에 의한 위험물 운송에 관한 규정으로 틀린 것은?

① 이동탱크저장소에 의하여 위험물을 운송하는 자는 당해 위험물을 취급할 수 있는 국가기술자격자 또는 안전교육을 받은 자이어야 한다.
② ✓ 안전관리자, 탱크시험자, 위험물운송자 등 위험물의 안전관리와 관련된 업무를 수행하는 자는 시·도지사가 실시하는 안전교육을 받아야 한다.
③ 운송책임자의 범위, 감독 또는 지원의 방법 등에 관한 구체적인 기준은 행정안전부령으로 정한다.
④ 위험물운송자는 행정안전부령이 정하는 기준을 준수하는 등 당해 위험물의 안전확보를 위해 세심한 주의를 기울여야 한다.

해 안전교육은 소방청장이 실시한다.

43 과산화바륨의 성질에 대한 설명 중 틀린 것은?

① 고온에서 열분해하여 산소를 발생한다.
② 황산과 반응하여 과산화수소를 만든다.
③ 비중은 약 4.96이다.
④ ✓ 온수와 접촉하면 수소가스를 발생한다.

해 1류 위험물 중 무기과산화물은 물과 반응하면 산소를 발생시킬 수 있다.

44 과염소산칼륨의 일반적인 성질에 대한 설명 중 틀린 것은?

① 강한 산화제이다.
② 불연성 물질이다.
③ ✓ 과일향이 나는 보라색 결정이다.
④ 가열하여 완전 분해시키면 산소를 발생한다.

해 백색, 무취 결정이다.

45 물과 접촉하면 위험성이 증가하므로 주수소화를 할 수 없는 물질은?

① $C_6H_2CH_3(NO_2)_3$
② $NaNO_3$
③ ✓ $(C_2H_5)_3Al$
④ $(C_6H_5CO)_2O_2$

해 순서대로 트리니트로톨루엔, 질산나트륨, 트리에틸알루미늄, 과산화벤조일, 트리에틸알루미늄은 3류 금수성물질이다. 에탄을 발생시킨다.

46 위험물에 대한 설명으로 옳은 것은?

① 적린은 암적색의 분말로서 조해성이 있는 자연발화성 물질이다.
② 황화인은 황색의 액체이며 상온에서 자연분해하여 이산화황과 오산화인을 발생한다.
③ 유황은 미황색의 고체 또는 분말이며 많은 이성질체를 갖고 있는 전기 도체이다.
✔④ 황린은 가연성 물질이며 마늘냄새가 나는 맹독성 물질이다.

🖼 적린은 2류, 자연발화성이 없다. 황화인은 2류 가연성 고체, 유황은 부도체이다.

47 지정수량이 200kg인 물질은?

① 질산 ✔② 피크린산
③ 질산메틸 ④ 과산화벤조일

🖼 순서대로, 300, 200. 10, 10kg이다.

48 위험물안전관리법령상 제6류 위험물이 아닌 것은?

✔① H₃PO₄ ② IF₅
③ BrF₅ ④ BrF₃

🖼 1번은 인산 위험물이 아니다. 순서대로 오불화요오드, 오불화브롬, 삼불화브롬이다.

49 제4류 위험물의 공통적인 성질이 아닌 것은?

① 대부분 물보다 가볍고, 물에 녹기 어렵다.
② 공기와 혼합된 증기는 연소의 우려가 있다.
③ 인화되기 쉽다.
✔④ 증기는 공기보다 가볍다.

🖼 주로 증기는 공기보다 무겁다.

50 수소화나트륨의 소화약제로 적당하지 않은 것은?

✔① 물 ② 건조사
③ 팽창질석 ④ 팽창진주암

🖼 3류 금수성물질이다.

51 제6류 위험물에 대한 설명으로 옳은 것은?

① 과염소산은 독성은 없지만 폭발의 위험이 있으므로 밀봉하여 보관한다.
② 과산화수소는 농도가 3% 이상일 때 단독으로 폭발하므로 취급에 주의한다.
③ 질산은 자연발화의 위험이 높으므로 저온보관한다.
✔④ 할로겐소화합물의 지정수량은 300kg이다.

🖼 과염소산은 통풍이 잘되는 냉암소에 보관한다. 과산화수소는 농도가 60중량퍼센트 이상에서 폭발한다. 질산은 자연발화물질이 아니다. 6류는 모두 지정수량 300kg이다.

52 과염소산나트륨의 성질이 아닌 것은?

① 조해성이 있다.

② 분해온도는 약 400℃이다.

③ 수용성이다.

✓④ 물보다 가볍다.

해 1류 물질은 비중이 1보다 크다.

53 위험물제조소의 위치, 구조 및 설비의 기준에 대한 설명 중 틀린 것은?

✓① 벽, 기둥, 바닥, 보, 서까래는 내화재료로 하여야 한다.

② 제조소의 표지판은 한변이 30cm, 다른 한 변이 60cm 이상의 크기로 한다.

③ "화기엄금"을 표시하는 게시판은 적색바탕에 백색문자로 한다.

④ 지정수량 10배를 초과한 위험물을 취급하는 제조소는 보유공지의 너비가 5m 이상이어야 한다.

해 벽, 기둥 바닥, 보, 서까래는 불연재료로 해야 한다.

54 물과 작용하여 메탄과 수소를 발생시키는 것은?

① Al_4C_2 ✓② Mn_3C

③ Na_2C_2 ④ MgC_2

해 물과 작용하여 메탄과 수소를 발생시키는 것은 탄화망간이다.

55 연면적이 1000제곱미터이고, 지정수량의 80배의 위험물을 취급하며, 지반면으로부터 5미터 높이에 위험물 취급설비가 있는 제조소의 소화난이도등급은?

✓① 소화난이도등급 I

② 소화난이도등급 II

③ 소화난이도등급 III

④ 제시된 조건으로 판단할 수 없음

해 연면적 1000제곱미터 이상인 제조소는 I등급이다.

56 트리니트로툴루엔의 작용기에 해당하는 것은?

① – NO   ✓② – NO_2

③ – NO_3 ④ – NO_4

해 트리니트로툴루엔, 트리니트로페놀 모두 NO_2이다.

57 위험물안전관리법령상 운송책임자의 감독, 지원을 받아 운송하여야 하는 위험물은?

① 특수인화물   ✓② 알킬리튬

③ 질산구아니딘   ④ 히드라진 유도체

해 알킬알루미늄, 알킬리튬이다.

58 위험물안전관리법령상 위험등급이 나머지 셋과 다른 하나는?

✓① 알코올류   ② 제2석유류

③ 제3석유류   ④ 동식물유류

해 알코올류는 2등급, 제2석유류부터는 3등급이다.

59 다음 위험물 중 상온에서 액체인 것은?

① 질산에틸 ② 트리니트로톨루엔
③ 셀룰로이드 ④ 피크린산

해 질산에스테르류는 니트로셀룰로오스, 셀룰로이드를 제외하고는 액체이다.

60 위험물제조소의 게시판에 "화기주의"라고 쓰여 있다. 제 몇 류 위험물 제조소인가?

① 제1류 ② 제2류
③ 제3류 ④ 제4류

해 화기주의는 2류밖에 없다.

5회 위험물기능사 기출 스피드 문답암기

01 지정수량 10배의 위험물을 저장 또는 취급하는 제조소에 있어서 연면적이 최소 몇 m^2이면 자동화재탐지설비를 설치해야 하는가?

① 100　　　　　② 300
③ 500 ✓　　　　④ 1000

02 황린에 대한 설명으로 옳지 않은 것은?

① 연소하면 악취가 있는 것은 검은색 연기를 낸다. ✓
② 공기 중에서 자연발화 할 수 있다.
③ 수중에 저장하여야 한다.
④ 자체 증기도 유독하다.

해 연소하면 오산화인이 발생하며, 백색의 마늘냄새가 난다.

03 다음 중 화재 시 사용하면 독성의 $COCl_2$ 가스를 발생시킬 위험이 가장 높은 소화약제는?

① 액화이산화탄소　　② 제1종 분말
③ 사염화탄소 ✓　　　④ 공기포

해 할론 104에 대한 설명

04 위험물안전관리법령상 탄산수소염류의 분말소화기가 적응성을 갖는 위험물이 아닌 것은?

① 과염소산 ✓　　　② 철분
③ 톨루엔　　　　　④ 아세톤

해 탄산수소염류는 주로 주수금지 물질, 4류 위험물에 대해 적응성이 있다. 과염소산은 6류 위험물로 주로 주수 소화

05 위험물의 유별에 따른 성질과 해당 품명의 예가 잘못 연결된 것은?

① 제1류 : 산화성 고체 – 무기과산화물
② 제2류 : 가연성 고체 – 금속분
③ 제3류 : 자연발화성 물질 및 금수성 물질 – 황화인 ✓
④ 제5류 : 자기반응성물질 – 히드록실아민염류(하이드록실아민)

해 황화인은 2류이다.

06 소화기에 "A – 2"로 표시되어 있었다면 숫자 "2"가 의미하는 것은 무엇인가?

① 소화기의 제조번호　　② 소화기의 소요단위
③ 소화기의 능력단위 ✓　④ 소화기의 사용순위

해 A는 적응화재, 2는 능력단위

07 화재 시 물을 이용한 냉각소화를 할 경우 오히려 위험성이 증가하는 물질은?

① 질산에틸　　　　　② 마그네슘 ✓
③ 적린　　　　　　　④ 황

해 주수금지 물질은 2류 마그네슘

08 석유류가 연소할 때 발생하는 가스로 강한 자극적인 냄새가 나며 취급하는 장치를 부식시키는 것은?

① H_2　　　　　　② CH_4
③ NH_3　　　　　④ SO_2 ✓

해 장치를 부식시키는 가스는 이산화황이다.

09 위험물안전관리법령에 따른 건축물 그 밖의 공작물 또는 위험물의 소요단위의 계산방법의 기준으로 옳은 것은?

① 위험물은 지정수량의 100배를 1소요단위로 할 것
② 저장소의 건축물은 외벽에 내화구조인 것은 연면적 $100m^2$를 1소요단위로 할 것
③ 저장소의 건축물은 외벽이 내화구조가 아닌 것은 연면적 $50m^2$를 1소요단위로 할 것
④ 제조소 또는 취급소용으로서 옥외에 있는 공작물인 경우 최대수평투영면적 $100m^2$를 1소요단위로 할 것 ✓

해 저장소의 경우 내화구조 시 $150m^2$를, 비내화구조 시 $75m^2$를, 제조소/취급소의 경우 내화구조 시 $100m^2$, 비내화구조시 $50m^2$, 위험물의 경우 지정수량의 10배를 1소요단위로 한다. 옥외에 설치된 공작물은 내화구조로 본다.

10 위험물안전관리법령상 "특수인화물"이라 함은 이황화탄소, 디에틸에테르 그 밖에 1기압에서 발화점이 섭씨 (　　)도 이하인 것 또는 인화점이 섭씨 영하 (　　)도 이하이고 비점이 섭씨 40도 이하인 것을 말한다. 괄호 안에 알맞은 수치를 차례대로 옳게 나열한 것은?

① 100, 20 ✓　　　　② 25, 0
③ 100, 0　　　　　　④ 25, 20

11 다음 중 발화점이 낮아지는 경우는?

① 화학적 활성도가 낮을 때
② 발열량이 클 때 ✓
③ 산소와 친화력이 나쁠 때
④ CO_2와 친화력이 높을 때

해 연소가 잘되는 조건, 화학적 활성도가 높고, 발열량이 크고 산소친화력이 좋을 때이다.

12 옥외저장소에 덩어리 상태의 유황만을 지반면에 설치한 경계표시의 안쪽에서 저장할 경우 하나의 경계표시의 내부면적은 몇 m^2 이하여야 하는가?

① 75　　　　　　　　② 100 ✓
③ 300　　　　　　　　④ 500

13 연소의 종류와 가연물을 틀리게 연결한 것은?

① 증발연소 – 가솔린, 알코올
② 표면연소 – 코크스, 목탄
③ 분해연소 – 목재, 종이
④ ✓ 자기연소 – 에테르, 나프탈렌

해 에테르, 나프탈렌은 증발연소이다. 자기연소는 5류 위험물

14 화재종류 중 금속화재에 해당하는 것은?

① A급   ② B급
③ C급   ④ ✓ D급

해 금속화재는 D급 표시색상은 무색이다.

15 다음 중 물과 접촉하면 열과 산소가 발생하는 것은?

① $NaClO_2$ ② $NaClO_3$
③ $KMnO_4$ ④ ✓ Na_2O_2

해 아염소산나트륨, 염소산나트륨, 과망간산칼륨, 과산화나트륨이다. 과산화나트륨은 1류 무기과산화물로 물을 만나면 산소를 발생시킨다.

16 금속분의 연소 시 주수소화 하면 위험한 원인으로 옳은 것은?

① 물에 녹아 산이 된다.
② 물과 작용하여 유독가스를 발생한다.
③ ✓ 물과 작용하여 수소가스를 발생한다.
④ 물과 작용하여 산소가스를 발생한다.

해 금속분은 물과 반응하여 수소를 만든다.

17 트리에틸알루미늄의 화재 시 사용할 수 있는 소화약제(설비)가 아닌 것은?

① 마른모래   ② 팽창질석
③ 팽창진주암   ④ ✓ 이산화탄소

해 3류 주수금지 물질. ①, ②, ③ 외에 탄산수소염류분말 소화약제가 가능하다. ④는 안 된다.

18 공정 및 장치에서 분진폭발을 예방하기 위한 조치로서 가장 거리가 먼 것은?

① 플랜트는 공정별로 분류하고 폭발의 파급을 피할 수 있도록 분진취급 공정을 습식으로 한다.
② 분진이 물과 반응하는 경우는 물 대신 휘발성이 적은 유류를 사용하는 것이 좋다.
③ 배관의 연결부위나 기계가동에 의해 분진이 누출될 염려가 있는 곳은 흡인이나 밀폐를 철저히 한다.
④ ✓ 가연성분진을 취급하는 장치류는 밀폐하지 말고 분진이 외부로 누출되도록 한다.

해 가연성분진 취급 장치류는 밀폐해야 한다.

19 위험물안전관리법상 제조소 등에 대한 긴급사용정지 명령에 관한 설명으로 옳은 것은?

① 시·도지사는 명령을 할 수 없다.
② 제조소 등의 관계인 뿐 아니라 해당시설을 사용하는 자에게도 명령할 수 있다.
③ ✓ 제조소 등의 관계자에게 위법사유가 없는 경우에도 명령할 수 있다.
④ 제조소 등의 위험물취급설비의 중대한 결함이 발견되거나 사고우려가 인정되는 경우에만 명령할 수 있다.

해 시·도지사도 할 수 있고, 제조소 등의 관계인에게 명하며, 위법사유는 필요 없다. 공공의 안전유지 또는 재해 발생방지를 위해 할 수 있다.

20 주유취급소에 다음과 같이 전용탱크를 설치하였다. 최대로 저장·취급할 수 있는 용량은 얼마인가? (단, 고속도로 외의 도로변에 설치하는 자동차용 주유취급소인 경우이다.)

| 간이탱크 2기, 폐유탱크 1기, 고정주유설비 및 급유설비 접속하는 전용탱크 2기 |

① ✓ 103,200리터　　② 104,600리터
③ 123,200리터　　④ 124,200리터

해 간이탱크는 각 600L, 폐유탱크는 2000L, 고정주유설비 및 급유설비 전용탱크는 각 50000L이다. 모두 합하면 ①.

21 다음 위험물 중 물에 대한 용해도가 가장 낮은 것은?

① 아크릴산　　② 아세트알데히드
③ ✓ 벤젠　　④ 글리세린

해 나머지는 모두 수용성, 벤젠은 4류 중 비수용성이다.

22 위험물의 저장방법에 대한 설명으로 옳은 것은?

① 황화인은 알코올 또는 과산화물 속에 저장하여 보관한다.
② 마그네슘은 건조하면 분진폭발의 위험성이 있으므로 물에 습윤하여 저장한다.
③ 적린은 화재예방을 위해 할로겐 원소와 혼합하여 저장한다.
④ ✓ 수소화리튬은 저장용기에 아르곤과 같은 불활성 기체를 봉입한다.

해 황화인, 적린은 건조한 장소에 보관하면 된다. 마그네슘은 물과 만나면 반응하므로 습윤하면 안 된다.

23 질산에틸과 아세톤의 공통적인 성질 및 취급 방법으로 옳은 것은?

① 휘발성이 낮기 때문에 마개 없는 병에 보관하여도 무방하다.
② 점성이 커서 다른 용기에 옮길 때 가열하여 더운 상태에서 옮긴다.
③ ✓ 통풍이 잘되는 곳에 보관하고 불꽃 등의 화기를 피하여야 한다.
④ 인화점이 높으나 증기압이 낮으므로 햇빛에 노출된 곳에 저장이 가능하다.

해 아세톤은 4류 위험물로 휘발성이 있다. 아세톤은 1석유류로 인화점이 21도 이하이다.

24 위험물안전관리법령에 의해 위험물을 취급함에 있어서 발생하는 정전기를 유효하게 제거하는 방법으로 옳지 않은 것은?

① 인화방지망 설치 ✓
② 접지 실시
③ 공기 이온화
④ 상대습도를 70% 이상 유지

해 1번. 나머지는 다 맞다.

25 제2류 위험물을 수납하는 운반용기의 외부에 표시하여야 하는 주의사항으로 옳은 것은?

① 제2류 위험물 중 철분·금속분·마그네슘 또는 이들 중 어느 하나 이상을 함유한 것에 있어서는 "화기주의" 및 "물기주의", 인화성고체에 있어서는 "화기엄금", 그 밖의 것에 있어서는 "화기주의"
② 제2류 위험물 중 철분·금속분·마그네슘 또는 이들 중 어느 하나 이상을 함유한 것에 있어서는 "화기주의" 및 "물기엄금", 인화성고체에 있어서는 "화기주의", 그 밖의 것에 있어서는 "화기엄금"
③ 제2류 위험물 중 철분·금속분·마그네슘 또는 이들 중 어느 하나 이상을 함유한 것에 있어서는 "화기주의" 및 "물기엄금", 인화성고체에 있어서는 "화기엄금", 그 밖의 것에 있어서는 "화기주의" ✓
④ 제2류 위험물 중 철분·금속분·마그네슘 또는 이들 중 어느 하나 이상을 함유한 것에 있어서는 "화기엄금" 및 "물기엄금", 인화성고체에 있어서는 "화기엄금", 그 밖의 것에 있어서는 "화기주의"

해 2류 위험물은 철, 마, 금속분은 화기주의, 물기엄금(물기주의는 없다), 인화성고체는 화기엄금, 그 외는 화기주의이다. 참고로 게시판은 화기주의, 화기엄금, 화기주의이다.

26 "보냉장치가 있는 이동저장탱크에 저장하는 아세트알데히드 등 또는 디에틸에테르 등의 온도는 당해 위험물의 (   ) 이하로 유지하여야 한다." 괄호 안에 들어갈 알맞은 단어는?

① 비점 ✓
② 인화점
③ 융해점
④ 발화점

해 참고로 보냉장치 있으면 40도씨 이하 유지이다.

27 「자동화재탐지설비 일반점검표」의 점검내용이 "변형·손상의 유무, 표시의 적부, 경계구역일람도의 적부, 기능의 적부"인 점검항목은?

① 감지기
② 중계기
③ 수신기 ✓
④ 발신기

해 경계구역일람도의 적부 나오면 수신기로 기억해야 한다.

28 제4류 위험물의 일반적 성질에 대한 설명으로 틀린 것은?

① 발생증기가 가연성이며 공기보다 무거운 물질이 많다.
② 정전기에 의하여도 인화할 수 있다.
③ 상온에서 액체이다.
④ 전기도체이다. ✓

해 4류 위험물은 주로 유류이고 부도체이다.

29 트리니트로톨루엔에 관한 설명으로 옳지 않은 것은?

① 일광을 쪼이면 갈색으로 변한다.
② 녹는점은 약 81℃이다.
③ 아세톤에 잘 녹는다.
④ 비중은 약 1.8인 액체이다. ✓

해 니트로화합물(나이트로화합물)은 주로 고체이다.

30 제5류 위험물의 일반적인 성질에 대한 설명 중 틀린 것은?

① 자기연소를 일으키며 연소 속도가 빠르다.
② 무기물이므로 폭발의 위험이 있다. ✓
③ 운반용기 외부에 "화기엄금" 및 "충격주의" 주의사항 표시를 하여야 한다.
④ 강산화제 또는 강산류와 접촉 시 위험성이 증가한다.

해 5류는 유기물이다.

31 $KMnO_4$의 지정수량은 몇 kg인가?

① 50
② 100
③ 300
④ 1000 ✓

해 과망간산칼륨, 1류, 지정수량 1000kg이다.

32 알코올에 관한 설명으로 옳지 않은 것은?

① 1가 알코올은 OH 기의 수가 1개인 알코올을 말한다.
② 2차 알코올은 1차 알코올이 산화된 것이다. ✓
③ 2차 알코올이 수소를 잃으면 케톤이 된다.
④ 알데히드가 환원되면 1차 알코올이 된다.

해 • 2차 알코올이 산화되면 케톤이 된다.
• 1차 알코올은 산화되면 알데히드가 된다.

33 제조소 및 일반취급소에 설치하는 자동화재탐지설비의 설치기준으로 틀린 것은?

① 하나의 경계구역은 600m² 이하로 하고, 한 변의 길이는 50m 이하로 한다.
② 주요한 출입구에서 내부 전체를 볼 수 있는 경우 경계 구역은 1000m² 이하로 할 수 있다.
③ 하나의 경계구역이 300m² 이하이면 2개 층을 하나의 경계구역으로 할 수 있다. ✓
④ 비상전원을 설치하여야 한다.

해 하나의 경계구역이 500m² 이하면 2개 층을 하나의 경계구역으로 가능

34 그림과 같이 횡으로 설치한 원형탱크의 용량은 약 몇 m³인가? (단, 공간용적은 내용적의 10/1000이다.)

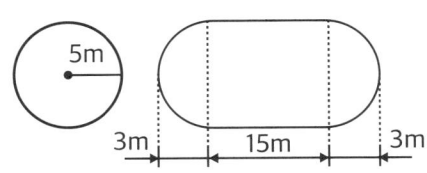

① 1690.9
② 1335.1
③ 1268.4
④ 1201.7

[해] 내용적에서 공간용적을 제외해야 한다.
내용적은 $V = \pi r^2 (l + \frac{l_1 + l_2}{3})$
$\pi \times 5^2 \times (15 + \frac{3+3}{3})$에 10%를 제하면 된다.
약 1201이다.

35 제6류 위험물에 해당하지 않는 것은?
① 농도가 50wt%인 과산화수소
② 비중이 1.5인 질산
③ 과요오드산(과아이오딘산)
④ 삼불화브롬

[해] 과산화수소 36중량 퍼센트 이상. 질산의 경우 1.49비중 이상. 과요오드산(과아이오딘산)은 1류이다.

36 이황화탄소의 성질에 대한 설명 중 틀린 것은?
① 연소할 때 주로 황화수소를 발생한다.
② 증기비중은 약 2.6이다.
③ 보호액으로 물을 사용한다.
④ 인화점이 약 −30℃이다.

[해] 연소하면 이산화황을 발생시킨다.

37 하나의 위험물저장소에 다음과 같이 2가지 위험물을 저장하고 있다. 지정수량 이상에 해당하는 것은?
① 브롬산칼륨 80kg, 염소산칼륨 40kg
② 질산 100kg, 과산화수소 150kg
③ 질산칼륨 120kg, 중크롬산나트륨 500kg
④ 휘발유 20L, 윤활유 2000L

[해] 합해서 1이상이면 지정수량 이상이 된다.
- 브롬산칼륨 1류, 300kg, 염소산칼륨 1류, 50kg이다.
  80/300 + 40/50 = 1.07
- 질산 6류 300kg, 과산화수소 6류 300kg이다.
  100/300 + 150/300 = 0.83
- 질산칼륨 1류 300kg, 중크롬산나트륨 1류 1000kg이다.
  120/300 + 500/1000 = 0.9
- 휘발유 4류 200L, 윤활유 4류 6000L이다.
  20/200 + 2000/6000 = 0.43

38 알킬알루미늄 등 또는 아세트알데히드 등을 취급하는 제조소의 특례기준으로서 옳은 것은?

① 알킬알루미늄 등을 취급하는 설비에는 불활성기체 또는 수증기를 봉입하는 장치를 설치한다.
② 알킬알루미늄 등을 취급하는 설비는 은·수은·동·마그네슘을 성분으로 하는 것으로 만들지 않는다.
❸ 아세트알데히드 등을 취급하는 탱크에는 냉각장치 또는 보냉장치 및 불활성기체 봉입장치를 설치한다.
④ 아세트알데히드 등을 취급하는 설비의 주위에는 누설범위를 국한하기 위한 설비와 누설되었을 때 안전한 장소에 설치된 저장실에 유입시킬 수 있는 설비를 갖춘다.

해 • 알킬알루미늄을 취급하는 설비에는 불황성기체 봉입장치를 설치한다. 수증기는 아니다.
• 은, 수은, 동 마그네슘을 피해야 하는 것은 아세트알데히드 등을 취급하는 설비이다. 누설범위 국한을 위한 설비 등은 알킬알루미늄을 위해 필요하다.

39 적린에 관한 설명 중 틀린 것은?

❶ 물에 잘 녹는다.
② 화재 시 물로 냉각소화 할 수 있다.
③ 황린에 비해 안정하다.
④ 황린과 동소체이다.

해 황린, 적린 모두 물에 안 녹는다.

40 탄화칼슘에 대한 설명으로 틀린 것은?

① 시판품은 흑회색이며, 불규칙한 형태의 고체이다.
❷ 물과 작용하여 산화칼슘과 아세틸렌을 만든다.
③ 고온에서 질소와 반응하여 칼슘시안아미드(석회질소)가 생성된다.
④ 비중은 약 2.2이다.

해 물과 반응하여 수산화칼슘과 아세틸렌을 만든다.

41 클레오소트유에 대한 설명으로 틀린 것은?

① 제3석유류에 속한다.
❷ 무취이고 증기는 독성이 없다.
③ 상온에서 액체이다.
④ 물보다 무겁고 물에 녹지 않는다.

해 3석유류이다. 증기는 독성이 있다.

42 운송책임자의 감독, 지원을 받아 운송하여야 하는 위험물은?

❶ 알킬알루미늄
② 금속나트륨
③ 메틸에틸케톤
④ 트리니트로톨루엔

해 알킬알루미늄, 알킬리튬이다.

43 복수의 성상을 가지는 위험물에 대한 품명지정의 기준상 유별의 연결이 틀린 것은?

① 산화성고체의 성상 및 가연성고체의 성상을 가지는 경우: 가연성고체
② 산화성고체의 성상 및 자기반응성물질의 성상을 가지는 경우: 자기반응성물질
③ 가연성고체의 성상과 자연발화성물질의 성상 및 금수성물질의 성상을 가지는 경우: 자연 발화성물질 및 금수성물질
④ 인화성액체의 성상 및 자기반응성물질의 성상을 가지는 경우: 인화성액체

해 높은 숫자가 지배한다. 다만, 3류 + 4류인 경우 3류가 된다. 4류와 5류 시 높은 숫자인 5류가 된다.

44 다음 중 산을 가하면 이산화염소를 발생시키는 물질은?

① 아염소산나트륨
② 브롬산나트륨
③ 옥소산칼륨(요오드산칼륨)
④ 중크롬산나트륨

해 1류, 아염소산나트륨이다. 이산화염소를 발생하여 위험하다.

45 용량 50만L 이상의 옥외탱크저장소에 대하여 변경허가를 받고자 할 때, 한국 소방산업 기술원으로부터 탱크의 기초·지반 및 탱크본체에 대한 기술검토를 받아야 한다. 다만, 소방방재 청장이 고시하는 부분적인 사항의 변경하는 경우에는 기술검토가 면제되는데 다음 중 기술검토가 면제되는 경우가 아닌 것은?

① 노즐, 맨홀을 포함한 동일한 형태의 지붕판의 교체
② 탱크 밑판에 있어서 밑판 표면적의 50% 미만의 육성보수공사
③ 탱크의 옆판 중 최하단 옆판에 있어서 옆판 표면적의 30% 이내의 교체
④ 옆판 중심선의 600mm 이내의 밑판에 있어서 밑판의 원주길이 10% 미만에 해당하는 밑판의 교체

해 옆판 중 최하단 옆판의 경우 표면적의 10% 이내 교체 시 기술검토 면제된다(위험물안전관리법 세부기준에 나와있으나 너무 자세한 부분으로 위 내용만 기억하도록 하자).

46 제3류 위험물에 해당하는 것은?

① NaH
② Al
③ Mg
④ P_4S_3

해 순서대로 수소화나트륨, 알루미늄, 마그네슘, 삼황화린

47 금속나트륨, 금속칼륨 등을 보호액 속에 저장하는 이유를 가장 옳게 설명한 것은?

① 온도를 낮추기 위하여
② 승화하는 것을 막기 위하여
③ 공기와의 접촉을 막기 위하여
④ 운반 시 충격을 적게 하기 위하여

해 3류 금수물질이다. 공기중 물과 만나면 안 된다.

48 니트로셀룰로오스의 저장·취급방법으로 옳은 것은?

① 건조한 상태로 보관하여야 한다.
☑ 물 또는 알코올 등을 첨가하여 습윤 시켜야 한다.
③ 물기에 접촉하면 위험하므로 제습제를 첨가하여야 한다.
④ 알코올에 접촉하면 자연발화의 위험이 있으므로 주의하여야 한다.

해 자연발화위험이 있다. 물, 알코올 등과 혼합하여 보관한다.

49 주유취급소에 설치하는 "주유중엔진정지" 라는 표시를 한 게시판의 바탕과 문자의 색상을 차례대로 옳게 나타낸 것은?

☑ 황색, 흑색   ② 흑색, 황색
③ 백색, 흑색   ④ 흑색, 백색

50 고형알코올 2000kg과 철분 1000kg의 각각 지정수량 배수의 총합은 얼마인가?

① 3   ☑ 4
③ 5   ④ 6

해 고형알코올은 2류 지정수량 1000kg, 철분은 500kg 이다. 각 지정수량의 2배

51 제3류 위험물 중 은백색 광택이 있고, 노란색 불꽃을 내며 연소하며, 비중이 약 0.97, 융점이 97.7℃ 인 물질의 지정수량은 몇 kg인가?

☑ 10   ② 20
③ 50   ④ 300

해 노란색 불꽃은 나트륨이다. 지정수량은 10kg

52 위험물에 대한 설명으로 옳은 것은?

① 이황화탄소는 연소 시 유독성 황화수소가스를 발생한다.
☑ 디에틸에테르는 물에 잘 녹지 않지만 유지 등을 잘 녹이는 용제이다.
③ 등유는 가솔린보다 인화점이 높으나, 인화점은 0℃ 미만이므로 인화의 위험성은 매우 높다.
④ 경유는 등유와 비슷한 성질을 가지지만 증기비중이 공기보다 가볍다는 차이점이 있다.

해 이황화탄소는 연소 시 이산화황을 발생시킨다. 등유는 2류석유류로 인화점이 21도 이상이다. 경유 등유 모두 증기비중이 공기보다 무겁다. 4류위험물은 증기비중이 1보다 크다.

53 제1류 위험물에 해당하지 않는 것은?

① 납의산화물   ☑ 질산구아니딘
③ 퍼옥소이황산염류   ④ 염소화이소시아눌산

해 질산구아니딘은 5류이다.

54 벤젠을 저장하는 옥외탱크저장소가 액표면적이 $45m^2$인 경우 소화난이도등급은?

☑ 소화난이도등급 I
② 소화난이도등급 II
③ 소화난이도등급 III
④ 제시된 조건으로 판단할 수 없음

해 옥외탱크저장소의 경우 액표면적이 $40m^2$ 이상이면 소화난이도등급 I 이다.

55 위험물옥외저장탱크의 통기관에 관한 사항으로 옳지 않는 것은?

① 밸브 없는 통기관의 직경은 30mm 이상으로 한다.
❷ 대기밸브부착 통기관은 항시 열려 있어야 한다.
③ 밸브 없는 통기관의 선단은 수평면보다 45도 이상 구부려 빗물 등의 침투를 막는 구조로 한다.
④ 대기밸브부착 통기관은 5kPa 이하의 압력차이로 작동할 수 있어야 한다.

해 열려 있는 것은 밸브없는 통기관이다.

56 적린과 유황의 공통되는 일반적 성질이 아닌 것은?

① 비중이 1보다 크다.
② 연소하기 쉽다.
③ 산화되기 쉽다.
❹ 물에 잘 녹는다.

해 둘다 물에 녹지 않는다.

57 셀룰로이드에 대한 설명으로 옳은 것은?

❶ 질소가 함유된 유기물이다.
② 질소가 함유된 무기물이다.
③ 유기의 염화물이다.
④ 무기의 염화물이다.

해 5류

58 다음 중 무색투명한 휘발성 액체로서 물에 녹지 않고 물보다 무거워서 물속에 보관하는 위험물은?

① 경유   ② 황린
③ 유황   ❹ 이황화탄소

해 • 이황화탄소는 휘발성 액체, 물속에 보관한다.
  • 황린도 물속에 보관하지만 황린은 고체이다.

59 과산화수소에 대한 설명으로 틀린 것은?

① 불연성 물질이다.
❷ 농도가 약 3wt%이면 단독으로 분해폭발 한다.
③ 산화성 물질이다.
④ 점성이 있는 액체로 물에 용해된다.

해 과산화수소는 60중량퍼센트 이상이면 분해폭발 한다.

60 제4류 위험물 중 제2석유류의 위험등급 기준은?

① 위험등급 I의 위험물
② 위험등급 II의 위험물
❸ 위험등급 III의 위험물
④ 위험등급 IV의 위험물

해 2석유류 이상은 모두 위험등급 III 이다.

01 위험물제조소의 경우 연면적이 최소 몇 m²이면 자동화재탐지설비를 설치해야 하는가?
(단, 원칙적인 경우에 한한다.)

① 100
② 300
③ 500
④ 1000

🔑 제조소 및 일반취급소는 연면적 500m²이면 자동화재탐지설비를 설치해야 한다.

02 메틸알코올 8000리터에 대한 소화능력으로 삽을 포함한 마른모래를 몇 리터 설치하여야 하는가?

① 100
② 200
③ 300
④ 400

🔑 메틸알코올의 소요단위는 지정수량 곱하기 10. 따라서, 400L × 10 = 4000L, 8000리터가 있으므로 2소요단위가 필요함. 마른모래는 50L가 0.5, 2소요단위에 대하여 200L가 필요함

03 지정수량의 몇 배 이상의 위험물을 취급하는 제조소에는 화재발생 시 이를 알릴 수 있는 경보 설비를 설치하여야 하는가?

① 5
② 10
③ 20
④ 100

04 피크린산의 위험성과 소화방법에 대한 설명으로 틀린 것은?

① 금속과 화합하여 예민한 금속염이 만들어질 수 있다.
② 운반 시 건조한 것보다는 물에 젖게 하는 것이 안전하다.
③ 알코올과 혼합된 것은 충격에 의한 폭발 위험이 있다.
④ 화재 시에는 질식소화가 효과적이다.

🔑 5류 위험물로 주수소화가 효과적이다.

05 단층건물에 설치하는 옥내탱크저장소의 탱크전용실에 비수용성의 제2석유류 위험물을 저장하는 탱크 1개를 설치할 경우, 설치할 수 있는 탱크의 최대용량은?

① 10,000ℓ
② 20,000ℓ
③ 40,000ℓ
④ 80,000ℓ

🔑 지정수량의 40배이다. 4류 중 제2석유류 비수용성 지정수량은 1000L, 그러나 4석유류 및 동식물유류 외의 4류는 20,000L를 초과할 경우 20,000L가 최대용량이다.

06 위험물안전관리법령상 제6류 위험물에 적응성이 없는 것은?

① 스프링클러설비　　② 포소화설비
③ 불활성가스소화설비　　④ 물분무소화설비

🖼 주수소화 효과적, 불활성가스소화설비는 질식소화로 적응성 없음

07 위험물안전관리법령상 위험물옥외탱크저장소에 방화에 관하여 필요한 사항을 게시한 게시판에 기재하여야 하는 내용이 아닌 것은?

① 위험물의 지정수량의 배수
② 위험물의 저장최대수량
③ 위험물의 품명
④ 위험물의 성질

🖼 성질에 대해서는 게시판 기재사항이 아니다.

08 주된 연소형태가 증발연소인 것은?

① 나트륨　　② 코크스
③ 양초　　④ 니트로셀룰로오스

🖼 양초 파라핀은 나프탈렌, 황과 함께 대표적인 증발연소

09 금속화재에 마른모래를 피복하여 소화하는 방법은?

① 제거소화　　② 질식소화
③ 냉각소화　　④ 억제소화

🖼 마른모래는 질식소화

10 위험물안전관리법령상 위험등급 I의 위험물에 해당하는 것은?

① 무기과산화물　　② 황화인
③ 제1석유류　　④ 유황

🖼 ①, 나머지는 모두 II 등급

11 위험물안전관리법령상 옥내저장소에서 기계에 의하여 하역하는 구조로 된 용기만을 겹쳐 쌓아 위험물을 저장하는 경우 그 높이는 몇 미터를 초과하지 않아야 하는가?

① 2　　② 4
③ 6　　④ 8

🖼 3번, 6m, 4류 중 3석유류, 4석유류 및 동식물유류는 4m, 그 외는 3m

12 연소가 잘 이루어지는 조건으로 거리가 먼 것은?

① 가연물의 발열량이 클 것
② 가연물의 열전도율이 클 것
③ 가연물과 산소와의 접촉표면적이 클 것
④ 가연물의 활성화 에너지가 작을 것

🖼 열전도율이 높으면 쉽게 전달되어 온도가 쉽게 올라가지 않아 연소에 좋지 않은 조건이다.

13 위험물안전관리법령상 위험물의 운반에 관한 기준에서 적재 시 혼재가 가능한 위험물을 옳게 나타낸 것은? (단, 각각 지정수량의 10배 이상인 경우이다.)

① 제1류와 제4류 ② 제3류와 제6류
③ 제1류와 제5류 ④ 제2류와 제4류

해 423, 524, 61

14 위험물제조소 표지 및 게시판에 대한 설명이다. 위험물안전관리 법령상 옳지 않은 것은?

① 표지는 한 변의 길이가 0.3m, 다른 한 변의 길이가 0.6m 이상으로 하여야 한다.
② 표지의 바탕은 백색, 문자는 흑색으로 하여야 한다.
③ 취급하는 위험물에 따라 규정에 의한 주의사항을 표시한 게시판을 설치하여야 한다.
④ 제2류 위험물(인화성고체 제외)은 "화기엄금" 주의사항 게시판을 설치하여야 한다.

해 제2류 위험물(인화성고체 제외)는 화기 주의 게시판 설치해야 한다.

15 석유류가 연소할 때 발생하는 가스로 강한 자극적인 냄새가 나며 취급하는 장치를 부식시키는 것은?

① H_2 ② CH_4
③ NH_3 ④ SO_2

해 이산화황에 대한 설명이다.

16 그림과 같이 횡으로 설치한 원통형 위험물탱크에 대하여 탱크의 용량을 구하면 약 몇 m^3인가?(단, 공간용적은 탱크 내용적의 100분의 5로 한다.)

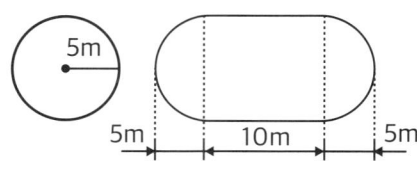

① 52.4 ② 291.6
③ 994.8 ④ 1047.2

해 공간용적이 5%이라면 탱크용량은 내용적의 95%가 된다. 내용적은 $\pi r^2 (\ell + \dfrac{\ell_1 + \ell_2}{3})$

$\pi \times 5^2 \times (10 + \dfrac{5+5}{3})$ 의 95%

17 위험물을 취급함에 있어서 정전기를 유효하게 제거하기 위한 설비를 설치하고자 한다. 위험물안전관리법령상 공기 중의 상대 습도를 몇 % 이상 되게 하여야 하는가?

① 50 ② 60
③ 70 ④ 80

18 제3종 분말소화약제의 열분해 시 생성 되는 메타인산의 화학식은?

① H_3PO_4 ② HPO_3
③ $H_4P_2O_7$ ④ $CO(NH_2)_2$

19 위험물안전관리법령상 제조소 등의 관계인은 예방규정을 정하여 누구에게 제출하여야 하는가?

① 국민안전처장관 또는 행정자치부장관
② 국민안전처장관 또는 소방서장
③ 시·도지사 또는 소방서장
④ 한국소방안전협회장 또는 국민안전처장관

20 다음 중 연소의 3요소를 모두 갖춘 것은?

① 휘발유 + 공기 + 수소
② 적린 + 수소 + 성냥불
③ 성냥불 + 황 + 염소산암모늄
④ 알코올 + 수소 + 염소산암모늄

해 가연물, 산소, 점화원이 필요하다. 성냥불은 점화원, 황은 가연물 염소산암모늄은 산소공급원이다.

21 위험물의 저장방법에 대한 설명으로 맞는 것은?

① 황화인은 알코올 또는 과산화물 속에 저장하여 보관한다.
② 마그네슘은 건조하면 분진폭발의 위험성이 있으므로 물에 습윤하여 저장한다.
③ 적린은 화재 예방을 위해 할로겐 원소와 혼합하여 저장한다.
④ 수소화리튬은 저장용기에 아르곤과 같은 불활성 기체를 봉입한다.

해 황화인은 건조한 장소에 보관하며, 과산화물속에 저장하지 않는다. 마그네슘은 물과 반응하므로 건조하게 보관한다. 적린은 공기중에서 안정적이다. 수소화리튬은 저온, 건조한 장소에 보관하며, 아르곤 등의 불활성 기체 봉입한다.

22 다음은 P_2S_5와 물의 화학반응이다. (   )에 알맞은 숫자를 차례대로 나열한 것은?

P_2S_5+(   )H_2O→(   )H_2S+(   )H_3PO_4

① 2, 8, 5   ② 2, 5, 8
③ 8, 5, 2   ④ 8, 2, 5

해 미정계수 방정식으로 풀이가 가능하나 반응전 S는 5개, P는 2개이므로 반응 후 괄호는 순서대로 5, 2임을 알 수 있다.

23 위험물안전관리법령상 제조소에서 취급하는 제4류 위험물의 최대수량의 합이 지정수량의 3천배 이상 12만 배 미만인 사업소에 두어야 하는 화학소방자동차 및 소방대원의 수의 기준으로 옳은 것은?

① 1대 – 5인   ② 2대 – 10인
③ 3대 – 15인   ④ 4대 – 20인

해 4류 위험물 지정수량 3천 배 이상 12만 배 미만 취급 제조소, 일반 취급소의 경우 1대, 5인

24 위험물안전관리법령상 위험물 운반용기의 외부에 표시하여야 하는 사항에 해당하지 않는 것은?

① 위험물에 따라 규정된 주의사항
② 위험물의 지정수량
③ 위험물의 수량
④ 위험물의 품명

해 주의사항, 품명, 수량, 위험등급, 수용성 여부 표시 지정수량은 아니다.

| 정답 | 19 ③ | 20 ③ | 21 ④ | 22 ③ | 23 ① | 24 ② |

25 염소산칼륨의 성질에 대한 설명으로 옳은 것은?

① 가연성 고체이다.
② 강력한 산화제이다.
③ 물보다 가볍다.
④ 열분해하면 수소를 발생한다.

🖼 가연성 고체는 2류의 특성, 염소산칼륨은 1류, 물보다 무겁고, 강산화제, 분해 시 산소 발생

26 저장하는 위험물의 최대수량이 지정수량의 15배일 경우, 건축물의 벽·기둥 내화구조로 된 위험물 옥내저장소의 보유공지는 몇 m 이상이어야 하는가?

① 0.5
② 1
③ 2
④ 3

🖼 지정수량 10배 초과 20배 이하인 경우 내화구조는 2m, 비내화는 3m 이상이다.

27 위험물안전관리법령상 운반차량에 혼재해서 적재할 수 없는 것은? (단, 각각의 지정수량은 10배인 경우이다.)

① 염소화규소화합물 – 특수인화물
② 고형알코올 – 니트로화합물(나이트로화합물)
③ 염소산염류 – 질산
④ 질산구아니딘 – 황린

🖼 423, 524, 61
1번 – 3류, 4류, 2번 – 2류, 5류, 3번 – 1류, 6류, 4번 – 5류, 3류

28 가솔린의 연소범위(vol%)에 가장 가까운 것은?

① 1.4 ~ 7.6
② 8.3 ~ 11.4
③ 12.5 ~ 19.7
④ 22.3 ~ 32.8

29 위험물의 저장방법에 대한 설명 중 틀린 것은?

① 황린은 공기와의 접촉을 피해 물속에 저장한다.
② 황은 정전기의 축적을 방지하여 저장한다.
③ 알루미늄 분말은 건조한 공기 중에서 분진폭발의 위험이 있으므로 정기적으로 분무상의 물을 뿌려야 한다.
④ 황화인은 산화제와의 혼합을 피해 격리해야 한다.

🖼 황린은 보호액 속에 보관한다. 황은 정전기를 방지해야 하고 물속에 저장, 금속분은 물과 만나면 폭발위험 있다. 2류 위험물인 황화인은 산화제와 혼합을 피해 격리한다.

30 제4류 위험물의 화재예방 및 취급방법으로 옳지 않은 것은?

① 이황화탄소는 물속에 저장한다.
② 아세톤은 일광에 의해 분해될 수 있으므로 갈색병에 보관한다.
③ 초산은 내산성 용기에 저장하여야 한다.
④ 건성유는 다공성 가연물과 함께 보관한다.

🖼 건성유는 다공성 가연물에 발화할 수 있다.

31 위험물안전관리법령상 품명이 나머지 셋과 다른 하나는?

① 트리니트로톨루엔 ② 니트로글리세린
③ 니트로글리콜 ④ 셀룰로이드

해 나머지는 모두 5류 중 질산에스테르류, 1번만 니트로화합물(나이트로화합물), 니트로 시작하는 물질 중 니트로화합물(나이트로화합물)은 없음, 니트로 화합물은 트리니트 등 "ㅌ"로 시작

32 부틸리튬(n – Butyl lithium)에 대한 설명으로 옳은 것은?

① 무색의 가연성고체이며 자극성이 있다.
② 증기는 공기보다 가볍고 점화원에 의해 선화의 위험이 있다.
③ 화재발생 시 이산화탄소소화설비는 적응성이 없다.
④ 탄화수소나 다른 극성의 액체에 용해가 잘 되며 휘발성은 없다.

해 3류 중 알킬리튬에 속함, 상온에서 액체이고 가연성, 금수성 물질, 분자량 약 2.21 물보다 무겁다. 이산화탄소소화설비 적응성 없다. 휘발성이 강함

33 니트로글리세린은 여름철(30℃)과 겨울철(0℃)에 어떤 상태인가?

① 여름 – 기체, 겨울 – 액체
② 여름 – 액체, 겨울 – 액체
③ 여름 – 액체, 겨울 – 고체
④ 여름 – 고체, 겨울 – 고체

해 통상 녹는점이 13.5 – 14℃이다.

34 정기점검 대상 제조소 등에 해당하지 않는 것은?

① 이동탱크저장소
② 지정수량 120배의 위험물을 지장하는 옥외저장소
③ 지정수량 120배의 위험물을 지장하는 옥내저장소
④ 이송취급소

해 정기점검 대상은 예방규정 대상도 포함, 3번은 틀린 지문이다. 150배 위험물 지정하는 옥내저장소가 기준, 120배는 아님

35 위험물안전관리법령상 자동화재탐지설비의 설치기준으로 옳지 않은 것은?

① 경계구역은 건축물의 최소 2개 이상의 층에 걸치도록 할 것
② 하나의 경계구역의 면적은 $600m^2$ 이하로 할 것
③ 감지기는 지붕 또는 벽의 옥내에 면한 부분에 유효하게 화재의 발생을 감지할 수 있도록 설치할 것
④ 비상전원을 설치할 것

해 경계구역은 건축물의 최소 2개 이상의 층에 걸치도록 하면 안 된다.

36 위험물에 대한 설명으로 틀린 것은?

① 과산화나트륨은 산화성이 있다.
② 과산화나트륨은 인화점이 매우 낮다.
③ 과산화바륨과 염산을 반응시키면 과산화수소가 생긴다.
④ 과산화바륨의 비중은 물보다 크다.

해 모두 1류로 불연성이다. 즉, 인화점이 없다. 과산화나트륨 분해 시, 산소 발생 산화성이 있다.

37 위험물안전관리법령상 지정수량이 50kg인 것은?

① $KMnO_4$
② $KClO_2$
③ $NaIO_3$
④ NH_4NO_3

🖪 과망간산칼륨 1류, 1000kg, 아염소산칼륨, 1류, 50kg, 요오드산나트륨 1류 300kg, 질산암모늄 1류, 300kg

38 적린이 연소하였을 때 발생하는 물질은?

① 인화수소
② 포스겐
③ 오산화인
④ 이산화황

🖪 $4P + 5O_2 \rightarrow 2P_2O_5$

39 상온에서 고체인 물질로만 조합된 것은?

① 질산메틸, 니트로글리세린
② 피크린산, 질산메틸
③ 트리니트로톨루엔, 디니트로벤젠
④ 니트로글리콜, 테트릴

🖪 1번 – 액체, 액체, 2번 – 고체, 액체, 4번 – 액체 고체

40 제3류 위험물 중 금수성 물질을 제외한 위험물에 적응성이 있는 소화설비가 아닌 것은?

① 분말소화설비
② 스프링클러설비
③ 옥내소화전설비
④ 포소화설비

🖪 3류 중 금수성 물질 제외는 황린을 의미하며, 주수소화, 포소화 등을 한다. 분말소화설비는 금수성물질에 적합하다.

41 니트로화합물(나이트로화합물), 니트로소화합물(나이트로소화합물), 질산에스테르류, 히드록실아민(하이드록실아민)을 각각 50킬로그램씩 저장하고 있을 때 지정수량의 배수가 가장 큰 것은?

① 니트로화합물(나이트로화합물)
② 니트로소화합물(나이트로소화합물)
③ 질산에스테르류
④ 히드록실아민(하이드록실아민)

🖪 각각의 지정수량을 알아야 한다. 5류, 순서대로 200kg, 200kg, 10kg, 100kg이다. 따라서, 배수는 3번이 5로 가장 크다.

42 위험물안전관리법령상 운송책임자의 감독·지원을 받아 운송하여야 하는 위험물에 해당하는 것은?

① 특수인화물
② 알킬리튬
③ 질산구아니딘
④ 히드라진 유도체

🖪 알킬리튬, 알킬알루미늄 등이 이에 해당한다.

43 질산암모늄에 대한 설명으로 옳은 것은?

① 물에 녹을 때 발열반응을 한다.
② 가열하면 폭발적으로 분해하여 산소와 암모니아를 생성한다.
③ 소화방법으로 질식소화가 좋다.
④ 단독으로도 급격한 가열, 충격으로 분해·폭발할 수 있다.

🖪 1류, 물에 녹으면 흡열반응 한다. 가열, 충격으로 분해, 폭발 가능

44 다음 중 위험물안전관리법에서 정의한 "제조소"의 의미로 가장 옳은 것은?

① "제조소"라 함은 위험물을 제조할 목적으로 지정수량 이상의 위험물을 취급하기 위하여 허가를 받은 장소임
② "제조소"라 함은 지정수량 이상의 위험물을 제조할 목적으로 위험물을 취급하기 위하여 허가를 받은 장소임
③ "제조소"라 함은 지정수량 이상의 위험물을 제조할 목적으로 지정수량 이상의 위험물을 취급하기 위하여 허가를 받은 장소임
④ "제조소"라 함은 위험물을 제조할 목적으로 위험물을 취급하기 위하여 허가를 받은 장소임

해 위험물 제조 목적, 지정수량 이상 취급

45 탄화칼슘의 성질에 대하여 옳게 설명한 것은?

① 공기 중에서 아르곤과 반응하여 불연성 기체를 발생한다.
② 공기 중에서 질소와 반응하여 유독한 기체를 낸다.
③ 물과 반응하면 탄소가 생성된다.
④ 물과 반응하여 아세틸렌 가스가 생성된다.

해 $CaC_2 + 2H_2O \rightarrow Ca(OH)_2 + C_2H_2$, 즉, 수산화칼슘과 아세틸렌 가스가 나온다.

46 위험물안전관리법령상 "연소의 우려가 있는 외벽"은 기산점이 되는 선으로부터 3m(2층 이상의 층에 대해서는 5m) 이내에 있는 제조소 등의 외벽을 말하는데 이 기산점이 되는 선에 해당하지 않는 것은?

① 동일 부지 내의 다른 건축물과 제조소 부지 간의 중심선
② 제조소 등에 인접한 도로의 중심선
③ 제조소 등이 설치된 부지의 경계선
④ 제조소 등의 외벽과 동일 부지내의 다른 건축물의 외벽간의 중심선

해 소방청 고시에 따르면 연소의 우려가 있는 외벽의 기산점에 해당하지 않는 것은 1번

47 위험물안전관리법령에 명기된 위험물의 운반용기 재질에 포함되지 않는 것은?

① 고무류   ② 유리
③ 도자기   ④ 종이

해 그 외 강판, 알루미늄판, 플라스틱, 합성섬유 등이 있다. 도자기는 아니다.

48 특수인화물 200L와 제4석유류 12000L를 저장할 때 각각의 지정수량 배수의 합은 얼마인가?

① 3   ② 4
③ 5   ④ 6

해 특수인화물은 지정수량이 50L이고 제4석유류는 6,000L이다. 4와 2, 합은 6

정답 | 44 ① 45 ④ 46 ① 47 ③ 48 ④

49 다음 위험물 중 착화온도가 가장 높은 것은?

① 이황화탄소
② 디에틸에테르
③ 아세트알데히드
④ 산화프로필렌

해 4류, 차례대로 100℃, 180℃, 185℃, 465℃이다.

50 동·식물 유류에 대한 성명 중 틀린 것은?

① 연소하면 열에 의해 액온이 상승하여 화재가 커질 위험이 있다.
② 요오드값이 낮을수록 자연발화의 위험이 높다.
③ 동유는 건성유이므로 자연발화의 위험이 있다.
④ 요오드값이 100 ~ 130인 것을 반건성유라고 한다.

해 건성유, 반건성유, 불건성유로 구분, 건성유가 요오드값이 가장 높고, 자연발화 위험 있다.

51 위험물안전관리법령상 위험물 운반 시 방수성 덮개를 하지 않아도 되는 위험물은?

① 나트륨 ② 적린
③ 철분   ④ 과산화칼륨

해 방수성 덮개 해야 하는 위험물은 1류 중 알칼리금속의 과산화물, 2류 중 철분, 금속분, 마그네슘, 3류 중 금수성 물질, 나트륨은 3류중 금수성, 과산화칼륨은 1류 중 알칼리금속 과산화물

52 연소할 때 연기가 거의 나지 않아 밝은 곳에서 연소상태를 잘 느끼지 못하는 물질로 독성이 매우 강해 먹으면 실명 또는 사망에 이를 수 있는 것은?

① 메틸알코올   ② 에틸알코올
③ 등유   ④ 경유

해 메틸알코올에 대한 설명이다.

53 질산과 과산화수소의 공통적인 성질을 옳게 설명한 것은?

① 물보다 가볍다.
② 물에 녹는다.
③ 점성이 큰 액체로서 환원제이다.
④ 연소가 매우 잘 된다.

해 물에 잘녹고 산화제이다. 불연성이다.

54 제조소 등의 위치·구조 또는 설비의 변경 없이 해당 제조소 등에서 저장하거나 취급하는 위험물의 품명·수량 또는 지정수량의 배수를 변경하고자 하는 자는 변경하고자 하는 날의 며칠 전 까지 총리령이 정하는 바에 따라 시·도지사에게 신고하여야 하는가?

① 7일   ② 14일
③ 21일   ④ 30일

해 법령개정으로 시도지사에게 행정안전부령이 정하는 대로 1일 전까지 신고해야 한다. 정답 없음

정답 49 ④ 50 ② 51 ② 52 ① 53 ② 54 없음

55 과산화벤조일과 과염소산의 지정수량의 합은 몇 kg인가?

① 310   ② 350
③ 400   ④ 500

해 각각 10kg, 300kg이다.

56 황가루가 공기 중에 떠 있을 때의 주된 위험성에 해당하는 것은?

① 수증기 발생   ② 전기감전
③ 분진폭발   ④ 인화성 가스 발생

해 황가루는 분진폭발의 위험이 있다.

57 위험물의 인화점에 대한 설명으로 옳은 것은?

① 톨루엔이 벤젠보다 낮다.
② 피리딘이 톨루엔보다 낮다.
③ 벤젠이 아세톤보다 낮다.
④ 아세톤이 피리딘보다 낮다.

해 톨루엔, 4℃, 벤젠 − 11℃, 아세톤 − 18℃, 피리딘 20℃

58 저장 또는 취급하는 위험물의 최대수량이 지정수량의 500배 이하일 때 옥외저장탱크의 측면으로부터 몇 m 이상의 보유공지를 유지하여야 하는가? (단, 제6류 위험물은 제외한다.)

① 1   ② 2
③ 3   ④ 4

해 500배 이하 3m, 500 초과 1000배 이하 5m, 1000배 초과 2000배 이하 9m, 2000배 초과 3000배 이하 12m, 3000배 초과 4000배 이하 15m, 4000배 초과 탱크 지름 수평단면 중 높은 것. 30m 초과 시 30m 이상, 15m 이하 시 15m 이상

59 위험물안전관리법령상 옥내저장소 저장창고의 바닥은 물이 스며 나오거나 스며들지 아니하는 구조로 하여야 한다. 다음 중 반드시 이 구조로 하지 않아도 되는 위험물은?

① 제1류 위험물 중 알칼리금속의 과산화물
② 제4류 위험물
③ 제5류 위험물
④ 제2류 위험물 중 철분

해 1류 중 알칼리금속 과산화물, 2류 중 철분, 금속분, 마그네슘, 3류 중 금수성, 4류가 이에 해당한다. 5류는 아니다.

60 다음 중 산화성고체 위험물에 속하지 않는 것은?

① Na_2O_2 ② $HClO_4$
③ NH_4ClO_4 ④ $KClO_3$

해 산화성고체는 1류 과염소산은 6류

| 정답 | 55 ① | 56 ③ | 57 ④ | 58 ③ | 59 ③ | 60 ② |

01 다음과 같은 반응에서 $5m^3$의 탄산가스를 만들기 위해 필요한 탄산수소나트륨의 양은 약 몇 kg인가? (단, 표준상태이고, 나트륨의 원자량은 23이다)

$$2NaHCO_3 \rightarrow Na_2CO_3 + CO_2 + H_2O$$

① 18.75　　　　② 37.5
③ 56.25　　　　④ 75

해 탄산수소나트륨 2 × 84g당 이산화탄소 1몰 즉 22.4리터가 나옴. 따라서 2 × 84:22.4리터 = x:5세제곱 미터이다. 5세제곱 미터는 5000리터이고, 1킬로그램은 1000그램이므로 x는 37.5 킬로그램이다.

02 연소의 3요소인 산소의 공급원이 될 수 없는 것은?

① H_2O_2　　　　② KNO_3
③ HNO_3　　　　④ CO_2

해 이산화탄소는 불연성 가스이고, 소화에 사용되는 물질이다.

03 탄화칼슘은 물과 반응 시 위험성이 증가하는 물질이다. 주수 소화 시 물과 반응하면 어떤 가스가 발생하는가?

① 수소　　　　② 메탄
③ 에탄　　　　④ 아세틸렌

해 탄화칼슘은 물과 반응 시 아세틸렌을 발생시킨다.

04 위험물의 자연발화를 방지하는 방법으로 가장 거리가 먼 것은?

① 통풍을 잘 시킬 것
② 저장실의 온도를 낮출 것
③ 습도가 높은 곳에서 저장할 것
④ 정촉매 작용을 하는 물질과의 접촉을 피할 것

해 자연발화를 방지하기 위해서는 통풍을 잘 시키고, 온도 습도를 낮게 해야 한다.

05 공기 중의 산소농도를 한계산소량 이하로 낮추어 연소를 중지시키는 소화방법은?

① 냉각소화　　　　② 제거소화
③ 억제소화　　　　④ 질식소화

해 질식소화는 산소의 농도를 낮추는 방법이다.

06 다음 중 제5류 위험물의 화재 시에 가장 적당한 소화방법은?

① 물에 의한 냉각소화
② 질소에 의한 질식소화
③ 사염화탄소에 의한 부촉매소화
④ 이산화탄소에 의한 질식소화

해 5류 위험물은 물에 의한 냉각소화를 해야 한다.

07 인화칼슘이 물과 반응하였을 때 발생하는 가스는?

① 수소 ② 포스겐
③ 포스핀 ④ 아세틸렌

해 인화칼슘은 물과 반응시 포스핀을 발생시킨다.

08 위험물안전관리법령상 제3류 위험물 중 금수성 물질의 제조소에 설치하는 주의사항 게시판의 바탕색과 문자색을 옳게 나타낸 것은?

① 청색바탕에 황색문자
② 황색바탕에 청색문자
③ 청색바탕에 백색문자
④ 백색바탕에 청색문자

해 3류 위험물 금수성 물질의 경우에는 청색바탕에 백색문자를 사용하여 주의사항을 게시해야 한다.

09 폭굉유도거리(DID)가 짧아지는 경우는?

① 정상 연소속도가 작은 혼합가스일수록 짧아진다.
② 압력이 높을수록 짧아진다.
③ 관지름이 넓을수록 짧아진다.
④ 점화원 에너지가 약할수록 짧아진다.

해 폭굉유도거리가 짧아지는 조건은 압력이 높거나 관 지름이 작거나 점화원에너지가 강하거나 정상 연소속도가 큰 혼합가스이거나 해야 한다.

10 연소에 대한 설명으로 옳지 않은 것은?

① 산화되기 쉬운 것일수록 타기 쉽다.
② 산소와의 접촉 면적이 큰 것일수록 타기 쉽다.
③ 충분한 산소가 있어야 타기 쉽다.
④ 열전도율이 큰 것일수록 타기 쉽다.

해 연소는 산화되기 쉬울수록, 접촉면적이 넓을수록, 산소가 많을수록, 열전도율이 낮을수록 되기 쉽다.

11 위험물안전관리법령상 제4류 위험물에 적응성이 있는 소화기가 아닌 것은?

① 이산화탄소소화기
② 봉상강화액소화기
③ 포소화기
④ 인산염류분말소화기

해 4류 위험물은 할로겐, 이산화탄소, 포, 분말, 무상강화액 소화기가 적합하다.
암기법 할말이 없는(무) 포(4)

12 위험물안전관리법령상 알칼리금속 과산화물에 적응성이 있는 소화설비는?

① 할로젠화합물소화설비
② 탄산수소염류분말소화설비
③ 물분무소화설비
④ 스프링클러설비

해 주수소화 금지, 탄산소수염류분말 소화설비, 마른모래 등으로 소화

13 수성막포소화약제에 사용되는 계면활성제는?

① 염화단백포 계면활성제
② 산소계 계면활성제
③ 황산계 계면활성제
④ 불소계 계면활성제

해 수성막포소화약제의 계면활성되는 불소계이다.

14 다음 중 강화액 소화약제의 주된 소화원리에 해당하는 것은?

① 냉각소화　　② 절연소화
③ 제거소화　　④ 발포소화

해 강화액 소화약제는 냉각소화이다.
암기법 강냉

15 Halon 1001의 화학식에서 수소 원자의 수는?

① 0　　② 1
③ 2　　④ 3

해 탄소가 한 개인 경우 4에서 뒤의 원자의 수를 뺀 수가 수소의 숫자이다. 4 − 1 = 3, 3개가 된다.

16 다음 중 탄산칼륨을 물에 용해시킨 강화액 소화약제의 pH에 가장 가까운 값은?

① 1　　② 4
③ 7　　④ 12

해 탄산칼륨을 물에 용해시킨 강화액 소화약제는 강알칼리성이다. pH12

17 이산화탄소 소화약제에 관한 설명 중 틀린 것은?

① 소화약제에 의한 오손이 없다.
② 소화약제 중 증발잠열이 가장 크다.
③ 전기 절연성이 있다.
④ 장기간 저장이 가능하다.

해 나머지는 다 맞는 설명 증발잠열이 가장 큰 것은 물소화약제이다.

18 질소와 아르곤과 이산화탄소의 용량비가 52대 40대 8인 혼합물 소화약제에 해당하는 것은?

① IG − 541　　② HCFC − BLEND A
③ HFC − 125　　④ HFC − 23

해 불활성가스는 헬륨, 질소화 아르곤에 관한 것으로 기억 모두 IG로 시작. 다만 541의 경우 비율이 위와 같다.

19 불활성가스 청정소화약제의 기본 성분이 아닌 것은?

① 헬륨　　② 질소
③ 불소　　④ 아르곤

해 불소는 아니다.

20 물과 친화력이 있는 수용성 용매의 화재에 보통의 포소화약제를 사용하면 포가 파괴되기 때문에 소화 효과를 잃게 된다. 이와 같은 단점을 보완한 소화약제로 가연성인 수용성 용매의 화재에 유효한 효과를 가지고 있는 것은?

① 알코올형포소화약제
② 단백포소화약제
③ 합성계면활성제포소화약제
④ 수성막포소화약제

📖 알코올형포소화약제는 수용성, 알코올류 소화에 효과적이다.

21 질산과 과염소산의 공통성질이 아닌 것은?

① 가연성이며 강산화제이다.
② 비중이 1보다 크다.
③ 가연물과 혼합으로 발화의 위험이 있다.
④ 물과 접촉하면 발열한다.

📖 6류 위험물로 모두 불연성이다. 1번, 강산화제이기도 하다.

22 물과 반응하여 가연성 가스를 발생하지 않는 것은?

① 칼륨
② 과산화칼륨
③ 탄화알루미늄
④ 트리에틸알루미늄

📖 과산화칼륨은 물과 반응하여 불연성 가스인 산소를 발생시킨다.

23 위험물안전관리법령에서는 특수인화물을 1기압에서 발화점이 100℃ 이하인 것 또는 인화점은 얼마 이하이고 비점이 40℃ 이하인 것으로 정의하는가?

① -10℃
② -20℃
③ -30℃
④ -40℃

📖 특수인화물은 1기압 발화점 100℃ 이하, 인화점 -20℃ 이하, 비점 40℃ 이하인 것이다.

24 다음 중 제6류 위험물이 아닌 것은?

① 할로겐간화합물
② 과염소산
③ 아염소산
④ 과산화수소

📖 6류위험물은 할로겐간화합물, 과염소산, 과산화수소, 질산이다.

25 다음 중 제1류 위험물에 해당되지 않는 것은?

① 염소산칼륨
② 과염소산암모늄
③ 과산화바륨
④ 질산구아니딘

📖 질산구아니딘은 5류위험물이다.

26 니트로글리세린에 대한 설명으로 옳은 것은?

① 물에 매우 잘 녹는다.
② 공기 중에서 점화하면 연소하나 폭발의 위험은 없다.
③ 충격에 대하여 민감하여 폭발을 일으키기 쉽다.
④ 제5류 위험물의 니트로화합물(나이트로화합물)에 속한다.

📖 물에 잘 녹지 않고, 공기 중 점화하면 폭발의 위험이 있고, 충격에 민감하여 폭발을 일으키기 쉽다.

27 과산화나트륨에 대한 설명으로 틀린 것은?

① 알코올에 잘 녹아서 산소와 수소를 발생시킨다.
② 상온에서 물과 격렬하게 반응한다.
③ 비중이 약 2.8이다.
④ 조해성 물질이다.

🈁 알코올에 잘 녹지 않는다.

28 다음 위험물 중 지정수량이 나머지 셋과 다른 하나는?

① 마그네슘
② 금속분
③ 철분
④ 유황

🈁 2류위험물 유황은 100kg, 나머지는 500kg

29 제4류 위험물의 일반적인 성질에 대한 설명 중 틀린 것은?

① 대부분 유기화합물이다.
② 액체 상태이다.
③ 대부분 물보다 가볍다.
④ 대부분 물에 녹기 쉽다.

🈁 대부분 유류의 성질을 가진 인화성 액체로 물에 잘 안 녹는다.

30 다음 물질 중 과염소산칼륨과 혼합하였을 때 발화폭발의 위험이 가장 높은 것은?

① 석면
② 금
③ 유리
④ 목탄

🈁 1류위험물인 과염소산칼륨은 목탄, 인, 황 등의 가연물과 혼합하면 위험한 물질이다.

31 피리딘의 일반적인 성질에 대한 설명 중 틀린 것은?

① 순수한 것은 무색 액체이다.
② 약알칼리성을 나타낸다.
③ 물보다 가볍고, 증기는 공기보다 무겁다.
④ 흡습성이 없고, 비수용성이다.

🈁 4류위험물 흡습성이 없고, 수용성이다.

32 메틸리튬과 물의 반응 생성물로 옳은 것은?

① 메탄, 수소화리튬
② 메탄, 수산화리튬
③ 에탄, 수소화리튬
④ 에탄, 수산화리튬

🈁 수산화리튬과 메탄이다.

33 위험물의 성질에 대한 설명 중 틀린 것은?

① 황린은 공기 중에서 산화할 수 있다.
② 적린은 $KClO_3$와 혼합하면 위험하다.
③ 황은 물에 매우 잘 녹는다.
④ 황화인은 가연성 고체이다.

🈁 황은 물에 녹지 않는다.

34 다음 중 인화점이 가장 높은 것은?

① 등유
② 벤젠
③ 아세톤
④ 아세트알데히드

🈁 등유이다. 30 – 60℃, 벤젠 – 11℃, 아세톤 – 18℃, 아세트알데히드 – 38℃

35 다음 위험물 중 물보다 가벼운 것은?

① 메틸에틸케톤　　② 니트로벤젠
③ 에틸렌글리콜　　④ 글리세린

해 • 비중 1 이하인 것 메틸에틸케톤 0.8, 니트로벤젠 1.2, 에틸렌글리콜 1.13, 글리세린 1.26
　• 중유를 제외한 제3 석유류는 대부분 물보다 무겁다.

36 트리니트로톨루엔의 작용기에 해당하는 것은?

① $-NO$　　② $-NO_2$
③ $-NO_3$　　④ $-NO_4$

37 다음 중 제5류 위험물로만 나열되지 않은 것은?

① 과산화벤조일, 질산메틸
② 과산화초산, 디니트로벤젠
③ 과산화요소, 니트로글리콜
④ 아세토니트릴, 트리니트로톨루엔

해 아세토니트릴은 4류 위험물이다.

38 제4류 위험물인 클로로벤젠의 지정수량으로 옳은 것은?

① 200L　　② 400L
③ 1000L　　④ 2000L

39 알루미늄분의 성질에 대한 설명으로 옳은 것은?

① 금속 중에서 연소열량이 가장 작다.
② 끓는 물과 반응해서 수소를 발생한다.
③ 수산화나트륨 수용액과 반응해서 산소를 발생한다.
④ 안전한 저장을 위해 할로겐 원소와 혼합한다.

해 알루미늄은 연소열량이 큰 금속이다. 수산화나트륨 수용액과 반응하여 수소를 발생시킨다. 할로겐원소와 혼합하면 위험하다.

40 아조 화합물 800kg, 히드록실아민(하이드록실아민) 300kg, 유기과산화물 40kg의 총 양은 지정수량의 몇 배에 해당하는가?

① 7배　　② 9배
③ 10배　　④ 11배

해 아조화학물 200kg, 히드록실아민(하이드록실아민) 100kg, 유기과산화물 10kg 따라서, 모두 합하면 11배

41 위험물안전관리법령상 위험물제조소에 설치하는 배출설비에 대한 내용으로 틀린 것은?

① 배출설비는 예외적인 경우를 제외하고는 국소방식으로 하여야 한다.
② 배출설비는 강제배출 방식으로 한다.
③ 급기구는 낮은 장소에서 설치하고 인화방지망을 설치한다.
④ 배출구는 지상 2m 이상 높이에 연소의 우려가 없는 곳에 설치한다.

해 급기구는 높은 장소에 설치해야 한다.

| 정답 | 35 ① | 36 ② | 37 ④ | 38 ③ | 39 ② | 40 ④ | 41 ③ |

42 위험물안전관리법령상 주유취급소 중 건축물의 2층을 휴게음식점의 용도로 사용하는 것에 있어 해당 건물의 2층으로부터 직접 주유 취급소의 부지 밖으로 통하는 출입구와 해당 출입구로 통하는 통로 계단에 설치하여야 하는 것은?

① 비상경보설비 ② 유도등
③ 비상조명등 ④ 확성장치

해 출입구, 통로계단에 유도등을 설치해야 한다.

43 아염소산나트륨의 저장 및 취급 시 주의사항으로 가장 거리가 먼 것은?

① 물속에 넣어 냉암소에 저장한다.
② 강산류와의 접촉을 피한다.
③ 취급 시 충격, 마찰을 피한다.
④ 가연성 물질과 접촉을 피한다.

해 물에 잘 녹으므로 물속에 넣을 수 없고 밀폐해서 보관해야 함. 황린, 이황화탄소 등은 물속에서 보관

44 인화점이 21℃ 미만의 액체위험물의 옥외저장탱크 주입구에 설치하는 "옥외저장 탱크 주입구"라고 표시한 게시판의 바탕 및 문자색을 옳게 나타낸 것은?

① 백색바탕 - 적색문자 ② 적색바탕 - 백색문자
③ 백색바탕 - 흑색문자 ④ 흑색바탕 - 백색문자

해 물기엄금(청색바탕, 백색문자), 화기엄금(적색바탕, 백색문자), 그 외 위험물 제조소 등은 백색바탕 흑색문자

45 위험물의 운반에 관한 기준에서 다음 ( )에 알맞은 온도는 몇 ℃인가?

적재하는 제5류 위험물( )℃ 이하의 온도에서 분해될 우려가 있는 것은 보냉 컨테이너에 수납하는 등 적정한 온도관리를 유지하여야 한다.

① 40 ② 50
③ 55 ④ 60

해 55℃

46 위험물안전관리법령상 배출설비를 설치하여야 하는 옥내저장소의 기준에 해당하는 것은?

① 가연성 증기가 액화할 우려가 있는 장소
② 모든 장소의 옥내저장소
③ 가연성 미분이 체류할 우려가 있는 장소
④ 인화점이 70℃ 미만인 위험물의 옥내 저장소

해 인화점이 70℃ 미만인 위험물의 옥내 저장소이다.

47 위험물안전관리법령상 연면적이 450m²인 저장소의 건축물 외벽이 내화구조가 아닌 경우 이 저장소의 소화기 소요단위는?

① 3 ② 4.5
③ 6 ④ 9

해 외벽이 내화구조인 경우 위험물 제조소 및 취급소는 연면적 100m², 저장소는 150m², 비내화구조인 경우 제조소 및 취급소는 연면적 50m², 저장소는 75m²가 기준. 위험물인 경우 지정수량 10배. 비내화 저장소이므로 450 나누기 75는 6

48 위험물안전관리법령상 위험물안전관리자의 책무에 해당하지 않는 것은?

① 화재 등의 재난이 발생한 경우 소방관서 등에 대한 연락 업무
② 화재 등의 재난이 발생한 경우 응급조치
③ 위험물의 취급에 관한 일지의 작성, 기록
④ 위험물안전관리자의 선임 신고

해 선임신고는 그 자신이 하는 것이 아니다.

49 위험물안전관리법령상 옥내 소화전 설비의 기준에 따르면 펌프를 이용한 가압송수장치에서 펌프의 토출량은 옥내소화전의 설치개수가 가장 많은 층에 대해 해당 설치개수(5개 이상인 경우에는 5개)에 얼마를 곱한 양 이상이 되도록 하여야 하는가?

① 260L/min   ② 360L/min
③ 460L/min   ④ 560L/min

50 위험물안전관리법령상 주유취급소에 설치 운영할 수 없는 건축물 또는 시설은?

① 주유취급소를 출입하는 사람을 대상으로 하는 그림전시장
② 주유취급소를 출입하는 사람을 대상으로 하는 일반음식점
③ 주유원 주거시설
④ 주유취급소를 출입하는 사람을 대상으로 하는 휴게음식점

해 일반음식점은 설치할 수 없음

51 제2류 위험물 중 인화성 고체의 제조소에 설치하는 주의사항 게시판에 표시할 내용을 옳게 나타낸 것은?

① 적색바탕에 백색 문자로 "화기엄금" 표시
② 적색바탕에 백색 문자로 "화기주의" 표시
③ 백색바탕에 적색 문자로 "화기엄금" 표시
④ 백색바탕에 적색 문자로 "화기주의" 표시

해 2류 위험물 중 인화성고체외는 화기 주의 인화성 고체인 경우, 화기엄금 적색바탕 백색 문자

52 위험물안전관리법령상 옥내탱크저장소의 기준에서 옥내저장탱크 상호 간에는 몇 m 이상의 간격을 유지하여야 하는가?

① 0.3   ② 0.5
③ 0.7   ④ 1.0

53 위험물안전관리법령상 소화전용 물통 8L의 능력 단위는?

① 0.3   ② 0.5
③ 1.0   ④ 1.5

| 정답 | 48 ④   49 ①   50 ②   51 ①   52 ②   53 ①

54 위험물안전관리법령상 제4류 위험물의 품명에 따른 위험등급과 옥내저장소 하나의 저장창고 바닥면적 기준을 옳게 나열한 것은?(단, 전용의 독립된 단층 건물에 설치하며, 구획된 실이 없는 하나의 저장창고인 경우에 한한다.)

① 제1석유류 : 위험등급 I, 최대 바닥면적 1000m²
② 제2석유류 : 위험등급 I, 최대 바닥면적 2000m²
③ 제3석유류 : 위험등급 III, 최대 바닥면적 2000m²
④ 알코올류 : 위험등급 II, 최대 바닥면적 1000m²

해 위험등급이 I(4류 위험물인 경우 I, II 등급)이면 1000m² 이하, 그 외는 2000m², 제1석유류는 위험등급 2, 제2석유류는 위험등급 3, 제3석유류는 위험등급 3, 알코올류는 위험등급 2

55 위험물옥외저장탱크의 통기관에 관한 사항으로 옳지 않은 것은?

① 밸브 없는 통기관의 직경은 30mm 이상으로 한다.
② 대기밸브 부착 통기관은 항시 열려 있어야 한다.
③ 밸브 없는 통기관의 선단은 수평면보다 45도 이상 구부려 빗물 등의 침투를 막는 구조로 한다.
④ 대기밸브 부착 통기관은 5kPa 이하의 압력차로 작동할 수 있어야 한다.

해 대기밸브 부착 통기관은 평소에는 닫혀있어야 한다. 대기밸브 미부착 통기관은 열려 있어야 한다.

56 다음 중 위험물안전관리법령상 지정수량의 1/10을 초과하는 위험물을 운반할 때 혼재할 수 없는 경우는?

① 제1류 위험물과 제6류 위험물
② 제2류 위험물과 제4류 위험물
③ 제4류 위험물과 제5류 위험물
④ 제5류 위험물과 제3류 위험물

해 4류와 2, 3. 5류와 2, 4. 6류와 1. 1류는 6, 2류는 4, 6. 4류는 2, 3, 5. 5류는 2, 4와 혼재 가능

57 이동저장탱크에 알킬알루미늄을 저장하는 경우에 불활성 기체를 봉입하는데 이때의 압력은 몇 kPa 이하이어야 하는가?

① 10   ② 20
③ 30   ④ 40

58 위험물 옥외저장소에서 지정수량 200배 초과의 위험물을 저장할 경우 경계표시 주위의 보유 공지 너비는 몇 m 이상으로 하여야 하는가? (단, 제4류 위험물과 제6류 위험물이 아닌 경우이다.)

① 0.5   ② 2.5
③ 10   ④ 15

해
• 지정수량 10배 이하 3m 이상
• 10배 초과 20배 이하 5m 이상
• 20배 초과 50배 이하 9m 이상
• 50배 초과 200배 이하 12m 이상
• 200배 초과 15m 이상
• 4류 위험물 중 제4석유류, 6류 위험물은 공지너비의 3분의 1 이상의 너비로 할 수 있음

59 위험물안전관리법령상 옥외저장소 중 덩어리 상태의 유황만을 지반면에 설치한 경계표시의 안쪽에서 저장 또는 취급할 때 경계표시의 높이는 몇 m 이하로 하여야 하는가?

① 1
② 1.5
③ 2
④ 2.5

60 그림과 같은 위험물 저장탱크의 내용적은 약 몇 m^3인가?

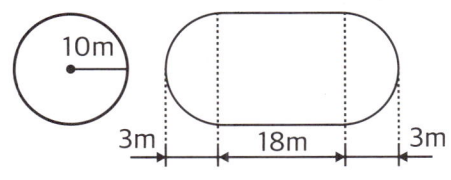

① 4681
② 5482
③ 6283
④ 7080

해 공식 $\pi r^2[\ell + (\ell_1 + \ell_2)/3] = \pi \times 10 \times 10$
$[18 + (3 + 3)/3]$

| 정답 | 59 ② | 60 ③ |

01 제3종 분말 소화약제의 열분해 반응식을 옳게 나타낸 것은?

① $NH_4H_2PO_4 \rightarrow HPO_3 + NH_3 + H_2O$
② $2KNO_3 \rightarrow 2KNO_2 + O_2$
③ $KClO_4 \rightarrow KCl + 2O_2$
④ $2CaHCO_3 \rightarrow 2CaO + H_2CO_3$

해 인산암모늄 3종, 메타인산이 나오는 것 기억해야 한다.

02 위험물안전관리법령상 제2류 위험물 중 지정수량이 500kg인 물질에 의한 화재는?

① A급 화재　　　② B급 화재
③ C급 화재　　　④ D급 화재

해 2류 중 지정수량 500kg은 철분, 마그네슘, 금속분, 금속화재로 D급이다.

03 위험물제조소 등의 용도폐지신고에 대한 설명으로 옳지 않은 것은?

① 용도폐지 후 30일 이내에 신고하여야 한다.
② 완공검사필증을 첨부한 용도폐지신고서를 제출하는 방법으로 신고한다.
③ 전자문서로 된 용도폐지신고서를 제출하는 경우에도 완공검사필증을 제출하여야 한다.
④ 신고의무의 주체는 해당 제조소 등의 관계인이다.

해 시·도지사에게 14일 이내 신고해야 한다.

04 할로겐 화합물의 소화약제 중 할론 2402의 화학식은?

① $C_2Br_4F_2$　　　② $C_2Cl_4F_2$
③ $C_2Cl_4Br_2$　　　④ $C_2F_4Br_2$

해 순서대로, C F Cl Br, 2개, 4개, 0개, 2개

05 위험물제조소 등에 설치하여야 하는 자동화재탐지설비의 설치기준에 대한 설명 중 틀린 것은?

① 자동화재탐지설비의 경계구역은 건축물 그 밖의 공작물의 2 이상의 층에 걸치도록 할 것
② 하나의 경계구역에서 그 한 변의 길이는 50m(광전식분리형 감지기를 설치할 경우에는 100m) 이하로 할 것
③ 자동화재탐지설비의 감지기는 지붕 또는 벽의 옥내에 면한 부분에 유효하게 화재의 발생을 감지할 수 있도록 설치할 것
④ 자동화재탐지설비에는 비상전원을 설치할 것

해 경계구역은 2이상의 층에 걸치지 않도록 해야 한다.

06 다음 중 수소, 아세틸렌과 같은 가연성 가스가 공기 중 누출되어 연소하는 형식에 가장 가까운 것은?

① 확산 연소　　② 증발 연소
③ 분해 연소　　④ 표면 연소

해 기체의 연소 시 확산연소, 폭발연소 기억해야 한다.

07 알코올류 20000L에 대한 소화설비 설치 시 소요단위는?

① 5　　② 10
③ 15　　④ 20

해 위험물의 경우 지정수량의 10배 알코올은 지정수량 400L이고, 4000L가 1소요단위, 20000L의 경우 5소요단위 필요

08 위험물안전관리법령상 분말소화설비의 기준에서 규정한 전역방출방식 또는 국소방출방식 분말소화설비의 가압용 또는 축압용가스에 해당하는 것은?

① 네온가스　　② 아르곤가스
③ 수소가스　　④ 이산화탄소가스

해 질소, 이산화탄소가 쓰인다.

09 과산화칼륨의 저장창고에서 화재가 발생하였다. 다음 중 가장 적합한 소화약제는?

① 물　　② 이산화탄소
③ 마른모래　　④ 염산

해 알칼리금속 과산화물 주수금지, 마른모래, 팽창질석, 팽탄진주암, 탄산수소염류분말소화약제

10 위험물안전관리법령에 의해 옥외저장소에 저장을 허가받을 수 없는 위험물은?

① 제2류 위험물 중 유황(금속제드럼에 수납)
② 제4류 위험물 중 가솔린(금속제드럼에 수납)
③ 제6류 위험물
④ 극제해상위험물규칙(IMDG Code)에 적합한 용기에 수납된 위험물

해 제4류 위험물 중 제1석유류(인화점이 0℃ 이상인 것에 한함)는 옥외저장소 저장 가능하나, 가솔린의 인화점은 −43℃ ~ −20℃, 인화점이 0℃ 이하이므로 이에 해당하지 않아 저장 불가하다.

11 플래시오버에 대한 설명으로 틀린 것은?

① 국소화재에서 실내의 가연물들이 연소하는 대화재로의 전이
② 환기지배형 화재에서 연료지배형 화재로의 전이
③ 실내의 천정 쪽에 축적된 미연소 가연성 증기나 가스를 통한 화염의 급격한 전파
④ 내화건축물의 실내화재 온도 상황으로 보아 성장기에서 최성기로의 진입

해 플레시오버는 성장기에서 최성기로 가는 중간 시점, 성장기는 연료지배형, 최성기는 환기지배형으로 기억. 연료지배형에서 환기지배형으로 전이가 맞다.

12 위험물안전관리법령상 제3류 위험물 중 금수성 물질의 화재에 적응성이 있는 소화설비는?

① 탄산수소염류의 분말소화설비
② 이산화탄소소화설비
③ 할로젠화합물소화설비
④ 인산염류의 분말소화설비

해 금수성, 탄산수소염류의 분말소화설비 기억해야 한다.

| 정답 | 06 ① | 07 ① | 08 ④ | 09 ③ | 10 ② | 11 ② | 12 ① |

13 제1종, 제2종, 제3종 분말소화약제의 주성분에 해당하지 않는 것은?

① 탄산수소나트륨
② 황산마그네슘
③ 탄산수소칼륨
④ 인산암모늄

해 1종, 탄산수소나트륨, 2종, 탄산수소칼륨, 3종, 인산암모늄 기억

14 가연성액화가스의 탱크 주위에서 화재가 발생한 경우에 탱크의 가열로 인하여 그 부분의 강도가 약해져 탱크가 파열됨으로 내부의 가열된 액화가스가 급속히 팽창하면서 폭발하는 현상은?

① 블레비(BLEVE) 현상
② 보일오버(Boil Over) 현상
③ 플래시백(Flash Back) 현상
④ 백드래프트(Back Draft) 현상

15 소화효과에 대한 설명으로 틀린 것은?

① 기화잠열이 큰 소화약제를 사용할 경우 냉각소화 효과를 기대할 수 있다.
② 이산화탄소에 의한 소화는 주로 질식소화로 화재를 진압한다.
③ 할로젠화합물 소화약제는 주로 냉각소화를 한다.
④ 분말소화약제는 질식효과와 부촉매효과 등으로 화재를 진압한다.

해 할로젠화합물 소화약제의 주된 효과는 억제소화이다.

16 건조사와 같은 불연성 고체로 가연물을 덮는 것은 어떤 소화에 해당하는가?

① 제거소화
② 질식소화
③ 냉각소화
④ 억제소화

해 산소를 막는 것으로 질식소화이다.

17 금속칼륨과 금속나트륨은 어떻게 보관하여야 하는가?

① 공기 중에 노출하여 보관
② 물속에 넣어서 밀봉하여 보관
③ 석유 속에 넣어서 밀봉하여 보관
④ 그늘지고 통풍이 잘되는 곳에 산소 분위기에서 보관

해 3류, 자연발화성, 금수성 물질, 석유 속 보관한다.

18 위험물제조소 등에 설치하는 고정식의 포소화설비의 기준에서 포헤드방식의 포헤드는 방호대상물의 표면적 몇 m^2 당 1개 이상의 헤드를 설치하여야 하는가?

① 5
② 9
③ 15
④ 30

19 위험물안전관리법령에 따른 스프링클러헤드의 설치방법에 대한 설명으로 옳지 않은 것은?

① 개방형헤드는 반사판으로부터 하방으로 0.45m, 수평방향으로 0.3m 공간을 보유할 것
② 폐쇄형헤드는 가연성물질 수납부분에 설치 시 반사판으로부터 하방으로 0.9m, 수평방향으로 0.4m의 공간을 확보할 것
③ 폐쇄형헤드 중 개구부에 설치하는 것은 당해 개구부의 상단으로부터 높이 0.15m 이내의 벽면에 설치할 것
④ 폐쇄형헤드 설치 시 급배기용 덕트의 긴변의 길이가 1.2m를 초과하는 것이 있는 경우에는 당해 덕트의 윗부분에도 헤드를 설치할 것

해 폐쇄형헤드 설치 시 덕트의 폭이 1.2m 초과하면 덕트 아랫부분에도 헤드를 설치한다.

20 Mg, Na의 화재에 이산화탄소 소화기를 사용하였다. 화재현장에서 발생되는 현상은?

① 이산화탄소가 부착면을 만들어 질식소화 된다.
② 이산화탄소가 방출되어 냉각소화 된다.
③ 이산화탄소가 Mg, Na과 반응하여 화재가 확대 된다.
④ 부촉매효과에 의해 소화 된다.

해 금속에 이산화탄소 소화기 쓰면 폭발한다.

21 위험물안전관리법령의 제3류 위험물 중 금수성 물질에 해당하는 것은?

① 황린   ② 적린
③ 마그네슘   ④ 칼륨

해 황린, 칼륨은 3류, 적린, 마그네슘은 2류, 칼륨은 금수성물질이다.

22 다음 중 위험성이 더욱 증가하는 경우는?

① 황린을 수산화칼슘 수용액에 넣었다.
② 나트륨을 등유 속에 넣었다.
③ 트리에틸알루미늄 보관용기 내에 가스를 봉입시켰다.
④ 니트로셀룰로오스를 알코올 수용액에 넣었다.

해 황린은 수산화칼슘 수용액에 반응하여 포스핀 가스를 발생시킨다.

23 적린의 성질에 대한 설명 중 옳지 않은 것은?

① 황린과 성분원소가 같다.
② 발화온도는 황린보다 낮다.
③ 물, 이황화탄소에 녹지 않는다.
④ 브롬화인에 녹는다.

해 적린은 황린보다 안정한 물질, 발화온도도 더 높다. 적린은 260℃, 황린은 34℃이다.

24 과산화칼륨과 과산화마그네슘이 염산과 각각 반응했을 때 공통으로 나오는 물질의 지정수량은?

① 50L   ② 100kg
③ 300kg   ④ 1000L

해 염산과 반응 시 과산화수소가 나오며, 6류로 지정수량 300kg이다.

25 트리메틸알루미늄이 물과 반응 시 생성되는 물질은?

① 산화알루미늄   ② 메탄
③ 메틸알코올   ④ 에탄

해 메탄이 나온다.

26 소화설비의 기준에서 용량 160L 팽창질석의 능력 단위는?

① 0.5
② 1.0
③ 1.5
④ 2.5

해 팽창질석, 팽창진주암 160L의 능력단위는 1이다.

27 위험물안전관리법령상 위험물 운반 시 차광성이 있는 피복으로 덮지 않아도 되는 것은?

① 제1류 위험물
② 제2류 위험물
③ 제3류 위험물 중 자연발화성물질
④ 제4류 위험물

해 · 2류위험물은 아니다.
  · 13자, 4특, 56 으로 기억한다.

28 이동탱크저장소에 의한 위험물의 운송 시 준수하여야 하는 기준에서 다음 중 어떤 위험물을 운송할 때 위험물운송자는 위험물안전카드를 휴대하여야 하는가?

① 특수인화물 및 제1석유류
② 알코올류 및 제2석유류
③ 제3석유류 및 동식물류
④ 제4석유류

29 위험물안전관리법령상 총리령으로 정하는 제1류 위험물에 해당하지 않는 것은?

① 과요오드산(과아이오딘산)
② 질산구아니딘
③ 차아염소산염류
④ 염소화이소시아눌산

해 2번은 5류이다.

30 흑색화약의 원료로 사용되는 위험물의 유별을 옳게 나타낸 것은?

① 제1류, 제2류
② 제1류, 제4류
③ 제2류, 제4류
④ 제4류, 제5류

해 KNO_3 + C + S, 질산칼륨과 황, 1류와 2류다.

31 다음 물질 중 제1류 위험물이 아닌 것은?

① Na_2O_2
② $NaClO_3$
③ NH_4ClO_4
④ $HClO_4$

해 과산화나트륨, 염소산나트륨, 과염소산나트륨, 과염소산, 과염소산은 6류

32 소화난이도등급 Ⅰ의 옥내저장소에 설치하여야 하는 소화설비에 해당하지 않는 것은?

① 옥외소화전설비
② 연결살수설비
③ 스프링클러설비
④ 물분무소화설비

해 · 처마높이 6m 이상인 단층건물 또는 다른 용도의 부분이 있는 건축물에 설치한 옥내저장소:스프링클러 또는 이동식 외의 물분무등소화설비
· 그 외:옥외소화전설비, 스프링클러설비, 이동식 외의 물분무등소화설비, 이동식 포소화 설비 등
· 연결살수설비는 소화설비가 아니다.

33 적린의 위험성에 관한 설명 중 옳은 것은?

① 공기 중에 방치하면 폭발한다.
② 산소와 반응하여 포스핀가스를 발생한다.
③ 연소 시 적색의 오산화인이 발생한다.
④ 강산화제와 혼합하면 충격 마찰에 의해 발화할 수 있다.

해 공기 중에서 안정하다. 산소반응 시 오산화인 발생하며, 연소 시 백색의 오산화인이 나온다.

34 디에틸에테르에 대한 설명으로 옳은 것은?

① 연소하면 아황산가스를 발생하고, 마취제로 사용한다.
② 증기는 공기보다 무거우므로 물속에 보관한다.
③ 에탄올을 진한 황산을 이용해 축합반응시켜 제조할 수 있다.
④ 제4류 위험물 중 연소범위가 좁은 편에 속한다.

해 연소하면 물과 이산화탄소를 배출, 황이 없다. 증기는 공기보다 무겁지만 물속 보관하는 것은 아니다. 연소범위가 넓은 편이다. 1.9 – 48%

35 위험물제조소에 설치하는 안전장치 중 위험물의 성질에 따라 안전밸브의 작동이 곤란한 가압설비에 한하여 설치하는 것은?

① 파괴판
② 안전밸브를 병용하는 경보장치
③ 감압측에 안전밸브를 부착한 감압밸브
④ 연성계

36 트리니트로톨루엔의 성질에 대한 설명 중 옳지 않은 것은?

① 담황색의 결정이다.
② 폭약으로 사용된다.
③ 자연분해의 위험성이 적어 장기간 저장이 가능하다.
④ 조해성과 흡습성이 매우 크다.

해 물에 녹지 않고, 조해성, 흡습성이 없다.

37 과산화나트륨이 물과 반응하면 어떤 물질과 산소를 발생하는가?

① 수산화나트륨　② 수산화칼륨
③ 질산나트륨　④ 아염소산나트륨

해 물과 반응하면 수산화나트륨 발생

38 다음 중 물에 녹고 물보다 가벼운 물질로 인화점이 가장 낮은 것은?

① 아세톤　② 이황화탄소
③ 벤젠　④ 산화프로필렌

해 4류, 1,4는 수용성이다.
인화점 아세톤 – 18, 산화프로필렌은 – 37

| 정답 | 33 ④　34 ③　35 ①　36 ④　37 ①　38 ④

39 과염소산칼륨과 가연성고체 위험물이 혼합되는 것은 위험하다. 그 주된 이유는 무엇인가?

① 전기가 발생하고 자연 가열되기 때문이다.
② 중합반응을 하여 열이 발생되기 때문이다.
③ 혼합하면 과염소산칼륨이 연소하기 쉬운 액체로 변하기 때문이다.
④ 가열, 충격 및 마찰에 의하여 발화 폭발 위험이 높아지기 때문이다.

해 산소를 포함하고 있어 가연물과 만나면 발화, 폭발 위험 높아진다.

40 유황의 성질을 설명한 것으로 옳은 것은?

① 전기의 양도체이다.
② 물에 잘 녹는다.
③ 연소하기 어려워 분진 폭발의 위험성은 없다.
④ 높은 온도에서 탄소와 반응하여 이황화탄소가 생긴다.

해 부도체이고 물에녹지 않음, 분진폭발 위험 있다.

41 위험물의 품명 분류가 잘못된 것은?

① 제1석유류 : 휘발유
② 제2석유류 : 경유
③ 제3석유류 : 포름산
④ 제4석유류 : 기어유

해 포름산은 2석유류

42 다음 중 발화점이 가장 낮은 것은?

① 이황화탄소 ② 산화프로필렌
③ 휘발유 ④ 메탄올

해 4류, 순서대로, 100, 465, 300, 454℃
암기법 이황화탄소의 발화점은 낮다고 암기

43 제5류 위험물의 위험성에 대한 설명으로 옳지 않은 것은?

① 가연성 물질이다.
② 대부분 외부의 산소 없이도 연소하며 연소속도가 빠르다.
③ 물에 잘 녹지 않으며 물과의 반응위험성이 크다.
④ 가열, 충격, 타격 등에 민감하며 강산화제 또는 강산류와 접촉 시 위험하다.

해 물과 반응 위험성이 크지 않고 안정화된다.

44 질산칼륨에 대한 설명 중 옳은 것은?

① 유기물 및 강산에 보관할 때 매우 안정하다.
② 열에 안정하여 1000℃를 넘는 고온에서도 분해되지 않는다.
③ 알코올에는 잘 녹으나 물, 글리세린에는 잘 녹지 않는다.
④ 무색, 무취의 결정 또는 분말로서 화약 원료로 사용된다.

해 유기물, 강산에 위험하다. 열분해하며 산소 발생한다. 알코올에 녹지 않고, 물, 글리세린에 녹는다.

45 [보기]에서 설명하는 물질은 무엇인가?

> [보기]
> • 살균제 및 소독제로도 사용된다.
> • 분해할 때 발생하는 발생기산소 [O]는 난분해성 유기물질을 산화시킬 수 있다.

① $HClO_4$ ② CH_3OH
③ H_2O_2 ④ H_2SO_4

해 6류, 과산화수소

46 [보기]의 위험물 중 비중이 물보다 큰 것은 모두 몇 개인가?

> [보기]
> 과염소산, 과산화수소, 질산

① 0   ② 1
③ 2   ④ 3

해 6류, 모두 1보다 크다.

47 다음 중 위험물안전관리법령상 위험물제조소와의 안전거리가 가장 먼 것은?

① 「고등교육법」에서 정하는 학교
② 「의료법」에 따른 병원급 의료기관
③ 「고압가스 안전관리법」에 의하여 허가를 받은 고압가스제조시설
④ 「문화재보호법」에 의한 유형문화재와 기념물 중 지정문화재

해 학교, 병원 등 다수인 수용 시설, 30m 이상, 고압가스 제조시설은 20m 이상, 지정문화재는 50m 이상이다.

48 칼륨을 물에 반응시키면 격렬한 반응이 일어난다. 이 때 발생하는 기체는 무엇인가?

① 산소   ② 수소
③ 질소   ④ 이산화탄소

해 칼륨은 수소를 발생시킨다.

49 위험물안전관리법령상의 위험물 운반에 관한 기준에서 액체위험물은 운반용기 내용적의 몇 % 이하의 수납율로 수납하여야 하는가?

① 80   ② 85
③ 90   ④ 98

해 액체위험물은 98% 이하, 고체위험물은 95, 알킬알루미늄, 알킬리튬은 90%이다.

50 메틸알코올의 위험성으로 옳지 않은 것은?

① 나트륨과 반응하여 수소기체를 발생한다.
② 휘발성이 강하다.
③ 연소범위가 알코올류 중 가장 좁다.
④ 인화점이 상온(25℃)보다 낮다.

해 연소 범위가 알코올류 중 가장 넓다. 7.3 – 36%

| 정답 | 45 ③ | 46 ④ | 47 ④ | 48 ② | 49 ④ | 50 ③ |

51 위험물제조소의 건축물 구조기준 중 연소의 우려가 있는 외벽은 출입구 외의 개구부가 없는 내화구조의 벽으로 하여야 한다. 이 때 연소의 우려가 있는 외벽은 제조소가 설치된 부지의 경계선에서 몇 m 이내에 있는 외벽을 말하는가? (단, 단층 건물일 경우이다.)

① 3
② 4
③ 5
④ 6

🅗 3m이다. 2층 이상일 경우 5m

52 다음 중 위험물안전관리법령상 제6류 위험물에 해당하는 것은?

① 황산
② 염산
③ 질산염류
④ 할로겐간화합물

🅗 황산 염산은 위험물 아님, 질산염류는 1류

53 질산이 직사일광에 노출될 때 어떻게 되는가?

① 분해되지는 않으나 붉은 색으로 변한다.
② 분해되지는 않으나 녹색으로 변한다.
③ 분해되어 질소를 발생한다.
④ 분해되어 이산화질소를 발생한다.

🅗 질산은 햇볕에 노출되면 분해되고, 황갈색으로 변하며, 이산화질소를 발생시킨다.

54 위험물안전관리법령상 제2류 위험물의 위험등급에 대한 설명으로 옳은 것은?

① 제2류 위험물은 위험등급I에 해당되는 품명이 없다.
② 제2류 위험물은 위험등급III에 해당되는 품명은 지정 수량이 500kg인 품명만 해당된다.
③ 제2류 위험물 중 황화인, 적린, 유황 등 지정수량이 100kg인 품명은 위험등급I에 해당한다.
④ 제2류 위험물 중 지정수량이 1000kg인 인화성고체는 위험등급II에 해당한다.

🅗 2류는 I 이 없다.

55 위험물 저장탱크의 공간용적은 탱크 내용적의 얼마 이상, 얼마 이하로 하는가?

① 1/100 이상, 3/100 이하
② 2/100 이상, 5/100 이하
③ 5/100 이상, 10/100 이하
④ 10/100 이상, 20/100 이하

56 칼륨이 에틸알코올과 반응할 할 때 나타나는 현상은?

① 산소가스를 생성한다.
② 칼륨에틸레이트를 생성한다.
③ 칼륨과 물이 반응할 때와 동일한 생성물이 나온다.
④ 에틸알코올이 산화되어 아세트알데히드를 생성한다.

🅗 칼륨은 물, 알코올과 반응 시, 모두 수소를 발생시키나, 물과 반응 시 수산화칼륨, 알코올과 반응 시 칼륨에틸레이트 발생시키므로, ③은 틀린 지문

57 지정수량 20배의 알코올류를 저장하는 옥외탱크저장소의 경우 펌프실 외의 장소에 설치하는 펌프설비의 기준으로 옳지 않은 것은?

① 펌프설비 주위에는 3m 이상의 공지를 보유한다.
② 펌프설비 그 직하의 지반면 주위에 높이 0.15m 이상의 턱을 만든다.
③ 펌프설비 그 직하의 지반면의 최저부에는 집유설비를 만든다.
④ 집유설비에는 위험물이 배수구에 유입되지 않도록 유분리장치를 만든다.

해 유분리장치는 4류 위험물 중 20℃의 물 100g에 용해되는 양이 1g 미만인 것에 한해 설치. 즉, 비수용성인 물질에 설치한다. 알코올은 수용성이므로 설치대상 아니다.

58 제5류 위험물 중 유기과산화물 30kg과 히드록실아민(하이드록실아민) 500kg을 함께 보관하는 경우 지정수량의 몇 배인가?

① 3배　　② 8배
③ 10배　　④ 18배

해 각 지정수량은 10kg, 100kg이다. 따라서 지정수량의 3배, 5배

59 위험물안전관리법령상 품명이 금속분에 해당하는 것은? (단, 150㎛의 체를 통과하는 것이 50wt% 이상인 경우이다.)

① 니켈분　　② 마그네슘분
③ 알루미늄분　　④ 구리분

해 지문은 구리, 니켈을 제외한 금속분 기준이며, 마그네슘은 직경 2밀리미터 체를 통과하지 못하는 것이 위험물이다.

60 아세톤의 성질에 대한 설명으로 옳은 것은?

① 자연발화성 때문에 유기용제로서 사용할 수 없다.
② 무색, 무취이고 겨울철에 쉽게 응고한다.
③ 증기비중은 약 0.79이고 요오드포름 반응을 한다.
④ 물에 잘 녹으며 끓는 점이 60℃보다 낮다.

해 자연발화성은 주로 3류 위험물, 아세톤 자연발화성 없고, 잘 얼지 않는다. 증기비중은 2이다. 물에 녹고, 끓는점에 56.5℃

| 정답 | 57 ④　　58 ②　　59 ③　　60 ④

01 위험물안전관리법령에 따라 다음 ( ) 안에 알맞은 용어는?

> 주유취급소 중 건축물의 2층 이상의 부분을 점포·휴게음식점 또는 전시장의 용도로 사용하는 것에 있어서는 당해 건축물의 2층 이상으로부터 주유취급소의 부지 밖으로 통하는 출입구와 당해 출입구로 통하는 통로·계단 및 출입구에 ( )을(를) 설치하여야 한다.

① 피난사다리 ② 경보기
③ 유도등 ④ CCTV

해 3번. 대상도 잘 기억할 것, 2층, 점포 휴게음식점, 전시장, 주유취급소 등의 키워드 기억할 것

02 다음 중 물이 소화약제로 쓰이는 이유로 가장 거리가 먼 것은?

① 쉽게 구할 수 있다. ② 제거소화가 잘 된다.
③ 취급이 간편하다. ④ 기화잠열이 크다.

해 물 하면 냉각소화를 주로 떠올려야 한다. 제거 소화는 아니다.

03 위험물안전관리법령상 전기설비에 적응성이 없는 소화설비는?

① 포소화설비
② 이산화탄소소화설비
③ 할로젠화합물소화설비
④ 물분무소화설비

해 전기설비, 옥내소화전, 스프링클러, 포소화설비 등은 안 된다.

04 니트로셀룰로오스의 저장·취급방법으로 틀린 것은?

① 직사광선을 피해 저장한다.
② 되도록 장기간 보관하여 안정화된 후에 사용한다.
③ 유기과산화물류, 강산화제와의 접촉을 피한다.
④ 건조 상태에 이르면 위험하므로 습한 상태를 유지한다.

해 5류, 자기반응하므로 장기 보관하면 위험하다.

05 위험물안전관리법령상 제3류 위험물의 금수성 물질 화재 시 적응성이 있는 소화약제는?

① 탄산수소염류분말 ② 물
③ 이산화탄소 ④ 할로젠화합물

해 주수금지 탄산수소염류분말, 마른모래, 팽창진주암, 팽창질석

| 정답 | 01 ③ | 02 ② | 03 ① | 04 ② | 05 ① |

06 할론 1301의 증기 비중은? (단, 불소의 원자량은 19, 브롬의 원자량은 80, 염소의 원자량은 35.5이고 공기의 분자량은 29이다.)

① 2.14
② 4.15
③ 5.14
④ 6.15

해 C, F, Cl, Br의 숫자이다. C 1개, F 3개, Br 1개이다. 합하면 149이고 29로 나누면, 약 5.14이다.

07 위험물안전관리법령상 간이탱크저장소에 대한 설명 중 틀린 것은?

① 간이저장탱크의 용량은 600리터 이하여야 한다.
② 하나의 간이탱크저장소에 설치하는 간이저장탱크는 5개 이하여야 한다.
③ 간이저장탱크는 두께 3.2mm 이상의 강판으로 흠이 없도록 제작하여야 한다.
④ 간이저장탱크는 70kPa의 압력으로 10분간의 수압 시험을 실시하여 새거나 변형되지 않아야 한다.

해 하나의 간이탱크저장소에 설치하는 간이저장탱크는 3개 이하여야 한다.

08 가연성 물질과 주된 연소형태의 연결이 틀린 것은?

① 종이, 섬유 – 분해연소
② 셀룰로이드, TNT – 자기연소
③ 목재, 석탄 – 표면연소
④ 유황, 알코올 – 증발연소

해 목재, 석탄은 분해연소

09 B, C급 화재뿐만 아니라 A급 화재까지도 사용이 가능한 분말소화약제는?

① 제1종 분말소화약제
② 제2종 분말소화약제
③ 제3종 분말소화약제
④ 제4종 분말소화약제

해 ABC모드 가능한 것은 3종 분말소화약제만 가능

10 식용유 화재 시 제1종 분말소화약제를 이용하여 화재의 제어가 가능하다. 이때의 소화원리에 가장 가까운 것은?

① 촉매효과에 의한 질식소화
② 비누화 반응에 의한 질식소화
③ 요오드화에 의한 냉각소화
④ 가수분해 반응에 의한 냉각소화

해 1종 분말소화약제 하면 비누화 반응을 기억해야 한다.

11 위험물안전관리법령에서 정한 자동화재탐지설비에 대한 기준으로 틀린 것은? (단, 원칙적인 경우에 한한다.)

① 경계구역은 건축물 그 밖의 공작물의 2 이상의 층에 걸치지 아니하도록 할 것
② 하나의 경계구역의 면적은 600m² 이하로 할 것
③ 하나의 경계구역의 한 변 길이는 30m 이하로 할 것
④ 자동화재탐지설비에는 비상전원을 설치할 것

해 하나의 경계구역의 한 변 길이는 50m 이하

| 정답 | 06 ③ | 07 ② | 08 ③ | 09 ③ | 10 ② | 11 ③ |

12 다음 중 산화성 물질이 아닌 것은?

① 무기과산화물 ② 과염소산
③ 질산염류 ④ 마그네슘

해 산화성 물질은 1류와 6류, 마그네슘은 2류

13 위험물제조소에서 국소방식의 배출설비 배출능력은 1시간 당 배출장소 용적의 몇 배 이상인 것으로 하여야 하는가?

① 5 ② 10
③ 15 ④ 20

14 유류화재 시 발생하는 이상현상인 보일오버(Boil over)의 방지대책으로 가장 거리가 먼 것은?

① 탱크하부에 배수관을 설치하여 탱크 저면의 수층을 방지한다.
② 적당한 시기에 모래나 팽창질석, 비등석을 넣어 불의 과열을 방지한다.
③ 냉각수를 대량 첨가하여 유류와 물의 과열을 방지한다.
④ 탱크 내용물의 기계적 교반을 통하여 에멀션상태로 하여 수층형성을 방지한다.

해 보일오버는 물이 증발하면서 발생하는 화재이다. 따라서 물을 첨가하면 안 된다.

15 20℃의 물 100kg이 100℃ 수증기로 증발하면 몇 kcal의 열량을 흡수할 수 있는가? (단, 물의 증발잠열은 540kcal이다.)

① 540 ② 7800
③ 62000 ④ 108000

해 비열은 1kcal/kg·℃, 즉 1kg을 1℃ 올리는데, 1kcal가 든다. 따라서 100kg을 80℃ 올리는데, 8000kcal가 들고, 증발하기 위해서는 kg당 540kcal가 들고, 100kg이므로 54000kcal이 든다. 합하면 62000kcal이다.

16 제5류 위험물의 화재 시 적응성이 있는 소화설비는?

① 분말 소화설비
② 할로젠화합물 소화설비
③ 물분무 소화설비
④ 이산화탄소 소화설비

해 5류는 산소포함 한다. 따라서 질식이 아닌 냉각이 주된 것

17 위험물안전관리법에서 정한 정전기를 유효하게 제거할 수 있는 방법에 해당하지 않는 것은?

① 위험물 이송 시 배관 내 유속을 빠르게 하는 방법
② 공기를 이온화하는 방법
③ 접지에 의한 방법
④ 공기 중의 상대습도를 70% 이상으로 하는 방법

해 유속을 빠르게 하면 마찰이 많이 생기므로 정전기 발생 위험이 증가한다.

18 다음 중 가연물이 고체 덩어리보다 분말 가루일 때 위험성이 큰 이유로 가장 옳은 것은?

① 공기와 접촉 면적이 크기 때문이다.
② 열전도율이 크기 때문이다.
③ 흡열반응을 하기 때문이다.
④ 활성에너지가 크기 때문이다.

해 표면적이 넓으면 공기와 접촉 면적이 크므로, 가연물의 위험성이 크다. 고체 보다 분말이 면적이 더 크다.

19 소화약제로 사용할 수 없는 물질은?

① 이산화탄소　　② 제1인산암모늄
③ 탄산수소나트륨　　④ 브롬산암모늄

해 브롬산암모늄은 1류 위험물

20 물과 접촉하면 열과 산소가 발생하는 것은?

① $NaClO_2$　　② $NaClO_3$
③ $KMnO_4$　　④ Na_2O_2

해 1류, 알칼리금속 과산화물은 물과 접촉 시 산소 발생

21 위험물에 대한 설명으로 틀린 것은?

① 적린은 연소하면 유독성 물질이 발생한다.
② 마그네슘은 연소하면 가연성 수소가스가 발생한다.
③ 유황은 분진폭발의 위험이 있다.
④ 황화인에는 P_4S_3, P_2S_5, P_4S_7 등이 있다.

해 마그네슘은 연소하면 산화마그네슘이 나온다.

22 위험물안전관리법령상 옥내저장탱크와 탱크전용실의 벽과의 사이 및 옥내저장탱크의 상호 간에는 몇 m 이상의 간격을 유지하여야 하는가?

① 0.5　　② 1
③ 1.5　　④ 2

23 벤조일퍼옥사이드에 대한 설명으로 틀린 것은?

① 무색, 무취의 투명한 액체이다.
② 가급적 수분하여 저장한다.
③ 제5류 위험물에 해당한다.
④ 품명은 유기과산화물이다.

해 무색, 무취의 결정이다.

24 2가지 물질을 섞었을 때 수소가 발생하는 것은?

① 칼륨과 에탄올
② 과산화마그네슘과 염화수소
③ 과산화칼륨과 탄산가스
④ 오황화린과 물

해 칼륨은 알코올과 반응 시 수소를 발생시킨다.

25 다음 위험물의 지정수량 배수의 총합은 얼마인가?

| 질산 150kg, 과산화수소수 420kg, 과염소산 300kg |

① 2.5　　② 2.9
③ 3.4　　④ 3.9

해 6류, 모두 300kg, 따라서, 0.5 + 1.4 + 1 = 2.9

| 정답 | 18 ① | 19 ④ | 20 ④ | 21 ② | 22 ① | 23 ① | 24 ① | 25 ② |

26 위험물안전관리법령상 운송책임자의 감독·지원을 받아 운송하여야 하는 위험물은?

① 알킬리튬　　　② 과산화수소
③ 가솔린　　　　④ 경유

해 알킬알루미늄, 알킬리튬 기억해야 한다.

27 「자동화재탐지설비 일반점검표」의 점검내용이 "변형·손상의 유무, 표시의 적부, 경계구역 일람도의 적부, 기능의 적부"인 점검항목은?

① 감지기　　　　② 중계기
③ 수신기　　　　④ 발신기

해 경계구역 일람도의 적부는 수신기를 떠올려야 한다.

28 위험물안전관리법령상 지정수량 10배 이상의 위험물을 저장하는 제조소에 설치하여야 하는 경보설비의 종류가 아닌 것은?

① 자동화재탐지설비　　② 자동화재속보설비
③ 휴대용 확성기　　　　④ 비상방송설비

해 2번은 아니다.

29 위험물안전관리법령상 특수인화물의 정의에 관한 내용이다. ( )에 알맞은 수치를 차례대로 나타낸 것은?

> "특수인화물"이라 함은 이황화탄소, 디에틸에테르 그 밖에 1기압에서 발화점이 섭씨 100도 이하인 것 또는 인화점이 섭씨 영하 ( )도 이하이고 비점이 섭씨 ( )도 이하인 것을 말한다.

① 40, 20　　　　② 20, 40
③ 20, 100　　　 ④ 40, 100

30 제4류 위험물의 옥외저장탱크에 설치하는 밸브 없는 통기관은 직경이 얼마 이상인 것으로 설치해야 되는가? (단, 압력탱크는 제외한다.)

① 10mm　　　　② 20mm
③ 30mm　　　　④ 40mm

해 인화방지망설치 필요

31 위험물안전관리법령상 위험등급 I 의 위험물에 해당하는 것은?

① 무기과산화물　　② 황화인, 적린, 유황
③ 제1석유류　　　 ④ 알코올류

해 나머지는 모두 II 위험물

32 페놀을 황산과 질산의 혼산으로 니트로화하여 제조하는 제5류 위험물은?

① 아세트산　　　② 피크르산
③ 니트로글리콜　④ 질산에틸

해 트리니트로페놀 즉 피크르산이다. 페놀, 황산, 질산은 피크르산이다.

33 금속염을 불꽃반응 실험을 한 결과 노란색의 불꽃이 나타났다. 이 금속염에 포함된 금속은 무엇인가?

① Cu　　　　② K
③ Na　　　　④ Li

해 노란색은 나트륨이다.

34 위험물안전관리법령에서 정한 메틸알코올의 지정수량을 Kg 단위로 환산하면 얼마인가? (단, 메틸알코올의 비중은 0.8이다.)

① 200　　　　　② 320
③ 400　　　　　④ 450

해 메틸알코올 지정수량은 400L이다. 비중은 0.8 즉 밀도가 물에 비해 0.8이라는 뜻(물의 밀도가1 즉 1L당 1kg)으로 400의 0.8이다. 320kg

35 [보기]에서 나열한 위험물의 공통 성질을 옳게 설명한 것은?

> [보기]
> 나트륨, 황린, 트리에틸알루미늄

① 상온, 상압에서 고체의 형태를 나타낸다.
② 상온, 상압에서 액체의 형태를 나타낸다.
③ 금수성 물질이다.
④ 자연발화의 위험이 있다.

해 트리에틸알루미늄은 액체, 나머지는 고체, 3류 중 황린은 금수성 아니다. 모두 자연발화 위험 있다.

36 위험물안전관리법령상 제1류 위험물의 질산염류가 아닌 것은?

① 질산은　　　　② 질산암모늄
③ 질산섬유소　　④ 질산나트륨

해 질산섬유소는 니트로셀룰로오스, 5류이다.

37 위험물안전관리법령상 제3류 위험물에 해당하지 않는 것은?

① 적린　　　　　② 나트륨
③ 칼륨　　　　　④ 황린

해 적린은 2류이다.

38 산화성액체인 질산의 분자식으로 옳은 것은?

① HNO_2　　　　② HNO_3
③ NO_2　　　　　④ NO_3

39 위험물안전관리법령상 제4류 위험물운반용기의 외부에 표시해야 하는 사항이 아닌 것은?

① 규정에 의한 주의사항
② 위험물의 품명 및 위험등급
③ 위험물의 관리자 및 지정수량
④ 위험물의 화학명

해 품명, 위험등급, 화학명, 수용성, 수량, 주의사항 등을 모두 표시해야 한다. 3번은 아니다.

| 정답 | 34 ② | 35 ④ | 36 ③ | 37 ① | 38 ② | 39 ③ |

40 그림과 같이 횡으로 설치한 원형탱크의 용량은 약 몇 m³인가? (단, 공간용적은 내용적의 10/1000이다.)

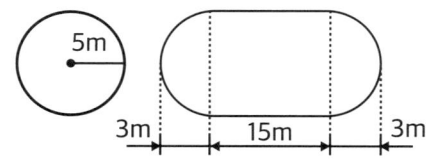

① 1690.9　　② 1335.1
③ 1268.4　　④ 1201.7

혜 $V = \pi r^2(l + \frac{l_1 + l_2}{3})$이 내용적이고, 공간용적 10%를 제하면 된다.
$\pi \times 5^2 \times (15 + \frac{3+3}{3}) \times 0.9 = 1201.7$

41 위험물안전관리법령에서 정한 아세트알데히드 등을 취급하는 제조소의 특례에 관한 내용이다. ( ) 안에 해당하는 물질이 아닌 것은?

아세트알데히드 등을 취급하는 설비는 (　　)·(　　)·(　　)·(　　) 또는 이들을 성분으로 하는 합금으로 만들지 아니할 것

① 동　　② 은
③ 금　　④ 마그네슘

혜 금은 아니다.

42 다음 반응식과 같이 벤젠 1kg이 연소할 때 발생되는 CO₂의 양은 약 몇 m³인가? (단, 27℃, 750mmHg 기준이다)

$$2C_6H_6 + 15O_2 \rightarrow 12CO_2 + 6H_2O$$

① 0.72　　② 1.22
③ 1.92　　④ 2.42

혜 $PV = \frac{w}{M}RT$, 부피인 V를 구하고, 반응식에서 벤젠과 이산화탄소의 비율을 구하면 1대 6이다. 벤젠 1몰당 이산화탄소 6몰이 반응한다.
$(2C_6H_6 + 15O_2 \rightarrow 12CO_2 + 6H_2O)$.
압력은 주어진 압력에 1/760을 곱해야 하므로 0.9868로 계산되고, 벤젠의 분자량은 78kg/kmol이어서, 몰수를 구하고 계산하면 1.917이 됨

43 등유에 관한 설명으로 틀린 것은?

① 물보다 가볍다.
② 녹는점은 상온보다 높다.
③ 발화점은 상온보다 높다.
④ 증기는 공기보다 무겁다.

혜 등유는 액체이다. 즉, 녹는점이 상온보다 낮다. 그러므로 상온에서 액체인 것이다.

44 벤젠(C_6H_6)의 일반 성질로서 틀린 것은?

① 휘발성이 강한 액체이다.
② 인화점은 가솔린보다 낮다.
③ 물에 녹지 않는다.
④ 화학적으로 공명구조를 이루고 있다.

혜 인화점은 가솔린보다 높다. 가솔린은 −43℃ ~ −20℃, 벤젠은 −11℃이다.

45 위험물안전관리법령에 의한 위험물에 속하지 않는 것은?

① CaC_2 ② S
③ P_2O_5 ④ K

해 오산화인은 위험물이 아니다.

46 제4류 위험물을 저장 및 취급하는 위험물제조소에 설치한 "화기엄금" 게시판의 색상으로 올바른 것은?

① 적색바탕에 흑색문자   ② 흑색바탕에 적색문자
③ 백색바탕에 적색문자   ④ 적색바탕에 백색문자

47 과염소산암모늄에 대한 설명으로 옳은 것은?

① 물에 용해되지 않는다.
② 청녹색의 침상결정이다.
③ 130℃에서 분해하기 시작하여 CO_2 가스를 방출한다.
④ 아세톤, 알코올에 용해된다.

해 물, 아세톤, 알코올에 용해된다. 분해하면 산소를 발생한다. 무색 무취결정이다.

48 휘발유의 일반적인 성질에 관한 설명으로 틀린 것은?

① 인화점이 0℃보다 낮다.
② 위험물안전관리법령상 제1석유류에 해당한다.
③ 전기에 대해 비전도성 물질이다.
④ 순수한 것은 청색이나 안전을 위해 검은색으로 착색해서 사용해야 한다.

해 통상 색이 없으나, 노란색, 갈색 등으로 착색한다.

49 톨루엔에 대한 설명으로 틀린 것은?

① 휘발성이 있고 가연성 액체이다.
② 증기는 마취성이 있다.
③ 알코올, 에테르, 벤젠 등과 잘 섞인다.
④ 노란색 액체로 냄새가 없다.

해 4류 무색 무취의 액체이다.

50 위험물안전관리법령상 혼재할 수 없는 위험물은? (단, 위험물은 지정수량의 1/10을 초과하는 경우이다.)

① 적린과 황린
② 질산염류와 질산
③ 칼륨과 특수인화물
④ 유기과산화물과 유황

해 423. 524. 61. 적린은 2류, 황린은 3류, 혼재불가하다.

51 위험물의 품명과 지정수량이 잘못 짝지어진 것은?

① 황화인 – 50kg
② 마그네슘 – 500kg
③ 알킬알루미늄 – 10kg
④ 황린 – 20kg

해 황화인은 2류로 지정수량 100kg이다.

| 정답 | 45 ③ | 46 ④ | 47 ④ | 48 ④ | 49 ④ | 50 ① | 51 ① |

52 디에틸에테르의 성질에 대한 설명으로 옳은 것은?

① 발화온도는 400℃이다.
② 증기는 공기보다 가볍고, 액상은 물보다 무겁다.
③ 알코올에 용해되지 않지만 물에 잘 녹는다.
④ 연소범위는 1.9 ~ 48% 정도이다.

해 발화온도는 180℃, 증기는 공기보다 무겁고, 액상은 물보다 가벼워서 뜬다. 알코올에 잘 녹는다.

53 다음 물질 중 인화점이 가장 낮은 것은?

① CH_3COCH_3
② $C_2H_5OC_2H_5$
③ $CH_3(CH_2)_3OH$
④ CH_3OH

해 차례대로, 아세톤 – 11, 디에틸에테르 – 45, 부틸알코올 28, 메틸알코올 11℃

54 과산화수소의 성질에 대한 설명으로 옳지 않은 것은?

① 산화성이 강한 무색투명한 액체이다.
② 위험물안전관리법령상 일정 비중 이상일 때 위험물로 취급한다.
③ 가열에 의해 분해하면 산소가 발생한다.
④ 소독약으로 사용할 수 있다.

해 일정 비중 이상일 경우 위험물인 것은 질산이다. 과산화수소는 일정농도 이상이면 위험물이다.

55 질산과 과염소산의 공통성질에 해당하지 않는 것은?

① 산소를 함유하고 있다.
② 불연성 물질이다.
③ 강산이다.
④ 비점이 상온보다 낮다.

해 모두 6류로 액체이다. 즉, 비점(끓는 점)이 상온보다 높기 때문에 액체로 존재한다.

56 다음 물질 중 위험물 유별에 따른 구분이 나머지 셋과 다른 하나는?

① 질산은
② 질산메틸
③ 무수크롬산
④ 질산암모늄

해 나머지는 모두 1류, 질산메틸만 5류이다.

57 니트로셀룰로오스의 안전한 저장을 위해 사용하는 물질은?

① 페놀
② 황산
③ 에탄올
④ 아닐린

해 자연발화 가능하므로, 물 또는 에탄올에 보관하면 위험성이 감소한다.

58 1분자 내에 포함된 탄소의 수가 가장 많은 것은?

① 아세톤
② 톨루엔
③ 아세트산
④ 이황화탄소

해 아세톤 – CH_3COCH_3, 톨루엔 – $C_6H_5CH_3$, 아세트산 – CH_3COOH, 이황화탄소 – CS_2

59 다음 중 위험물안전관리법령에 따라 정한 지정수량이 나머지 셋과 다른 것은?

① 황화인 ② 적린
③ 유황 ④ 철분

해 2류 위험물, 나머지는 모두 100, 철분만 500kg

60 위험물안전관리법령상 해당하는 품명이 나머지 셋과 다른 것은?

① 트리니트로페놀
② 트리니트로톨루엔
③ 니트로셀룰로오스
④ 테트릴

해 니트로셀룰로오스만 5류 중 질산에스테르류이다.
질산에스테르류는 니트로와 질산으로 시작한다.

5회 기출문제 풀이
위험물기능사

01 팽창진주암(삽 1개 포함)의 능력단위 1은 용량이 몇 L인가?

① 70　　　　　　② 100
③ 130　　　　　　④ 160

해 팽창진주암, 팽창질석은 1능력단위 160L

02 다음 위험물의 저장 창고에 화재가 발생하였을 때 주수(注水)에 의한 소화가 오히려 더 위험한 것은?

① 염소산칼륨　　　② 과염소산나트륨
③ 질산암모늄　　　④ 탄화칼슘

해 3류 중 금수성 물질, 먼저 떠올리면, 쉽게 풀이 가능, 탄화칼슘 안 된다. 그 외에도 1류 중 알칼리금속 과산화물 등을 떠올려야 한다.

03 과산화나트륨의 화재 시 물을 사용한 소화가 위험한 이유는?

① 수소와 열을 발생하므로
② 산소와 열을 발생하므로
③ 수소를 발생하고 이 가스가 폭발적으로 연소하므로
④ 산소를 발생하고 이 가스가 폭발적으로 연소하므로

해 1류 중 알칼리금속 과산화물로 산소와 열을 발생시키므로 주수금지

04 피난설비를 설치하여야 하는 위험물 제조소 등에 해당하는 것은?

① 건축물의 2층 부분을 자동차 정비소로 사용하는 주유취급소
② 건축물의 2층 부분을 전시장으로 사용하는 주유취급소
③ 건축물의 1층 부분을 주유사무소로 사용하는 주유취급소
④ 건축물의 1층 부분을 관계자의 주거시설로 사용하는 주유취급소

해 건축물 2층 이상 부분을 점포, 휴게음식점, 전시장 등으로 사용하는 주유취급소

05 제1종 분말소화약제의 적응 화재 종류는?

① A급　　　　　　② BC급
③ AB급　　　　　④ ABC급

해 분말소화약제 적응화재 기억, 1종의 경우 BC급이다.

06 위험물안전관리법령상 위험물을 유별로 정리하여 저장 하면서 서로 1m 이상의 간격을 두면 동일한 옥내저장소에 저장할 수 있는 경우는?

① 제1류 위험물과 제3류 위험물 중 금수성 물질을 저장하는 경우
② 제1류 위험물과 제4류 위험물을 저장하는 경우
③ 제1류 위험물과 제6류 위험물을 저장하는 경우
④ 제2류 위험물 중 금속분과 제4류 위험물 중 동식물유류를 저장하는 경우

해 1류와 6류는 제한없이 혼재 가능하다.
　가. 1류(알칼리금속 과산화물 제외)와 5류
　나. 1류와 6류
　다. 1류와 3류 자연발화성물질(황린 또는 이를 함유한 것에 한함)
　라. 2류 인화성고체와 4류
　마. 3류 알킬알루미늄과 4류(알킬알루미늄 또는 알킬리튬을 함유한 것에 한함)
　바. 4류 유기과산화물과 5류 위기과산화물 또는 이를 함유한 것

07 연소의 3요소를 모두 포함하는 것은?

① 과염소산, 산소, 불꽃
② 마그네슘분말, 연소열, 수소
③ 아세톤, 수소, 산소
④ 불꽃, 아세톤, 질산암모늄

해 • 가연물, 산소, 점화원, 불꽃은 점화원, 아세톤은 가연물, 질산암모늄은 산소공급원
　• 과염소산은 산소공급원, 마그네슘분말, 수소는 가연물

08 위험물안전관리법령상 경보설비로 자동화재탐지설비를 설치해야 할 위험물 제조소의 규모의 기준에 대한 설명으로 옳은 것은?

① 연면적 500m² 이상인 것
② 연면적 1000m² 이상인 것
③ 연면적 1500m² 이상인 것
④ 연면적 2000m² 이상인 것

해 지정수량 100배, 연면적 500m² 이상인 것

09 액화 이산화탄소 1kg이 25℃, 2atm에서 방출되어 모두 기체가 되었다. 방출된 기체상의 이산화탄소 부피는 약 몇 L인가?

① 238　　　② 278
③ 308　　　④ 340

해 $PV = \frac{w}{M}RT$, $\frac{(1000/44 \times 0.082 \times 298)}{2}$

10 위험물안전관리법령에서 정한 "물분무등소화설비"의 종류에 속하지 않는 것은?

① 스프링클러설비　② 포소화설비
③ 분말소화설비　　④ 이산화탄소소화설비

해 옥내소화전, 옥외소화전, 스프링클러 등은 이에 해당 안함

| 정답 | 06 ③　07 ④　08 ①　09 ②　10 ① |

11 혼합물인 위험물이 복수의 성상을 가지는 경우에 적용하는 품명에 관한 설명으로 틀린 것은?

① 산화성고체의 성상 및 가연성고체의 성상을 가지는 경우 : 산화성 고체
② 산화성고체의 성상 및 자기반응성물질의 성상을 가지는 경우 : 자기반응성물질의 품명
③ 가연성고체의 성상과 자연발화성 물질의 성상 및 금수성물질의 성상을 가지는 경우 : 자연발화성물질 및 금수성물질의 품명
④ 인화성액체의 성상 및 자기반응성물질의 성상을 가지는 경우 : 자기반응성물질의 품명

해 산화성고체 및 가연성고체 복수의 성상의 경우, 가연성고체로 분류
1 + 2 = 2, 1 + 5 = 5, 2 + 3 = 3, 3 + 4 = 3, 4 + 5 = 5

12 제3류 위험물 중 금수성물질에 적응성이 있는 소화설비는?

① 할로젠화합물소화설비
② 포소화설비
③ 이산화탄소소화설비
④ 탄산수소염류 등 분말소화설비

해 금수성인 경우 ④, 그 외에도 마른모래, 팽창질석, 팽창진주암

13 제6류 위험물을 저장하는 장소에 적응성이 있는 소화설비가 아닌 것은?

① 물분무소화설비　② 포소화설비
③ 이산화탄소소화설비　④ 옥내소화전설비

해 6류는 산화성액체, 질식소화가 아닌 물을 이용한 소화를 해야 한다. ③은 아니다.

14 $NH_4H_2PO_4$ 이 열분해하여 생성되는 물질 중 암모니아와 수증기의 부피 비율은?

① 1 : 1　② 1 : 2
③ 2 : 1　④ 3 : 2

해 분해하면, NH_3 + HPO_3 + H_2O가 된다. 따라서, 일대일이다.

15 소화약제에 따른 주된 소화효과로 틀린 것은?

① 수성막포소화약제 : 질식효과
② 제2종 분말소화약제 : 탈수탄화효과
③ 이산화탄소소화약제 : 질식효과
④ 할로젠화합물소화약제 : 화학억제효과

해 분말소화약제는 질식, 억제효과이다.

16 제5류 위험물을 저장 또는 취급하는 장소에 적응성이 있는 소화설비는?

① 포소화설비　② 분말소화설비
③ 이산화탄소소화설비　④ 할로젠화합물소화설비

해 주로 물을 이용, 옥내소화전, 스프링클러, 물분무소화설비, 포소화설비 등

17 옥외저장소에 덩어리 상태의 유황만을 지반면에 설치한 경계표시의 안쪽에서 지장할 경우 하나의 경계표시의 내부면적은 몇 m^2 이하여야 하는가?

① 75　② 100
③ 150　④ 300

18 위험물시설에 설비하는 자동화재탐지설비의 하나의 경제구역 면적과 그 한 변의 길이의 기준으로 옳은 것은? (단, 광전식분리형 감지기를 설치하지 않은 경우이다.)

① 300m² 이하, 50m 이하
② 300m² 이하, 100m 이하
③ 600m² 이하, 50m 이하
④ 600m² 이하, 100m 이하

해 원칙적으로 경계구역 면적 600m² 이하인 경우 설치, 한 변 길이는 50m 이하, 광전식분리형감지기의 경우는 100m 이하이다.

19 위험물안전관리법령에서 정한 탱크안전성능 검사의 구분에 해당하지 않는 것은?

① 기초·지반검사
② 충수·수압검사
③ 용접부검사
④ 배관검사

해 배관검사는 아니다.

20 화재의 종류와 가연물이 옳게 연결된 것은?

① A급 – 플라스틱
② B급 – 섬유
③ A급 – 페인트
④ B급 – 나무

해 A는 일반화재, 나무, 섬유, 플라스틱 등. B는 유류화재, 페인트는 B

21 위험물안전관리법령상 위험물의 운송에 있어서 운송책임자의 감독 또는 지원을 받아 운송하여야 하는 위험물에 속하지 않는 것은?

① $AL(CH_3)_3$
② CH_3Li
③ $Cd(CH_3)_2$
④ $AL(C_4H_9)_3$

해 알킬알루미늄, 알킬리튬, 이를 함유하는 위험물이다. 3번은 Cd가 있으므로 아니다.

22 다음 위험물 중 비중이 물보다 큰 것은?

① 디에틸에테르
② 아세트알데히드
③ 산화프로필렌
④ 이황화탄소

해 이황화탄소는 물속에 저장한다. 물보다 비중이 높다.

23 위험물탱크의 용량은 탱크의 내용적에서 공간 용적을 뺀 용적으로 한다. 이 경우 소화약제 방출구를 탱크안의 윗부분에 설치하는 탱크의 공간용적은 당해 소화설비의 소화약제방출구 아래의 어느 범위의 면으로부터 윗부분의 용적으로 하는가?

① 0.1미터 이상 0.5미터 미만 사이의 면
② 0.3미터 이상 1미터 미만 사이의 면
③ 0.5미터 이상 1미터 미만 사이의 면
④ 0.5미터 이상 1.5미터 미만 사이의 면

24 과산화나트륨에 대한 설명 중 틀린 것은?

① 순수한 것은 백색이다.
② 상온에서 물과 반응하여 수소 가스를 발생한다.
③ 화재 발생 시 주수소화는 위험할 수 있다.
④ CO 및 CO_2 제거제를 제조할 때 사용된다.

해 물과 반응하여 산소를 발생시킨다.

정답 18 ③ 19 ④ 20 ① 21 ③ 22 ④ 23 ② 24 ②

25 위험물안전관리법령에서 정한 품명이 서로 다른 물질을 나열한 것은?

① 이황화탄소, 디에틸에테르
② 에틸알코올, 고형알코올
③ 등유, 경유
④ 중유, 클레오소트유

해 4류로 순서대로 1번은 특수인화물, 3번은 2석유류, 4번은 3석유류, 2번은 에틸알코올은 알코올류, 고형알코올은 2류중 인화성 고체이다.

26 위험물 옥내저장소에 과염소산 300kg, 과산화수소 300kg 을 저장하고 있다. 저장창고에는 지정수량 몇 배의 위험물을 저장하고 있는가?

① 4
② 3
③ 2
④ 1

해 각 6류중 과염소산, 과산화수소이다. 모두 지정수량 300kg이다. 모두 1 + 1은 2이다.

27 위험물안전관리자를 해임할 때에는 해임한 날로부터 며칠 이내에 위험물안전관리자를 다시 선임하여야 하는가?

① 7
② 14
③ 30
④ 60

28 염소산염류 250kg, 요오드산 염류 600kg, 질산염류 900kg을 저장하고 있는 경우 지정수량의 몇 배가 보관되어 있는가?

① 5배
② 7배
③ 10배
④ 12배

해 각 지정수량은 50kg, 300kg, 300kg이다. 5배, 2배, 3배, 총 10배

29 위험물안전관리법령상 품명이 "유기과산화물"인 것으로만 나열된 것은?

① 과산화벤조일, 과산화메틸에틸케톤
② 과산화벤조일, 과산화마그네슘
③ 과산화마그네슘, 과산화메틸에틸케톤
④ 과산화초산, 과산화수소

해 1번은 모두 5류 중 유기과산화물

30 위험물안전관리법령상 판매취급소에 관한 설명으로 옳지 않은 것은?

① 건축물의 1층에 설치하여야 한다.
② 위험물을 저장하는 탱크시설을 갖추어야 한다.
③ 건축물의 다른 부분과는 내화구조의 격벽으로 구획하여야 한다.
④ 제조소와 달리 안전거리 또는 보유공지에 관한 규제를 받지 않는다.

해 탱크시설 없어도 된다.

31 위험물안전관리법령에 의한 위험물 운송에 관한 규정으로 틀린 것은?

① 이동탱크저장소에 의하여 위험물을 운송하는 자는 당해 위험물을 취급할 수 있는 국가기술자격자 또는 안전교육을 받은 자이어야 한다.
② 안전관리자·탱크시험자·위험물운송자 등 위험물의 안전관리와 관련된 업무를 수행하는 자는 시·도지사가 실시하는 안전교육을 받아야 한다.
③ 운송책임자의 범위, 감독 또는 지원의 방법 등에 관한 구체적인 기준은 총리령으로 정한다.
④ 위험물운송자는 이동탱크저장소에 의하여 위험물을 운송하는 때에는 총리령으로 정하는 기준을 준수하는 등 당해 위험물의 안전 확보를 위하여 세심한 주의를 기울여야 한다.

해 소방청장이 실시하는 교육을 받아야 한다.

32 과산화수소의 성질에 대한 설명 중 틀린 것은?

① 알칼리성 용액에 의해 분해될 수 있다.
② 산화제로 사용할 수 있다.
③ 농도가 높을수록 안정하다.
④ 열, 햇빛에 의해 분해될 수 있다.

해 6류, 농도가 높으면 위험하다. 36% 이상일 때 위험물이다.

33 $C_6H_2CH_3(NO_2)_3$을 녹이는 용제가 아닌 것은?

① 물
② 벤젠
③ 에테르
④ 아세톤

해 5류 니트로화합물(나이트로화합물)로 물에 녹지 않는다.

34 제6류 위험물을 저장하는 옥내탱크저장소로서 단층건물에 설치된 것의 소화 난이도 등급은?

① I등급
② II등급
③ III등급
④ 해당 없음

해 6류 위험물은 옥내탱크저장소 시 소화난이도등급에 해당하는 것이 없다.

35 황린에 관한 설명 중 틀린 것은?

① 물에 잘 녹는다.
② 화재 시 물로 냉각소화 할 수 있다.
③ 적린에 비해 불안정하다.
④ 적린과 동소체이다.

해 황린은 물에 녹지 않는다.

| 정답 | 31 ② | 32 ③ | 33 ① | 34 ④ | 35 ① |

36 그림의 시험장치는 제 몇 류 위험물의 위험성 판정을 위한 것인가? (단, 고체물질의 위험성 판정이다.)

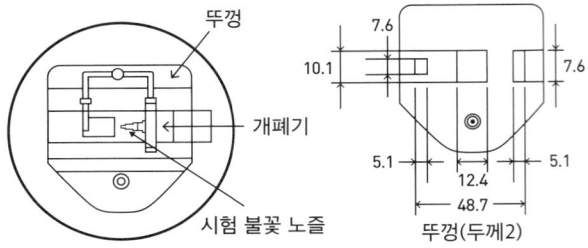

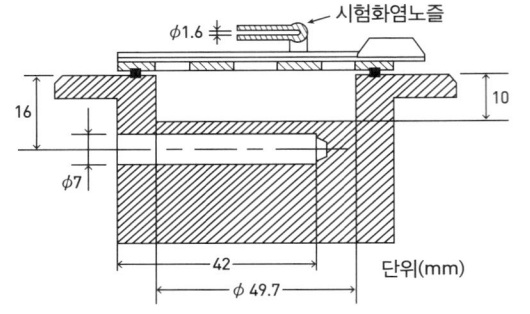

① 제1류　　② 제2류
③ 제3류　　④ 제4류

해 위 그림은 2류 위험물 판정 시험을 위한 것이다.

37 위험물안전관리법령상 에틸렌글리콜과 혼재하여 운반할 수 없는 위험물은? (단, 지정수량의 10배일 경우이다.)

① 유황　　② 과망간산나트륨
③ 알루미늄분　　④ 트리니트로톨루엔

해 423, 524, 61, 에틸렌글리콜은 4류이므로 2, 3, 5와 혼재 가능. 과망간산나트륨은 1류이다.

38 다음 중 제2석유류만으로 짝지어진 것은?

① 시클로헥산 - 피리딘　　② 염화아세틸 - 휘발유
③ 시클로헥산 - 중유　　④ 아크릴산 - 포름산

해 1번은 1석유류, 2번은 1석유류, 3번은 1석유류와 3석유류

39 다음 중 물과의 반응성이 가장 낮은 것은?

① 인화알루미늄　　② 트리에틸알루미늄
③ 오황화린　　④ 황린

해 황린은 물과 반응하지 않음, pH9 용액에 저장한다.

40 금속나트륨, 금속칼륨 등을 보호액 속에 저장하는 이유를 가장 옳게 설명한 것은?

① 온도를 낮추기 위하여
② 승화하는 것을 막기 위하여
③ 공기와의 접촉을 막기 위하여
④ 운반 시 충격을 적게 하기 위하여

해 공기 중 수분과 반응하기 때문

41 위험물안전관리법령에서 정한 특수인화물의 발화점 기준으로 옳은 것은?

① 1기압에서 100℃ 이하
② 0기압에서 100℃ 이하
③ 1기압에서 25℃ 이하
④ 0기압에서 25℃ 이하

해 4류 중 특수인화물은 1기압 100℃ 이하가 발화점 기준이다.

42 위험물의 지정수량이 잘못된 것은?

① $(C_2H_5)_3AL : 10kg$ ② $Ca : 50kg$
③ $LiH : 300kg$ ④ $AL_4C_3 : 500kg$

해 트리에틸알루미늄, 10kg, 수소화리튬 300kg, 탄화알루미늄, 300kg, 틀린 것은 4번

43 다음 중 요오드 값이 가장 낮은 것은?

① 해바라기유 ② 오동유
③ 아미인유 ④ 낙화생유

해 요오드 값에 따라 건성유, 반성건유, 불건성유, 다른 것은 모두 건성유, 낙화생유만 불건성유, 요오드값이 가장 낮다.

44 탄소 80wt%, 수소 14wt%, 황 6wt%인 물질 1kg이 완전연소하기 위해 필요한 이론 공기량은 약 몇 kg 인가? (단, 공기 중 산소는 23wt%이다.)

① 3.31 ② 7.05
③ 11.62 ④ 14.41

해 1kg에 대해 각각 80wt%, 14wt%, 6wt%있다.
- 탄소의 경우 $C + O_2 \rightarrow CO_2$, 탄소 12에 대해 산소 32가 필요하다. 즉, 12:32 = 0.8kg:산소량, $32 \times 0.8 / 12 = 2.13kg$
- 수소의 경우 $H_2 + 0.5O_2 \rightarrow H_2O$, 2:16 = 0.14:산소량 즉 1.12kg
- 황의 경우 $S + O_2 \rightarrow SO_2$, 32:32 = 0.06:산소량 즉 0.06kg
모두 합하면 3.31kg, 공기중 23wt% 산소가 있으므로 필요한 공기는 100:23 = 필요한 공기: 3.31kg. 따라서, 약 14.4kg

45 다음 중 위험물 운반용기의 외부에 "제4류"와 "위험등급II"의 표시만 보이고 품명이 잘 보이지 않을 때 예상할 수 있는 수납 위험물의 품명은?

① 제1석유류 ② 제2석유류
③ 제3석유류 ④ 제4석유류

해 4류 중 위험등급 II 찾는 문제. 제1석유류가 해당된다.

46 질산의 저장 및 취급법이 아닌 것은?

① 직사광선을 차단한다.
② 분해방지를 위해 요산, 인산 등을 가한다.
③ 유기물과 접촉을 피한다.
④ 갈색병에 넣어 보관한다.

해 요산, 인산 등은 과산화수소 저장 시 사용

47 다음 아세톤의 완전 연소 반응식에서 (   )에 알맞은 계수를 차례대로 옳게 나타낸 것은?

$CH_3COCH_3 + ($ $)O_2 \rightarrow ($ $)CO_2 + 3H_2O$

① 3, 4 ② 4, 3
③ 6, 3 ④ 3, 6

해 각 화학식 앞에 계수를 각각 붙인다. a, b, c, d 풀이 방정식에 의하면, a = 1, b = 4, c = 3, d = 3

48 다음 중 위험등급 I 의 위험물이 아닌 것은?

① 무기과산화물 ② 적린
③ 나트륨 ④ 과산화수소

해 모두 I위험물, 적린만 II위험물

| 정답 | 42 ④ | 43 ④ | 44 ④ | 45 ① | 46 ② | 47 ② | 48 ② |

49 디에틸에테르의 보관·취급에 관한 설명으로 틀린 것은?

① 용기는 밀봉하여 보관한다.
② 환기가 잘 되는 곳에 보관한다.
③ 정전기가 발생하지 않도록 취급한다.
④ 저장용기에 빈 공간이 없게 가득 채워 보관한다.

해 공간용적 2% 필요하다.

50 시클로헥산에 관한 설명으로 가장 거리가 먼 것은?

① 고리형 분자구조를 가진 방향족 탄화수소화합물이다.
② 화학식은 C_6H_{12}이다.
③ 비수용성 위험물이다.
④ 제4류 제1석유류에 속한다.

해 지방족 탄화수소이다.

51 옥외저장소에서 저장 또는 취급할 수 있는 위험물이 아닌 것은? (단, 국제해상위험물규칙에 적합한 용기에 수납된 위험물의 경우는 제외한다.)

① 제2류 위험물 중 유황
② 제1류 위험물 중 과염소산염류
③ 제6류 위험물
④ 제2류 위험물 중 인화점이 10℃인 인화성 고체

해 1류는 해당하지 않는다.

52 시약(고체)의 명칭이 불분명한 시약병의 내용물을 확인하려고 뚜껑을 열어 시계접시에 소량을 담아 놓고 공기 중에서 햇빛을 받는 곳에 방치하던 중 시계접시에서 갑자기 연소현상이 일어났다. 다음 물질 중 이 시약의 명칭으로 예상할 수 있는 것은?

① 황
② 황린
③ 적린
④ 질산암모늄

해 자연발화하는 물질로 3류 자연발화성 물질로 황린

53 무색의 액체로 융점이 –112℃ 이고 물과 접촉하면 심하게 발열하는 제 6류 위험물은?

① 과산화수소
② 과염소산
③ 질산
④ 오불화요오드

해 과염소산에 대한 설명

54 히드라진에 대한 설명으로 틀린 것은?

① 외관은 물과 같이 무색투명하다.
② 가열하면 분해하여 가스를 발생한다.
③ 위험물안전관리법령상 제4류 위험물에 해당한다.
④ 알코올, 물 등의 비극성 용매에 잘 녹는다.

해 물, 알코올은 극성 용매이다.

55 황의 성상에 관한 설명으로 틀린 것은?

① 연소할 때 발생하는 가스는 냄새를 가지고 있으나 인체에 무해하다.
② 미분이 공기 중에 떠 있을 때 분진 폭발의 우려가 있다.
③ 용융된 황을 물에서 급냉하면 고무 상황을 얻을 수 있다.
④ 연소할 때 아황산가스를 발생한다.

해 연소 시 이산화황(아황산가스)이 발생하면 독성물질이다.

56 이황화탄소를 화재예방상 물속에 저장하는 이유는?

① 불순물을 물에 용해시키기 위해
② 가연성 증기의 발생을 억제하기 위해
③ 상온에서 수소가스를 발생시키기 때문에
④ 공기와 접촉하면 즉시 폭발하기 때문에

해 물속에 저장하면 가연성 증기 발생을 억제시킬 수 있다.

57 위험물제조소 및 일반취급소에 설치하는 자동화재탐지설비의 설치기준으로 틀린 것은?

① 하나의 경계구역은 $600m^2$ 이하로 하고, 한변의 길이는 50m 이하로 한다.
② 주요한 출입구에서 내부전체를 볼 수 있는 경우 경계구역은 $1000m^2$ 이하로 할 수 있다.
③ 광전식분리형 감지기를 설치한 경우에는 하나의 경계구역을 $1000m^2$ 이하로 할 수 있다.
④ 비상전원을 설치하여야 한다.

해 광전식 분리형 감지기 설치 시 한 변 길이를 100m 이하로 가능하다. ③번은 틀린 설명

58 무기과산화물의 일반적인 성질에 대한 설명으로 틀린 것은?

① 과산화수소의 수소가 금속으로 치환된 화합물이다.
② 산화력이 강해 스스로 쉽게 산화한다.
③ 가열하면 분해되어 산소를 발생한다.
④ 물과의 반응성이 크다.

해 1류로 강산화제이고, 다른 물질을 산화시킨다. 스스로는 환원 된다.

59 과염소산의 성질로 옳지 않은 것은?

① 산화성 액체이다.
② 무기화합물이며 물보다 무겁다.
③ 불연성 물질이다.
④ 증기는 공기보다 가볍다.

해 $HClO_4$로 100.5 29보다 크다. 공기보다 무겁다.

60 알칼알루미늄 등 또는 아세트알데히드 등을 취급하는 제조소의 특례기준으로서 옳은 것은?

① 알킬알루미늄 등을 취급하는 설비에는 불활성기체 또는 수증기를 봉입하는 장치를 설치한다.
② 알킬리알류미늄 등을 취급하는 설비는 은·수은·동·마그네슘을 성분으로 하는 것으로 만들지 않는다.
③ 아세트알데히드 등을 취급하는 탱크에는 냉각장치 또는 보냉장치 및 불활성기체 봉압장치를 설치한다.
④ 아세트알데히드 등을 취급하는 설비의 주의에는 누설범위를 국한하기 위한 설비와 누설되었을 때 안정한 장소에 설치된 저장실에 유입시킬 수 있는 설비를 갖춘다.

해 알킬알루미늄은 불활성기체 봉입하는 장치를 설치한다. 수증기 봉입 장치 아니다. ②번은 아세트알데히드 등에 대한 설명, ④번은 알킬알루미늄 등에 대한 설명

| 정답 | 55 ① | 56 ② | 57 ③ | 58 ② | 59 ④ | 60 ③ |

01 알루미늄 분말 화재 시 주수하여서는 안 되는 가장 큰 이유는?

① 수소가 발생하여 연소가 확대되기 때문에
② 유독가스가 발생하여 연소가 확대되기 때문에
③ 산소의 발생으로 연소가 확대되기 때문에
④ 분말의 독성이 강하기 때문에

02 위험물별로 설치하는 소화설비 중 적응성이 없는 것과 연결된 것은?

① 제3류 위험물 중 금수성물질 이외의 것 – 할로젠화합물 소화설비, 이산화탄소소화설비
② 제4류 위험물 – 물분무소화설비, 이산화탄소소화설비
③ 제5류 위험물 – 포소화설비, 스프링클러설비
④ 제6류 위험물 – 옥내소화전설비, 물분무소화설비

해 3류 금수성이외의 물질은 주수소화 가능하다.

03 전기화재의 급수와 표시색상을 옳게 나타낸 것은?

① C급 – 백색 ② D급 – 백색
③ C급 – 청색 ④ D급 – 청색

04 탄화알루미늄이 물과 반응하여 폭발의 위험이 있는 것은 어떤 가스가 발생하기 때문인가?

① 수소 ② 메탄
③ 아세틸렌 ④ 암모니아

해 3류 수소화나트륨은 수소, 탄화칼슘은 아세틸렌, 인화칼슘은 포스핀을 발생시킨다.

05 과산화리튬의 화재현장에서 주수소화가 불가능한 이유는?

① 수소가 발생하기 때문에
② 산소가 발생하기 때문에
③ 이산화탄소가 발생하기 때문에
④ 일산화탄소가 발생하기 때문에

해 1류 알칼리성 과산화물은 산소를 발생시킨다.

06 위험물제조소에 설치하는 분말소화설비의 기준에서 분말소화약제의 가압용 가스로 사용할 수 있는 것은?

① 헬륨 또는 산소
② 네온 또는 염소
③ 아르곤 또는 산소
④ 질소 또는 이산화탄소

07 제6류 위험물을 저장하는 제조소 등에 적응성이 없는 소화설비는?

① 옥외소화전설비
② 탄산수소염류 분말소화설비
③ 스프링클러설비
④ 포소화설비

해 6류는 주수소화 한다.

08 소화난이도등급 I에 해당하는 위험물제조소 등이 아닌 것은? (단, 원칙적인 경우에 한하며 다른 조건은 고려하지 않는다)

① 모든 이송취급소
② 연면적 600m²의 제조소
③ 지정수량의 150배인 옥내저장소
④ 액 표면적이 40m²인 옥외탱크저장소

해 제조소는 연면적이 1000m²이상인 것이 이에 해당한다.

09 니트로셀룰로오스의 자연발화는 일반적으로 무엇에 기인한 것인가?

① 산화열 ② 중합열
③ 흡착열 ④ 분해열

10 인화점 70℃ 이상의 제4류 위험물을 저장하는 암반탱크저장소에 설치하여야 하는 소화설비들로만 이루어진 것은?(단, 소화난이도등급I에 해당한다.)

① 물분무소화설비 또는 고정식 포소화설비
② 이산화탄소소화설비 또는 물분무소화설비
③ 할로젠화합물소화설비 또는 이산화탄소소화설비
④ 고정식 포소화설비 또는 할로젠화합물소화설비

11 다음 중 질식소화 효과를 주로 이용하는 소화기는?

① 포소화기
② 강화액 소화기
③ 수(물)소화기
④ 할로젠화합물소화기

해 포소화기는 주로 질식소화, 강화액, 수소화기는 냉각, 할로젠화합물소화기는 억제소화

12 위험물제조소 등에 설치하는 옥외소화전설비의 기준에서 옥외소화전함은 옥외소화전으로부터 보행거리 몇 m 이하의 장소에 설치하여야 하는가?

① 1.5 ② 5
③ 7.5 ④ 10

13 위험물의 품명·수량 또는 지정수량 배수의 변경신고에 대한 설명으로 옳은 것은?

① 허가청과 협의하여 설치한 군용위험물시설의 경우에도 적용된다.
② 변경신고는 변경한 날로부터 7일 이내에 완공검사필증을 첨부하여 신고하여야 한다.
③ 위험물의 품명이나 수량의 변경을 위해 제조소 등의 위치·구조 또는 설비를 변경하는 경우에 신고한다.
④ 위험물의 품명·수량 및 지정수량의 배수를 모두 변경할 때에는 신고를 할 수 없고 허가를 신청하여야 한다.

해 제조소 등의 위치, 구조 설비를 변경하기 위해서는 허가를 받아야 한다. 변경신고는 1일 전까지 해야 하고, 품명 수량 지정수량의 배수 변경 시 변경 신고를 한다.

정답 07 ② 08 ② 09 ④ 10 ① 11 ① 12 ② 13 ①

14 제조소에서 취급하는 제4류 위험물의 최대수량의 합이 지정수량의 24만 배 이상 48만 배 미만인 사업소의 자체소방대에 두는 화학소방자동차 수와 소방대원의 인원기준으로 옳은 것은?

① 2대, 4인　　　② 2대, 12인
③ 3대, 15인　　④ 3대, 24인

15 주유취급소 중 건축물의 2층에 휴게음식점의 용도로 사용하는 것에 있어 해당 건축물의 2층으로부터 직접 주유취급소의 부지 밖으로 통하는 출입구와 해당 출입구로 통하는 통로·계단에 설치하여야 하는 것은?

① 비상경보설비　　② 유도등
③ 비상조명등　　　④ 확성장치

해 주유소, 출입구하면 유도등 떠올려야 한다.

16 높이 15m, 지름 20m인 옥외저장탱크에 보유공지의 단축을 위해서 물분무설비로 방호조치를 하는 경우 수원의 양은 약 몇 L 이상으로 하여야 하는가?

① 46,496　　② 58,090
③ 70,259　　④ 95,880

해 보유공지 단축을 위한 물분무설비 조건은 수량이 원주(m) × 37L/m × 20min이상이어야 한다. 원주는 $2\pi r$, 즉 2 × 3.14 × 10, 계산하면, 약 46494L가 된다.

17 위험물제조소 등에 설치해야 하는 각 소화설비의 설치기준에 있어서 각 노즐 또는 헤드선단의 방사압력 기준이 나머지 셋과 다른 설비는?

① 옥내소화전설비　　② 옥외소화전설비
③ 스프링클러설비　　④ 물분무소화설비

해 나머지는 모두 350kPa, 스프링클러는 100kPa이다.

18 아세톤의 위험도를 구하면 얼마인가?(단, 아세톤의 연소범위는 2 ~ 13vol%이다.)

① 0.846　　② 1.23
③ 5.5　　　④ 7.5

해 $\dfrac{H-L}{L}$, 즉 연소범위 상한에서 하한을 뺀 값에서 하한을 나누면 된다. 즉, 11을 2로 나누면 된다.

19 위험물제조소 등에 설치하는 이산화탄소 소화설비의 소화약제 저장용기 설치장소로 적합하지 않은 곳은?

① 방호구역 외의 장소
② 온도가 40℃ 이하이고 온도변화가 적은 장소
③ 빗물이 침투할 우려가 적은 장소
④ 직사일광이 잘 들어오는 장소

해 직사광선, 빗물이 잘 들어오면 안 된다.

20 위험물안전관리법령에 따른 옥외소화전설비의 설치기준에서 "옥외소화전설비는 모든 옥외소화전(설치개수가 4개 이상인 경우는 4개의 옥외소화전)을 동시에 사용할 경우에 각 노즐선단의 방수압력이 (　)kPa 이상이고, 방수량이 1분당 (　)L 이상의 성능이 되도록 할 것"에서 괄호 안에 알맞은 수치를 차례대로 나타낸 것은?

① 350, 260　　　② 300, 260
③ 350, 450　　　④ 300, 450

21 1종 판매취급소에 설치하는 위험물 배합실의 기준으로 틀린 것은?

① 바닥면적은 6m² 이상 15m² 이하일 것
② 내화구조 또는 불연재료로 된 벽으로 구획할 것
③ 출입구는 수시로 열 수 있는 자동폐쇄식의 갑종방화문으로 설치할 것
④ 출입구 문턱의 높이는 바닥면으로부터 0.2m 이상일 것

해 출입구 문턱의 높이는 바닥면으로부터 0.1m 이상이어야 한다.

22 규조토에 흡수시켜 다이너마이트를 제조할 때 사용되는 위험물은?

① 디니트로톨루엔　　② 질산에틸
③ 니트로글리세린　　④ 니트로셀룰로오스

해 니트로글리세린이다. 겨울 동결방지 위해 니트로글리콜로 대체하기도 한다.

23 $NaClO_2$을 수납하는 운반용기의 외부에 표시하여야 할 주의사항으로 옳은 것은?

① 화기엄금 및 충격주의
② 화기주의 및 물기엄금
③ 화기·충격주의 및 가연물접촉주의
④ 화기엄금 및 공기접촉엄금

해 아염소산나트륨 1류 알칼리금속이 아닌 것으로 화기충격주의 가연물접촉주의를 표시해야 한다.

24 이황화탄소 저장 시 물속에 저장하는 이유로 가장 옳은 것은?

① 공기 중 수소와 접촉하여 산화되는 것을 방지하기 위하여
② 공기와 접촉 시 환원하기 때문에
③ 가연성 증기의 발생을 억제하기 위해서
④ 불순물을 제거하기 위하여

해 자주 나온다.

25 알루미늄분의 위험성에 대한 설명 중 틀린 것은?

① 할로겐원소와 접촉 시 자연발화의 위험성이 있다.
② 산과 반응하여 가연성가스인 수소를 발생한다.
③ 발화하면 다량의 열이 발생한다.
④ 뜨거운 물과 격렬히 반응하여 산화알루미늄을 발생한다.

해 산소와 반응하면 산화알루미늄을 발생시킨다.

| 정답 | 20 ③ | 21 ④ | 22 ③ | 23 ③ | 24 ③ | 25 ④ |

26 위험물제조소에서 "브롬산나트륨 300kg, 과산화나트륨 150kg, 중크롬산나트륨 500kg"의 위험물을 취급하고 있는 경우 각각의 지정수량 배수의 총합은 얼마인가?

① 3.5 ② 4.0
③ 4.5 ④ 5.0

해 각 지정수량은 300, 50, 1000kg이다. 따라서, 1배, 3배, 0.5배이다.

27 오황화린과 칠황화린이 물과 반응했을 때 공통으로 나오는 물질은?

① 이산화황 ② 황화수소
③ 인화수소 ④ 삼산화황

해 모두 인산과 황화수소를 발생시킨다. 칠황화린은 아인산이 더 나온다.

28 과산화벤조일의 일반적인 성질로 옳은 것은?

① 비중은 약 0.33이다.
② 무미, 무취의 고체이다.
③ 물에는 잘 녹지만 디에틸에테르에는 녹지 않는다.
④ 녹는점은 약 300℃이다.

해 물에 녹지 않는다.

29 메틸알코올의 위험성에 대한 설명으로 틀린 것은?

① 겨울에는 인화의 위험이 여름보다 작다.
② 증기밀도는 가솔린보다 크다.
③ 독성이 있다.
④ 연소범위는 에틸알코올보다 넓다.

해 알코올류는 다른 4류 위험물에 비해 증기비중이 낮다.

30 위험물안전관리법령은 위험물의 유별에 따른 저장·취급상의 유의사항을 규정하고 있다. 이 규정에서 특히 과열, 충격, 마찰을 피하여야 할 류(類)에 속하는 위험물 품명을 옳게 나열한 것은?

① 히드록실아민(하이드록실아민), 금속의 아지화합물
② 금속의 산화물, 칼슘의 탄화물
③ 무기금속화합물, 인화성고체
④ 무기과산화물, 금속의 산화물

해 과열 충격, 마찰을 피해야할 것은 5류이다.
금속산화물, 무기금속화합물은 위험물이 아니다.

31 제3류 위험물에 대한 설명으로 옳지 않은 것은?

① 황린은 공기 중에 노출되면 자연발화하므로 물속에 저장하여야 한다.
② 나트륨은 물보다 무거우며 석유 등의 보호액 속에 저장하여야 한다.
③ 트리에틸알루미늄은 상온에서 액체 상태로 존재한다.
④ 인화칼슘은 물과 반응하여 유독성의 포스핀을 발생한다.

해 나트륨은 물보다 가볍다.

32 과산화벤조일 100kg을 저장하려 한다. 지정수량의 배수는 얼마인가?

① 5배
② 7배
③ 10배
④ 15배

해 과산화벤조일은 5류 유기과산화물로 지정수량은 10kg이다. 10배

33 순수한 것은 무색, 투명한 기름상의 액체이고 공업용은 담황색인 위험물로 충격, 마찰에는 매우 예민하고 겨울철에는 동결할 우려가 있는 것은?

① 펜트리트
② 트리니트로벤젠
③ 니트로글리세린
④ 질산메틸

34 과산화칼륨이 물 또는 이산화탄소와 반응할 경우 공통적으로 발생하는 물질은?

① 산소
② 과산화수소
③ 수산화칼륨
④ 수소

해 1류 물반응 산소, 이산화탄소 반응 산소, 염산반응과산화수소

35 위험물안전관리법령에서 정한 물분무소화설비의 설치기준으로 적합하지 않은 것은?

① 고압의 전기설비가 있는 장소에는 해당 전기설비와 분무헤드 및 배관과 사이에 전기절연을 위하여 필요한 공간을 보유한다.
② 스트레이너 및 일제개방밸브는 제어밸브의 하류측 부근에 스트레이너, 일제개방밸브의 순으로 설치한다.
③ 물분무소화설비에 2 이상의 방사구역을 두는 경우에는 화재를 유효하게 소화할 수 있도록 인접하는 방사구역이 상호 중복되도록 한다.
④ 수원의 수위가 수평회전식펌프보다 낮은 위치에 있는 가압송수장치의 물올림장치는 타설비와 겸용하여 설치한다.

해 수원의 수위가 수평회전식 펌프보다 낮은 위치에 있는 가압송수장치의 물올림장치는 단독으로 설치한다.

36 과산화수소의 운반용기 외부에 표시하여야 하는 주의사항은?

① 화기주의
② 충격주의
③ 물기엄금
④ 가연물접촉주의

해 6류는 산화성 액체, 가연물접촉주의 표시해야 한다.

37 액체위험물을 운반용기에 수납할 때 내용적의 몇 % 이하의 수납률로 수납하여야 하는가?

① 95
② 96
③ 97
④ 98

해 액체인 경우 98, 고체인 경우 95% 이하이다.

정답 | 32 ③ | 33 ③ | 34 ① | 35 ④ | 36 ④ | 37 ④

38 다음 중 위험물안전관리법령에서 정한 지정수량이 500kg인 것은?

① 황화인　　　② 금속분
③ 인화성고체　　④ 유황

🗿 순서대로, 100, 500, 1000, 100kg이다.

39 건성유에 해당되지 않는 것은?

① 들기름　　　② 동유
③ 아마인유　　④ 피마자유

🗿 피마자유는 불건성유이다.

40 위험물안전관리법상 제5류 위험물의 위험등급에 대한 설명 중 틀린 것은?

① 유기과산화물과 질산에스테르류는 위험등급I에 해당한다.
② 지정수량 100kg인 히드록실아민(하이드록실아민)과 히드록실아민염류(하이드록실아민)는 위험등급 II에 속한다.
③ 지정수량 200kg에 해당되는 품명은 모두 위험등급 III에 해당한다.
④ 지정수량 10kg인 품명만 위험등급 I에 해당한다.

🗿 지정수량 200kg은 모두 위험등급 II이다. 5류 중 III등급은 없다.

41 제5류 위험물에 관한 내용으로 틀린 것은?

① $C_2H_5ONO_2$: 상온에서 액체이다.
② $C_6H_2OH(NO_2)_3$: 공기 중 자연분해가 잘 된다.
③ $C_6H_3(NO_2)_2CH_3$: 담황색의 결정이다.
④ $C_3H_5(ONO_2)_3$: 혼산 중에 글리세린을 반응시켜 제조한다.

🗿 순서대로 질산에틸, 트리니트로페놀, 트리니트로톨루엔, 니트로글리세린이다. 트리니트로페놀은 상온에서 안정하며, 알코올, 황 등과의 혼합물은 충격, 마찰로 폭발한다.

42 다음 중 제4류 위험물에 대한 설명으로 가장 옳은 것은?

① 물과 접촉하면 발열하는 것
② 자기연소성 물질
③ 많은 산소를 함유하는 강산화제
④ 상온에서 액상인 가연성 액체

🗿 4류는 유류를 생각하면 된다. 1은 금수성 물질, 자기연소성은 5류, 강산화제는 1류, 6류이다.

43 위험물 운송책임자의 감독 또는 지원의 방법으로 운송의 감독 또는 지원을 위하여 마련한 별도의 사무실에 운송책임자가 대기하면서 이행하는 사항에 해당하지 않는 것은?

① 운송 후에 운송경로를 파악하여 관할 경찰관서에 신고하는 것
② 이동탱크저장소의 운전자에 대하여 수시로 안전확보 상황을 확인하는 것
③ 비상 시의 응급처치에 관하여 조언을 하는 것
④ 위험물의 운송 중 안전확보에 관하여 필요한 정보를 제공하고 감독 또는 지원하는 것

🗿 운송 후에 경로를 파악하여 관할소방관서 또는 관련업체에 연락체계를 갖추는 것이다.

44 제조소 등에 있어서 위험물을 저장하는 기준으로 잘못된 것은?

① 황린은 제3류 위험물이므로 물기가 없는 건조한 장소에 저장하여야 한다.
② 덩어리상태의 유황은 위험물 용기에 수납하지 않고 옥내저장소에 저장할 수 있다.
③ 옥내저장소에서는 용기에 수납하여 저장하는 위험물의 온도가 55℃를 넘지 아니하도록 필요한 조치를 강구하여야 한다.
④ 이동저장탱크에는 저장 또는 취급하는 위험물의 유별·품명·최대수량 및 적재중량을 표시하고 잘 보일 수 있도록 관리하여야 한다.

해 • 황린은 물속에 저장한다.
 • 4번은 현재 법령에 따르면 경고표지(그림문자 및 UN번호)를 게시한다.

45 요오드(아이오딘)산 아연의 성질에 대한 설명으로 가장 거리가 먼 것은?

① 결정성 분말이다.
② 유기물과 혼합 시 연소 위험이 있다.
③ 환원력이 강하다.
④ 제1류 위험물이다.

해 요오드산염류(아이오딘산염류)는 1류, 강산화제이다.

46 1몰의 에틸알코올이 완전 연소하였을 때 생성되는 이산화탄소는 몇 몰인가?

① 1몰   ② 2몰
③ 3몰   ④ 4몰

해 $C_2H_5OH + 3O_2 \rightarrow 2CO_2 + 3H_2O$ 비율은 1:2이다.

47 이송취급소의 교체밸브, 제어밸브 등의 설치기준으로 틀린 것은?

① 밸브는 원칙적으로 이송가지 또는 전용부지 내에 설치할 것
② 밸브는 그 개폐상태를 설치장소에서 쉽게 확인할 수 있도록 할 것
③ 밸브를 지하에 설치하는 경우에는 점검상자 안에 설치할 것
④ 밸브는 해당 밸브의 관리에 관계하는 자가 아니면 수동으로만 개폐할 수 있도록 할 것

해 밸브는 관리에 관계하는 자가 아니면 수동으로 개폐할 수 없도록 해야 한다.

48 과염소산에 대한 설명으로 틀린 것은?

① 물과 접촉하면 발열한다.
② 불연성이지만 유독성이 있다.
③ 증기비중은 약 3.5이다.
④ 산화제이므로 쉽게 산화할 수 있다.

해 과염소산은 6류이다. 과염소산염류 1류와 구분해야 한다. 산화제이고 이는 산화를 시킨다는 의미 자신은 환원된다.

49 알킬알루미늄의 저장 및 취급방법으로 옳은 것은?

① 용기는 완전 밀봉하고 CH_4, C_3H_8 등을 봉입한다.
② C_6H_6 등의 희석제를 넣어준다.
③ 용기의 마개에 다수의 미세한 구멍을 뚫는다.
④ 통기구가 달린 용기를 사용하여 압력상승을 방지한다.

해 벤젠, 톨루엔 등의 희석제를 넣어준다.

50 제조소 등에서 위험물을 유출시켜 사람의 신체 또는 재산에 대하여 위험을 발생시킨 자에 대한 벌칙 기준으로 옳은 것은?

① 1년 이상 3년 이하의 징역
② 1년 이상 5년 이하의 징역
③ 1년 이상 7년 이하의 징역
④ 1년 이상 10년 이하의 징역

51 고정 지붕 구조를 가진 높이 15m의 원통종형 옥외위험물 저장탱크 안의 탱크 상부로부터 아래로 1m 지점에 고정식포 방출구가 설치되어 있다. 이 조건의 탱크를 신설하는 경우 최대 허가량은 얼마인가? (단, 탱크의 내부 단면적은 100m²이고, 탱크 내부에는 별다른 구조물이 없으며, 공간용적 기준은 만족하는 것으로 가정한다.)

① 1,400m³
② 1,370m³
③ 1,350m³
④ 1,300m³

해 소화설비가 설치되는 경우 소화약제방제출구 아래의 0.3미터 이상 1미터 미만 사이의 공간을 공간용적으로 남겨두어야 한다. 따라서, 14m에서 적어도 아래로 0.3m만큼은 공간용적으로 남겨 두어야 한다.
탱크용적은 $\pi r^2 l$ 즉 여기서 πr^2은 100m² 이므로 1370이 된다.

52 염소산나트륨의 저장 및 취급 시 주의할 사항으로 틀린 것은?

① 철제용기에 저장은 피해야 한다.
② 열분해 시 이산화탄소가 발생하므로 질식에 유의한다.
③ 조해성이 있으므로 방습에 유의한다.
④ 용기에 밀전하여 보관한다.

해 1류, 열분해 시 산소가 발생한다.

53 제4류 위험물의 옥외저장탱크에 대기밸브 부착 통기관을 설치할 때 몇 kPa 이하의 압력 차이로 작동하여야 하는가?

① 5kPa 이하
② 10kPa 이하
③ 15kPa 이하
④ 20kPa 이하

54 비중은 0.86이고 은백색의 무른 경금속으로 보라색 불꽃을 내면서 연소하는 제3류 위험물은?

① 칼슘
② 나트륨
③ 칼륨
④ 리튬

해 보라색 불꽃은 칼륨이다.

55 위험물안전관리법령상 제3류 위험물에 속하는 담황색의 고체로서 물속에 보관해야 하는 것은?

① 황린
② 적린
③ 유황
④ 니트로글리세린

해 3류는 대부분 금수성 물질이나, 물속에 보관하는 것은 황린이다.

56 이황화탄소에 관한 설명으로 틀린 것은?

① 비교적 무거운 무색의 고체이다.
② 인화점이 0℃ 이하이다.
③ 약 100℃에서 발화할 수 있다.
④ 이황화탄소의 증기는 유독하다.

해 4류 특수인화물로 액체이다.

57 위험물안전관리법령에 따른 이동탱크저장소에 대한 기준에서 이동저장탱크는 그 내부에 (　　)L 이하마다 (　　)mm 이상의 강철판 또는 이와 동등 이상의 강도·내열성 및 내식성이 있는 금속성의 것으로 칸막이를 설치하여야 한다. 괄호 안에 알맞은 수치를 차례대로 나열한 것은?

① 2,500, 3.2　　　② 2,500, 4.8
③ 4,000, 3.2　　　④ 4,000, 4.8

58 위험물제조소의 연면적이 몇 m² 이상이 되면 경보설비 중 자동화재탐지설비를 설치하여야 하는가?

① 400　　　② 500
③ 600　　　④ 800

59 위험물안전관리법령에서 규정하고 있는 사항으로 틀린 것은?

① 법정의 안전교육을 받아야 하는 사람은 안전관리자로 선임된 자, 탱크시험자의 기술인력으로 종사하는 자, 위험물운송자로 종사하는 자이다.
② 지정수량의 150배 이상의 위험물을 저장하는 옥내저장소는 관계인이 예방규정을 정하여야 하는 제조소 등에 해당한다.
③ 정기검사의 대상이 되는 것은 액체위험물을 저장 또는 취급하는 10만 리터 이상의 옥외탱크저장소, 암반탱크저장소, 이송취급소이다.
④ 법정의 안전관리자교육이수자와 소방공무원으로 근무한 경력이 3년 이상인 자는 제4류 위험물에 대한 위험물 취급 자격자가 될 수 있다.

해 예방규정 정해야 하는 제조소 등과 지하탱크저장소, 이동탱크저장소 등은 정기검사의 대상이다. 옥외탱크저장소 등은 아니다.

60 인화점이 상온 이상인 위험물은?

① 중유　　　② 아세트알데히드
③ 아세톤　　④ 이황화탄소

해 3석유류는 1기압기준, 인화점이 70도 이상 200도 미만인 것이다. 1번. 나머지는 특수인화물 1석유류도 상온보다 인화점이 낮다.

정답　57 ③　58 ②　59 ③　60 ①

01 금속은 덩어리 상태보다 분말상태일 때 연소위험성이 증가하기 때문에 금속분을 제2류 위험물로 분류하고 있다. 연소위험성이 증가하는 이유로 잘못된 것은?

① 비표면적이 증가하여 반응면적이 증대되기 때문에
② 비열이 증가하여 열의 축적이 용이하기 때문에
③ 복사열의 흡수율이 증가하여 열의 축적이 용이하기 때문에
④ 대전성이 증가하여 정전기가 발생되기 쉽기 때문에

🖼 비열이 증가하면 온도를 높이는데, 많은 에너지가 필요하다. 연소에 불리하다.

02 영하 20℃ 이하의 겨울철이나 한랭지에서 사용하기에 적합한 소화기는?

① 분무주수소화기 ② 봉상주수소화기
③ 물주수소화기 ④ 강화액소화기

🖼 강화액소화기는 동결을 방지하기 위해 탄산칼륨을 첨가한 것이다.

03 다음 중 알칼리금속의 과산화물 저장 창고에 화재가 발생하였을 때 가장 적합한 소화약제는?

① 마른모래 ② 물
③ 이산화탄소 ④ 할론1211

🖼 1류 알칼리금속 과산화물은 주수금지, 마른모래, 팽창진주암, 팽창질석, 탄산수소염류 분말소화약제

04 위험물안전관리법령상 제5류 위험물에 적응성이 있는 소화설비는?

① 포소화설비
② 이산화탄소 소화설비
③ 할로젠화합물 소화설비
④ 탄산수소염류 소화설비

🖼 5류의 경우 소화전, 스프링클러, 불문무, 포소화설비

05 화재 시 이산화탄소를 방출하여 산소의 농도를 13vol%로 낮추어 소화를 하려면 공기 중의 이산화탄소는 몇 vol%가 되어야 하는가?

① 28.1 ② 38.1
③ 42.86 ④ 48.36

🖼 이산화탄소 소화농도 $\frac{21 - 산소농도}{21} \times 100$.
따라서, 21 − 13을 21로 나누고 100 곱하면 약 38.1%이다.

06 소화전용물통 3개를 포함한 수조 80L의 능력단위는?

① 0.3 ② 0.5
③ 1.0 ④ 1.5

07 탄화칼슘과 물이 반응하였을 때 발생하는 가연성 가스의 연소범위에 가장 가까운 것은?

① 2.1 ~ 9.5vol% ② 2.5 ~ 81vol%
③ 4.1 ~ 74.2vol% ④ 15.0 ~ 28vol%

해 탄화칼슘은 물과 반응 시, 수산화칼슘과 아세틸렌을 발생시킨다. 아세틸렌 연소범위는 2번

08 위험물제조소 등에 옥외소화전을 6개 설치할 경우 수원의 수량은 몇 m^3 이상이어야 하는가?

① 48m^3 이상 ② 54m^3 이상
③ 60m^3 이상 ④ 81m^3 이상

해 옥외소화전 개수(4개 이상인 경우 4)에 13.5를 곱한다.

09 위험물안전관리법령상 제조소 등의 관계인은 제조소 등의 화재예방과 재해발생 시의 비상조치에 필요한 사항을 서면으로 작성하여 허가청에 제출하여야 한다. 이는 무엇에 관한 설명인가?

① 예방규정 ② 소방계획서
③ 비상계획서 ④ 화재영향평가서

10 위험물안전관리법령상 압력수조를 이용한 옥내소화전설비의 가압송수장치에서 압력수조의 최소압력(MPa)은? (단, 소방용 호스의 마찰손실 수두압은 3MPa, 배관의 마찰 손실 수두압은 1MPa, 낙차의 환산수두압은 1.35MPa이다.)

① 5.35 ② 5.70
③ 6.00 ④ 6.35

해 소방용호수 마찰손실수두압, 배관, 낙차 수두압 모두 합한값에 0.35를 더해서 계산. 3 + 1 + 1.35 + 0.35 하면 5.70이 된다.

11 다음 중 화재 발생 시 물을 이용한 소화가 효과적인 물질은?

① 트리메틸알루미늄 ② 황린
③ 나트륨 ④ 인화칼슘

해 3류 중 주수 가능한 황린. 기억해야 한다. 나머지 모두 3류 주수금지 물질

12 위험물안전관리법령에 따른 대형수동식소화기의 설치기준에서 방호대상물의 각 부분으로부터 하나의 대형수동식소화기까지의 보행거리는 몇 m 이하가 되도록 설치하여야 하는가?(단, 옥내소화전설비, 옥외소화전설비, 스프링클러설비 또는 물분무등소화설비와 함께 설치하는 경우는 제외한다.)

① 10 ② 15
③ 20 ④ 30

해 소형수동소화기인 경우 20m 이하

13 위험물안전법령상 스프링클러설비가 제4류 위험물에 대하여 적응성을 갖는 경우는?

① 연기가 충만할 우려가 없는 경우
② 방사밀도(살수밀도)가 일정수치 이상인 경우
③ 지하층의 경우
④ 수용성위험물인 경우

해 스프링클러는 방사밀도가 일정수치 이상이어야 4류에 적응성 있다.

| 정답 | 07 ② | 08 ② | 09 ① | 10 ② | 11 ② | 12 ④ | 13 ② |

14 위험물안전관리법령상 위험물의 품명이 다른 하나는?

① CH_3COOH ② C_6H_5Cl
③ $C_6H_5CH_3$ ④ C_6H_5Br

🖩 차례대로 아세트산, 클로로벤젠, 톨루엔, 브로모벤젠, 모두 4류 톨루엔만 1석유류, 나머지는 2석유류

15 어떤 소화기에 "ABC"라고 표시되어 있다. 다음 중 사용할 수 없는 화재는?

① 금속화재 ② 유류화재
③ 전기화재 ④ 일반화재

🖩 ABC 순서대로 일반, 유류, 전기 화재를 의미함

16 위험물안전법령에서 정한 소화설비의 소요단위 산정방법에 대한 설명 중 옳은 것은?

① 위험물은 지정수량의 100배를 1소요단위로 함
② 저장소용 건축물로 외벽이 내화구조인 것은 연면적 100m²를 1소요단위로 함
③ 제조소용 건축물로 외벽이 내화구조가 아닌 것은 연면적 50m²를 1소요단위로 함
④ 저장소용 건축물로 외벽이 내화구조가 아닌 것은 연면적 25m²를 1소요단위로 함

🖩 제조소인 경우 내화구조인 경우 100, 아닌 경우 50m²를 1소요단위로 함

17 다음 중 기체연료가 완전 연소하기에 유리한 이유로 가장 거리가 먼 것은?

① 활성화 에너지가 크다.
② 공기 중에서 확산되기 쉽다.
③ 산소를 충분히 공급 받을 수 있다.
④ 분자의 운동이 활발하다.

🖩 활성화 에너지가 크면 연소에 불리하다.

18 위험물의 소화방법으로 적합하지 않은 것은?

① 적린은 다량의 물로 소화한다.
② 황화인의 소규모 화재 시에는 모래로 질식 소화한다.
③ 알루미늄분은 다량의 물로 소화한다.
④ 황의 소규모 화재 시에는 모래로 질식 소화한다.

🖩 금속분은 주수금지

19 위험물안전관리법령에서 정한 위험물의 유별 성질을 잘못 나타낸 것은?

① 제1류 : 산화성 ② 제4류 : 인화성
③ 제5류 : 자기반응성 ④ 제6류 : 가연성

🖩 6류는 산화성액체이다.

20 주된 연소의 형태가 나머지 셋과 다른 하나는?

① 아연분 ② 양초
③ 코크스 ④ 목탄

🖩 양초는 증발연소, 나머지는 표면연소

21 바스코스레이온 원료로서, 비중이 약 1.3, 인화점이 약 –30℃이고, 연소 시 유독한 아황산가스를 발생시키는 위험물은?

① 황린 ② 이황화탄소
③ 테레핀유 ④ 장뇌유

해 황을 포함하고 있어야 하고, 인화점이 – 30℃은 4류 특수인화물 이황화탄소이다.

22 위험물안전관리법령상 위험물 운송 시 제1류 위험물과 혼재 가능한 위험물은? (단, 지정수량의 10배를 초과하는 경우이다.)

① 제2류 위험물 ② 제3류 위험물
③ 제5류 위험물 ④ 제6류 위험물

해 423 524 61

23 위험물 옥외저장탱크 중 압력탱크에 저장하는 디에틸에테르 등의 저장온도는 몇 ℃ 이하여야 하는가?

① 60 ② 40
③ 30 ④ 15

24 주유취급소의 고정주유설비에서 펌프기기의 주유관 선단에서 최대토출량으로 틀린 것은?

① 휘발유는 분당 50리터 이하
② 경유는 분당 180리터 이하
③ 등유는 분당 80리터 이하
④ 제1석유류(휘발유 제외)는 분당 80리터 이하

해 1석유류는 분당 50리터 이하여야 한다.

25 에틸렌글리콜의 성질로 옳지 않은 것은?

① 갈색의 액체로 방향성이 있고, 쓴맛이 난다.
② 물, 알코올 등에 잘 녹는다.
③ 분자량은 약 62이고, 비중은 약 1.1이다.
④ 부동액의 원료로 사용된다.

해 • 4류는 휘발유 등 제외하고 대부분 무색이다.
  • 고리형이 아니므로 방향성을 가지고 있지 않다.

26 제2류 위험물의 종류에 해당되지 않는 것은?

① 마그네슘 ② 고형알코올
③ 칼슘 ④ 안티몬분

해 나머지는 모두 2류, 칼슘은 3류 알칼리토금속

27 위험물저장소에서 "칼륨 20kg, 황린 40kg, 칼슘의 탄화물 300kg"의 제3류 위험물을 저장하고 있는 경우 지정수량의 몇 배가 보관되어 있는가?

① 4 ② 5
③ 6 ④ 7

해 각 지정수량 10, 20, 300kg이다. 2배, 2배, 1배, 총5배이다.

28 다음 중 제5류 위험물이 아닌 것은?

① 니트로글리세린
② 니트로톨루엔
③ 니트로글리콜
④ 트리니트로톨루엔

해 니트로톨루엔은 4류

| 정답 | 21 ② | 22 ④ | 23 ② | 24 ④ | 25 ① | 26 ③ | 27 ② | 28 ② |

29 위험물을 저장할 때 필요한 보호물질을 옳게 연결한 것은?

① 황린 – 석유
② 금속칼륨 – 에탄올
③ 이황화탄소 – 물
④ 금속나트륨 – 산소

해 황린은 물에 저장가능하다. 금속칼륨, 금속나트륨은 물과 반응하고, 따라서 석유에 보관한다. 이황화탄소는 물에 보관가능하다.

30 다음 중 "인화점 50℃"의 의미를 가장 옳게 설명한 것은?

① 주변의 온도가 50℃ 이상이 되면 자발적으로 점화원 없이 발화한다.
② 액체의 온도가 50℃ 이상이 되면 가연성 증기를 발생하여 점화원에 의해 인화한다.
③ 액체를 50℃ 이상으로 가열하면 발화한다.
④ 주변의 온도가 50℃일 경우 액체가 발화한다.

해 인화점은 점화원이 있어야 한다.

31 등유의 성질에 대한 설명 중 틀린 것은?

① 증기는 공기보다 가볍다.
② 인화점이 상온보다 높다.
③ 전기에 대해 불량도체이다.
④ 물보다 가볍다.

해 • 4류는 증기비중이 1보다 크다.
 • 2류석유류는 인화점이 21 – 70℃이다.

32 다음 위험물 중 지정수량이 가장 작은 것은?

① 니트로글리세린
② 과산화수소
③ 트리니트로톨루엔
④ 피크르산

해 순서대로 10, 300, 200, 200kg이다.

33 적린의 일반적인 성질에 대한 설명으로 틀린 것은?

① 비금속 원소이다.
② 암적색의 분말이다.
③ 승화온도가 약 260℃이다.
④ 이황화탄소에 녹지 않는다.

해 발화점이 260℃이다.

34 이황화탄소 기체는 수소 기체보다 20℃ 1기압에서 몇 배 더 무거운가?

① 11   ② 22
③ 32   ④ 38

해 • 질량은 온도 기압과 무관하게 일정하다.
 • CS_2 12 + 32 × 2 = 76, H_2는 2. 따라서, 38배

35 다음 중 물과 반응하여 가연성 가스를 발생하지 않는 것은?

① 리튬   ② 나트륨
③ 유황   ④ 칼슘

해 유황은 물속에 저장한다.

36 벤젠에 대한 설명으로 옳은 것은?

① 휘발성이 강한 액체이다.
② 물에 매우 잘 녹는다.
③ 증기의 비중은 1.5이다.
④ 순수한 것의 융점은 30℃이다.

헤 휘발성이 강하다. 물에 안 녹고, 증기비중은 2.77, 실온에서 액체이므로 실온보다 낮은 융점을 가진다.

37 위험물안전관리법에서 정의하는 "인화성 또는 발화성 등의 성질을 가지는 것으로서 대통령령이 정하는 물품"을 말하는 용어는 무엇인가?

① 위험물   ② 인화성물질
③ 자연발화성물질   ④ 가연물

38 다음 물질 중에서 위험물안전관리법상 위험물의 범위에 포함되는 것은?

① 농도가 40중량퍼센트인 과산화수소 350kg
② 비중이 1.40인 질산 350kg
③ 직경 2.5mm의 막대 모양인 마그네슘 500kg
④ 순도가 55중량퍼센트인 유황 50kg

헤 과산화 수소 농도 36중량퍼센트 이상, 질산은 비중이 1.49 이상, 마그네슘은 직경이 2mm 이하, 유황은 순도 60중량퍼센트 이상이어야 한다.

39 질화면을 강면약과 약면약으로 구분하는 기준은?

① 물질의 경화도   ② 수산기의 수
③ 질산기의 수   ④ 탄소 함유량

40 위험물 운반에 관한 사항 중 위험물안전관리법령에서 정한 내용과 틀린 것은?

① 운반용기에 수납하는 위험물이 디에틸에테르이라면 운반용기 중 최대용적이 1L 이하라 하더라도 규정에 품명, 주의사항 등 표시사항을 부착하여야 한다.
② 운반용기에 담아 적재하는 물품이 황린이라면 파라핀, 경유 등 보호액으로 채워 밀봉한다.
③ 운반용기에 담아 적재하는 물품이 알킬알루미늄이라면 운반용기의 내용적의 90% 이하의 수납율을 유지하여야 한다.
④ 기계에 의하여 하역하는 구조로 된 경질플라스틱제 운반용기는 제조된 때로부터 5년 이내의 것이어야 한다.

헤 황린은 pH9인 물에 보관한다. 운반용기 외부에는 품명, 위험등급, 화학명, 수용성, 수량, 주의사항 표시한다.

41 위험물 암반 탱크의 공간 용적은 당해 탱크 내에 용출하는 (   )일 간의 지하수 양에 상당하는 용적과 당해 탱크 내용적의 100분의 (   )의 용적 중에서 보다 큰 용적을 공간 용적으로 한다. 괄호 안에 알맞은 수치를 차례대로 나열한 것은?

① 1, 1   ② 7, 1
③ 1, 5   ④ 7, 5

| 정답 | 36 ① | 37 ① | 38 ① | 39 ③ | 40 ② | 41 ② |

42 HNO_3에 대한 설명으로 틀린 것은?

① Al, Fe은 진한 질산에서 부동태를 생성해 녹지 않는다.
② 질산과 염산을 3 : 1 비율로 제조한 것을 왕수라고 한다.
③ 부식성이 강하고 흡습성이 있다.
④ 직사광선에서 분해하여 NO_2를 발생한다.

해 염산과 질산의 비율을 3:1로 한 것이 왕수이다.

43 지정수량 20배 이상의 제1류 위험물을 저장하는 옥내저장소에서 내화구조로 하지 않아도 되는 것은? (단, 원칙적인 경우에 한한다.)

① 바닥
② 보
③ 기둥
④ 벽

해 보, 서까래는 불연재료로 해야 한다.

44 위험물안전관리법령상 "옥내저장소에서 위험물을 저장하는 경우 기계에 의하여 하역하는 구조로 된 용기만을 겹쳐 쌓는 경우에 있어서는 (   )미터 높이를 초과하여 용기를 겹쳐 쌓지 아니하여야 한다." 괄호 안에 알맞은 수치는?

① 2
② 4
③ 6
④ 8

45 칼륨의 화재 시 사용 가능한 소화제는?

① 물
② 마른모래
③ 이산화탄소
④ 사염화탄소

해 3류 금수성 물질이다.

46 위험물안전관리법령에 따른 제3류 위험물에 대한 화재예방 또는 소화의 대책으로 틀린 것은?

① 이산화탄소, 할로젠화합물, 분말소화약제를 사용하여 소화한다.
② 칼륨은 석유, 등유 등의 보호액 속에 저장한다.
③ 알킬알루미늄은 헥산, 톨루엔 등 탄화수소용제를 희석제로 사용한다.
④ 알킬알루미늄, 알킬리튬을 저장하는 탱크에는 불활성가스의 봉입장치를 설치한다.

해 3류는 대부분 금수성 물질, 따라서 탄산수소염류 분말 소화약제, 마른모래, 팽창질석, 팽창진주암 사용

47 위험물안전관리법령에 따라 위험물 운반을 위해 적재하는 경우 제4류 위험물과 혼재가 가능한 액화석유가스 또는 압축천연가스의 용기 내용적은 몇 L 미만인가?

① 120
② 150
③ 180
④ 200

해 120L 미만 용기의 불활성가스와 위험물 혼재가능
4류 위험물인 경우 120L 미만 용기의 액화석유가스, 압축천연가스와만 혼재 가능

48 공기 중에서 산소와 반응하여 과산화물을 생성하는 물질은?

① 디에틸에테르
② 이황화탄소
③ 에틸알코올
④ 과산화나트륨

해 디에틸에테르에 대한 설명이다.

49 위험물의 지정수량이 틀린 것은?

① 과산화칼륨 : 50kg
② 질산나트륨 : 50kg
③ 과망간산나트륨 : 1000kg
④ 중크롬산암모늄 : 1000kg

해 질산나트륨은 300kg이다.

50 위험물을 유별로 정리하여 상호 1m 이상의 간격을 유지하는 경우에도 동일한 옥내저장소에 저장할 수 없는 것은?

① 제1류 위험물(알칼리금속의 과산화물 또는 이를 함유한 것을 제외한다.)과 제5류 위험물
② 제1류 위험물과 제6류 위험물
③ 제1류 위험물과 제3류 위험물 중 황린
④ 인화성 고체를 제외한 제2류 위험물과 제4류 위험물

해 인화성 고체와 4류 1m 이상 간격 유지하고 저장 가능하다.

51 제1류 위험물 중의 과산화칼륨을 다음과 같이 반응시켰을 때 공통적으로 발생되는 기체는?

> ㄱ. 물과 반응을 시켰다.
> ㄴ. 가열하였다.
> ㄷ. 탄산가스와 반응시켰다.

① 수소　　　　② 이산화탄소
③ 산소　　　　④ 이산화황

해 모두 산소를 발생시킨다. 이산화탄소(탄산가스)와 반응하면 탄산칼륨과 산소가 발생한다.

52 위험물 이동저장탱크의 외부도장 색상으로 적합하지 않은 것은?

① 제2류 – 적색　　② 제3류 – 청색
③ 제5류 – 황색　　④ 제6류 – 회색

해 6류는 청색이다.

53 과망간산칼륨의 위험성에 대한 설명 중 틀린 것은?

① 진한 황산과 접촉하면 폭발적으로 반응한다.
② 알코올, 에테르, 글리세린 등 유기물과 접촉을 금한다.
③ 가열하면 약 60℃에서 분해하여 수소를 방출한다.
④ 목탄, 황과 접촉 시 충격에 의해 폭발할 위험성이 있다.

해 가열하면 산소를 발생시킨다.

54 다음 중 제1류 위험물에 속하지 않는 것은?

① 질산구아니딘
② 과요오드산(과아이오딘산)
③ 납 또는 요오드의 산화물
④ 염소화이소시아눌산

해 질산구아니딘은 5류이다.

55 질산의 비중이 1.5 일 때, 1소요단위는 몇 L인가?

① 150
② 200
③ 1500
④ 2000

🖎 위험물 소요단위는 지정수량의 10배, 질산의 경우 300kg, 이고 1소요단위는 3000kg이다. 밀도는 질량/부피를 의미 비중이 1.5는 물에 대한 밀도의 비이므로, 물의 밀도가 1일 때, 즉 1리터가 1kg일 때, 질산의 경우 1리터가 1.5kg이라는 의미. 즉, 3000kg의 부피는 2000리터가 된다.

56 질산메틸에 대한 설명 중 틀린 것은?

① 액체 형태이다.
② 물보다 무겁다.
③ 알코올에 녹는다.
④ 증기는 공기보다 가볍다.

🖎 5류, 액체, 비중이 1보다 크다. 따라서 물보다 무겁다. 증기도 공기보다 무겁다.

57 삼황화린의 연소 시 발생하는 가스에 해당하는 것은?

① 이산화황
② 황화수소
③ 산소
④ 인산

🖎 이산화황과 오산화인이 나온다.

58 다음 위험물 중 발화점이 가장 낮은 것은?

① 피크린산
② TNT
③ 과산화벤조일
④ 니트로셀룰로오스

🖎 각, 300, 300, 125, 180℃이다.

59 건축물 외벽이 내화구조이며, 연면적 $300m^2$인 위험물 옥내저장소의 건축물에 대하여 소화설비의 소화능력 단위는 최소한 몇 단위 이상이 되어야 하는가?

① 1단위
② 2단위
③ 3단위
④ 4단위

🖎 저장소의 경우 내화구조인 경우 $150m^2$가 소요단위 300인 경우 2단위 필요

60 위험물안전관리법령상 위험물의 운반에 관한 기준에 따르면 알코올류의 위험등급은 얼마인가?

① 위험등급 I
② 위험등급 II
③ 위험등급 III
④ 위험등급 IV

8회 기출문제 풀이
위험물기능사

01 제조소 등의 소요단위 산정 시 위험물은 지정수량의 몇 배를 1 소요 단위로 하는가?

① 5배　　　② 10배
③ 20배　　　④ 50배

02 다음 중 알킬알루미늄의 소화방법으로 가장 적합한 것은?

① 팽창질석에 의한 소화
② 산·알칼리 소화약제에 의한 소화
③ 알코올포에 의한 소화
④ 주수에 의한 소화

해 3류, 금수성물질, 주수금지, 마른모래, 팽창진주암, 팽창질석, 탄산수소염류 분말소화약제

03 다음 물질 중 분진폭발의 위험이 가장 낮은 것은?

① 밀가루　　　② 아연가루
③ 마그네슘가루　　　④ 시멘트가루

해 가볍고 작아야 위험이 높다. 시멘트가루는 무겁다.

04 위험물안전관리법령상 제5류 위험물의 화재 발생 시 적응성이 있는 소화설비는?

① 이산화탄소소화설비
② 물분무소화설비
③ 분말소화설비
④ 할로젠화합물소화설비

해 2번과 함께 소화전 스프링클러, 포소화 등이 적응성 있다.

05 다음 중 제4류 위험물의 화재에 적응성이 없는 소화기는?

① 이산화탄소소화설비
② 봉상수소화기
③ 인산염류소화기
④ 포소화기

해 4류는 기름, 물로 하는 주수소화는 안 된다. 2번. 나머지는 모두 질식소화

06 위험물안전관리법령상 자동화재탐지설비의 경계구역 하나의 면적은 몇 m^2 이하여야 하는가? (단, 원칙적인 경우에 한한다.)

① 250　　　② 300
③ 400　　　④ 600

|정답| 01 ②　02 ①　03 ④　04 ②　05 ②　06 ④

07 플래시오버(Flash Over)에 대한 설명으로 옳은 것은?

① 산소의 공급이 주요 요인이 되어 발생한다.
② 대부분 화재 종기(쇠퇴기)에 발생한다.
③ 내장재의 종류와 개구부의 크기에 영향을 받는다.
④ 대부분 화재 초기(발화기)에 발생한다.

해 가연성 기체가 모였다가 산소가 공급되어 발생하는 것, 성장기에서 최성기 사이, 내장재, 개구부 영향 크게 받음

08 충격이나 마찰에 민감하고 가수분해 반응을 일으키는 단점을 가지고 있어 이를 개선하여 다이너마이트를 발명하는데 주 원료로 사용한 위험물은?

① 트리니트로페놀
② 니트로글리세린
③ 트리니트로톨루엔
④ 셀룰로이드

해 다이너마이트는 니트로글리세린 기억해야 한다.

09 다음은 어떤 화합물의 구조식인가?

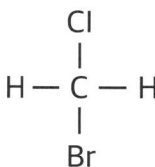

① 할론2402
② 할론1301
③ 할론1011
④ 할론1201

해 순서대로, C F Cl Br
C가 1개인 경우 4에서 뒤의 원소의 개수만큼 뺀것이 수소의 숫자이다(4 − 2 = 2).

10 위험물안전관리법령상 제4류 위험물을 지정수량의 3천 배 초과 4천 배 이하로 저장하는 옥외탱크저장소의 보유공지는 얼마인가?

① 6m 이상
② 9m 이상
③ 12m 이상
④ 15m 이상

해 2000배 초과 3000배 이하는 12m 이상, 1000배 초과 2000배 이하는 9m 이상

11 다음 중 분말소화약제를 방출시키기 위해 주로 사용되는 가압용 가스는?

① 헬륨
② 질소
③ 아르곤
④ 산소

해 질소, 이산화탄소이다.

12 연소의 연쇄반응을 차단 및 억제하여 소화하는 방법은?

① 제거소화
② 부촉매소화
③ 질식소화
④ 냉각소화

해 억제소화, 부촉매소화라고도 한다.

13 위험물안전관리법령상 위험등급I의 위험물로 옳은 것은?

① 무기과산화물
② 제1석유류
③ 황화인, 적린, 유황
④ 알코올류

해 나머지는 모두 II, 무기과산화물이 해당

14 소화기 속에 압축되어 있는 이산화탄소 1.1kg을 표준상태에서 분사하였다. 이산화탄소의 부피는 몇 m^3가 되는가?

① 0.56　　　② 5.6
③ 11.2　　　④ 24.6

헤 이상기체방정식, $PV = \frac{w}{M}RT$, 표준상태이므로 압력은 1, 온도는 0℃, P는 1, M(분자량) CO_2는 44kg/kmol, w(질량)은 1.1kg, R(기체상수)는 0.082, T(절대온도)는 0 + 273. 계산하면 0.559

15 위험물안전관리법령상 자동화재탐지설비를 설치하지 않고 비상경보설비로 대신할 수 있는 것은?

① 지정수량 20배를 저장하는 옥내저장소로서 처마 높이가 8m인 단층건물
② 지정수량 20배를 저장 취급하는 옥내주유취급소
③ 단층건물 외에 건축물에 설치된 지정수량 15배의 옥내 탱크저장소로서 소화난이도등급 II에 속하는 것
④ 일반취급소로서 연면적 $600m^2$인 것

헤 옥내저장소인 경우 처마높이가 8m 이상, 옥내주유소는 모두, 일반취급소는 연면적 $500m^2$이면 자동화재탐지설비 설치해야 한다. 옥내탱크저장소의 경우 소화난이도등급 I인 경우 설치

16 양초, 고급알코올 등과 같은 연료의 가장 일반적인 연소형태는?

① 표면연소　　② 증발연소
③ 분무연소　　④ 분해연소

17 BCF(Bromochlorodifluoromethane) 소화약제의 화학식으로 옳은 것은?

① CF_3Br　　　② CCl_4
③ CH_2ClBr　　④ CF_2ClBr

헤 Bromo, Chlore, Fluoro, 모두 포함된 형태

18 제2류 위험물인 마그네슘에 대한 설명으로 옳지 않은 것은?

① 가연성 고체로 산소와 반응하여 산화반응을 한다.
② 화재 시 이산화탄소 소화약제로 소화가 가능하다.
③ 2mm 체를 통과한 것만 위험물에 해당된다.
④ 주수소화를 하면 가연성의 수소가스가 발생한다.

헤 ・주수소화하면 안 된다. 탄산수소염류 분말소화약제 등 사용
　・마그네슘과 이산화탄소는 반응하여 화재를 악화시키므로 이산화탄소 소화약제는 사용할 수 없다.

19 위험물안전관리법령에 따른 판매취급소라 함은 점포에서 위험물을 용기에 담아 판매하기 위하여 지정수량의 (㉮)배 이하의 위험물을 (㉯)하는 장소를 말한다. ( )에 알맞은 말은?

① ㉮ 20 ㉯ 취급　　② ㉮ 40 ㉯ 취급
③ ㉮ 20 ㉯ 저장　　④ ㉮ 40 ㉯ 저장

헤 위험물안전관리법령상 취급소의 정의이다. 그 중 20배 이하가 1종, 40배 이하가 2종에 해당한다.

20 취급하는 제4류 위험물의 수량이 지정수량의 30만 배인 일반취급소가 있는 사업장에 자체소방대를 설치함에 있어서 전체 화학소방차 중 포수용액을 방사하는 화학소방차는 몇 대 이상 두어야 하는가?

① 필수적인 것은 아니다. ② 1
③ 2 ④ 3

해 지정수량 24만 배 이상 48만 배 미만 시 3대이다. 다만, 포수용액 방사하는 경우 그의 2/3이다.

21 자연발화성물질 중 알킬알루미늄 등은 운반용기의 내용적의 (　)% 이하의 수납율로 수납하되, 50℃의 온도에서 (　)% 이상의 공간용적을 유지하도록 하여야 한다. 괄호 안에 적합한 숫자를 차례대로 나열한 것은?

① 90, 5 ② 90, 10
③ 95, 5 ④ 95, 10

해 고체는 95%, 액체는 98% 이하

22 정전기로 인한 재해방지대책 중 틀린 것은?

① 공기를 이온화 한다.
② 실내를 건조하게 유지한다.
③ 공기 중의 상대습도를 70% 이상으로 유지한다.
④ 접지를 한다.

23 삼황화린의 연소 생성물을 옳게 나열한 것은?

① P_2O_5, SO_2 ② P_2O_5, H_2S
③ H_3PO_4, H_2S ④ H_3PO_4, SO_2

해 삼황화린 연소 시, 오산화인, 이산화황 나온다.

24 제3류 위험물에 해당하는 것은?

① 삼황화린 ② 유황
③ 황린 ④ 적린

해 황린은 3류 위험물, 나머지는 2류 위험물이다.

25 제5류 위험물 중 니트로화합물(나이트로화합물)의 지정수량을 옳게 나타낸 것은?

① 10kg ② 100kg
③ 150kg ④ 200kg

26 과염소산칼륨의 성질에 대한 설명 중 틀린 것은?

① 무색, 무취의 결정으로 물에 잘 녹는다.
② 화약, 폭약, 섬광제 등에 쓰인다.
③ 에탄올, 에테르에는 녹지 않는다.
④ 화학식은 $KClO_4$이다.

해 물에 잘 녹지 않는다.

27 0.99atm, 55℃에서 이산화탄소의 밀도는 약 몇 g/L 인가?

① 0.62 ② 1.62
③ 9.65 ④ 12.65

해 $PV = \dfrac{w}{M}RT$, 밀도는 질량(w)을 부피(v)로 나눈 것. 즉 w/v = PM/RT
P는 압력, M(분자량) CO_2는 44kg/kmol, R(기체상수)는 0.082, T(절대온도)는 55 + 273, w/v (즉, 질량/부피)를 구하는 문제. 약 1.62가 된다.

28 위험물안전관리법령에서 정한 제5류 위험물 이동저장탱크의 외부 도장 색상은?

① 황색　　　　　② 적색
③ 청색　　　　　④ 회색

해 1류 – 회색, 2류 – 적색, 3류 – 청색, 6류 – 청색

29 제조소 등의 관계인이 예방규정을 정하여야 하는 제조소 등이 아닌 것은?

① 지정수량 100배의 위험물을 저장하는 옥외탱크저장소
② 지정수량 150배의 위험물을 저장하는 옥내저장소
③ 지정수량 10배의 위험물을 취급하는 제조소
④ 지정수량 5배의 위험물을 취급하는 이송취급소

해 옥외탱크저장소의 경우 200배가 기준이다.

30 위험물안전관리법령상 제5류 위험물의 공통된 취급 방법으로 옳지 않은 것은?

① 불티, 불꽃, 고온체와의 접근을 피한다.
② 용기의 파손 및 균열에 주의한다.
③ 운반용기 외부에 주의사항으로 '화기주의' 및 '물기엄금'을 표기한다.
④ 저장 시 과열, 충격, 마찰을 피한다.

해 가연성이고, 자기반응을 잘한다. 주로 주수소화 한다. 물기엄금은 틀렸다.

31 다음 중 황 분말과 혼합했을 때 가열 또는 충격에 의해서 폭발할 위험이 가장 높은 것은?

① 질산암모늄　　② 마른모래
③ 이산화탄소　　④ 물

해 황은 2류 가연성 고체, 연소 위해서는 가연물, 산소, 점화원이 필요, 가연물과 점화원은 있으나 산소가 없다. 산소 공급이 가능한 것 고르면 된다. 1류는 산소를 공급하고 가연물과 접촉 시 연소한다. 따라서, 1류인 1번

32 위험물안전관리법령에서 정한 내용 중 (　　)라 함은 고형알코올 그 밖에 1기압에서 인화점이 섭씨 40도 미만인 고체를 말한다. 괄호 안에 알맞은 용어는?

① 자기반응성고체　　② 산화성고체
③ 인화성고체　　　　④ 가연성고체

33 유별을 달리하는 위험물을 운반할 때 혼재할 수 있는 것은? (단, 지정수량의 1/10을 넘는 양을 운반하는 경우이다.)

① 제1류와 제3류　　② 제2류와 제4류
③ 제3류와 제5류　　④ 제4류와 제6류

해 423, 524, 61

34 그림의 원통형 중으로 설치된 탱크에서 공간용적을 내용적의 10%라고 하면 탱크용량(허가용량)은 약 얼마인가?

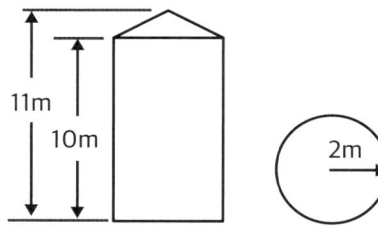

① 113.10　　　　② 124.34
③ 129.06　　　　④ 138.16

해 용량은 내용적에서 공간용적 비율만큼 제하는 것이다. $\pi r^2 l$ 이고, $\pi \times 2^2 \times 10$ 여기에 10%만큼 제하면 된다.

35 제4류 위험물에 속하지 않는 것은?

① 니트로벤젠　　　② 실린더유
③ 트리니트로톨루엔　　④ 아세톤

해 트리니트톨루엔은 5류이다.

36 자기반응성 물질인 제5류 위험물에 해당하는 것은?

① $C_6H_5NO_2$　　　　② $CH_3(C_6H_4)NO_2$
③ $C_6H_2(NO_2)_3OH$　　④ CH_3COCH_3

해 순서대로 니트로벤젠, 니트로톨루엔, 트리니트로페놀, 아세톤, 나머지는 모두 4류, 트리니트로페놀만 5류

37 경유 2000L, 글리세린 2000L를 같은 장소에 저장하려한다. 지정수량의 배수의 합은 얼마인가?

① 2.5　　　　② 3.0
③ 3.5　　　　④ 4.0

해 경유는 지정수량 1000L, 글리세린은 4000L, 따라서, 각 2배, 0.5배이다.

38 제2석유류에 해당하는 물질로만 짝 지워진 것은?

① 등유, 경유　　　　② 글리세린, 기계유
③ 글리세린, 장뇌유　　④ 등유, 중유

해 각 중유 4, 글리세린 3, 기계유 4, 장뇌유 2석유류

39 과망간산칼륨의 위험성에 대한 설명으로 틀린 것은?

① 목탄, 황 등 환원성 물질과 격리하여 저장해야 한다.
② 유기물과 혼합 시 위험성이 증가한다.
③ 고온으로 가열하면 분해하여 산소와 수소를 방출한다.
④ 황산과 격렬하게 반응한다.

해 1류 산화성 있다. 환원성 물질과 격리 저장해야한다. 분해 시 산소를 방출하나, 수소를 방출하지는 않는다.

40 다음 중 지정수량이 나머지 셋과 다른 물질은?

① 유황　　　　② 적린
③ 칼슘　　　　④ 황화인

해 나머지는 모두 100kg, 칼슘은 50kg

41 위험물의 품명이 질산염류에 속하지 않는 것은?

① 질산메틸　　　　② 질산암모늄
③ 질산나트륨　　　④ 질산칼륨

해 1번은 5류 질산에스테르류, 나머지는 1류 질산염류

42 위험물과 그 보호액 또는 안정제의 연결이 틀린 것은?

① 알킬알루미늄 - 헥산　② 인화석회 - 물
③ 금속칼륨 - 등유　　　④ 황린 - 물

해 인화석회는 인화칼슘으로 3류, 물과 반응하면 포스핀을 발생시킨다.

43 위험물안전관리법령상 염소화이소시아눌산은 제 몇 류 위험물인가?

① 제1류　　　　② 제2류
③ 제5류　　　　④ 제6류

44 경유에 대한 설명으로 틀린 것은?

① 발화점이 인화점보다 높다.
② 물에 녹지 않는다.
③ 비중은 1 이하이다.
④ 인화점은 상온 이하이다.

해 통상 발화점이 인화점 보다 높다. 인화점은 50 – 70℃ 이다.

45 위험물안전관리법령상 이동탱크저장소에 설치하는 게시판의 설치기준에서 "이동저장탱크의 뒷면 중 보기 쉬운 곳에는 해당 탱크에 저장 또는 취급하는 위험물의 (　　) · (　　) · (　　) 및 적재중량을 게시한 게시판을 설치하여야 한다." 괄호 안에 해당하지 않는 것은?

① 최대수량　　　② 품명
③ 유별　　　　　④ 관리자명

해 현행법으로는 경고표시(그림문자, UN 번호)를 게시한다. 정답 없음, 출제 가능성 낮음

46 "$C_2H_5OC_2H_5$, CS_2, CH_3CHO"에서 인화점이 0℃ 보다 작은 것은 모두 몇 개인가?

① 0개　　　　② 1개
③ 2개　　　　④ 3개

해 디에틸에테르, 이황화탄소, 아세트알데히드, 모두 4류, 특수인화물, 모두 인화점 0℃ 보다 낮다.

47 니트로셀룰로오스의 저장방법으로 올바른 것은?

① 물이나 알코올로 습윤시킨다.
② 산에 용해시켜 저장한다.
③ 수은염을 만들어 저장한다.
④ 에탄올과 에테르 혼액에 침윤시킨다.

해 5류 위험물하면 습윤을 먼저 떠올린다.

48 위험물안전관리법령상 옥내소화전설비의 설치기준에서 옥내소화전은 제조소 등의 건축물의 층마다 해당 층의 각 부분에서 하나의 호스접속구까지의 수평거리가 몇 m 이하가 되도록 설치하여야 하는가?

① 5
② 10
③ 15
④ 25

49 유기과산화물의 저장 또는 운반 시 주의사항으로 옳은 것은?

① 산화제이므로 다른 강산화제와 같이 저장해야 좋다.
② 일광이 드는 건조한 곳에 저장한다.
③ 알코올류 등 제4류 위험물과 혼재하여 운반할 수 있다.
④ 가능한 한 대용량으로 저장한다.

해 423 524 61, 유기과산화물은 5류, 4류와 혼재 운반 가능하다. 산화제와 접촉 시 위험하며, 지정수량이 10kg 이므로 대용량으로 저장하면 안 된다.

50 지하탱크저장소에 대한 설명으로 옳지 않은 것은?

① 지하저장탱크와 탱크전용실 안쪽과의 간격은 0.1m 이상의 간격을 유지한다.
② 지하저장탱크의 윗부분은 지면으로부터 0.6m 이상 아래에 있어야 한다.
③ 탱크전용실 벽의 두께는 0.3m 이상이어야 한다.
④ 지하저장탱크에는 두께 0.1m 이상의 철근콘크리트조로 된 뚜껑을 설치한다.

해 지하탱크 전용실은 두께가 0.3m 이상인 철근콘크리트조로된 뚜껑을 덮는다.

51 황린의 위험성에 대한 설명으로 틀린 것은?

① 강알칼리 용액과 반응하여 독성 가스를 발생한다.
② 공기 중에서 자연발화의 위험성이 있다.
③ 화학적 활성이 커서 CO_2, H_2O와 격렬히 반응한다.
④ 연소 시 발생되는 증기는 유독하다.

해 이산화탄소, 물과 반응하지 않는다.

52 니트로셀룰로오스 5kg과 트리니트로페놀을 함께 저장하려고 한다. 이 때 지정수량 1배로 저장하려면 트리니트로페놀을 몇 kg 저장하여야 하는가?

① 5
② 10
③ 50
④ 100

해 5류, 지정수량 각 10kg, 200kg이다. 니트로셀룰로오스는 지정수량 0.5배, 트리니트페놀도 0.5가 되어야 한다. 따라서 100kg이다.

53 다음 중 위험물안전관리법령에서 정한 제3류 위험물 금수성 물질의 소화설비로 적응성이 있는 것은?

① 인산염류 등 분말소화설비
② 이산화탄소소화설비
③ 할로젠화합물소화설비
④ 탄산수소염류 등 분말소화설비

54 다음 설명 중 제2석유류에 해당하는 것은? (단, 1기압 상태이다.)

① 착화점이 21℃ 미만인 것
② 착화점이 30℃ 이상 50℃ 미만인 것
③ 인화점이 21℃ 이상 70℃ 미만인 것
④ 인화점이 21℃ 이상 90℃ 미만인 것

| 정답 | 48 ④ | 49 ③ | 50 ④ | 51 ③ | 52 ④ | 53 ④ | 54 ③ |

55 질산암모늄의 일반적 성질에 대한 설명 중 옳은 것은?

① 불안정한 물질이고 물에 녹을 때는 흡열반응을 나타낸다.
② 과일향의 냄새가 나는 적갈색 비결정체이다.
③ 가열 시 분해하여 수소를 발생한다.
④ 물에 대한 용해도 값이 매우 작아 물에 거의 불용이다.

헤 대표적인 흡열물질이다.

56 아염소산염류 500kg과 질산염류 3000kg을 함께 저장하는 경우 위험물의 소요단위는 얼마인가?

① 2　　② 4
③ 6　　④ 8

헤 위험물의 소요단위는 지정수량의 10배, 아염소산염류는 지정수량 50kg, 질산염류는 300kg이다.
각 열배는 500, 3000, 소요단위는 각 1이다. 합하면 2가 된다.

57 유황에 대한 설명으로 옳지 않은 것은?

① 연소 시 황색불꽃을 보이며 유독한 이황화탄소를 발생한다.
② 고온에서 용융된 유황은 수소와 반응한다.
③ 미세한 분말상태에서 부유하면 분진폭발의 위험이 있다.
④ 마찰에 의해 정전기가 발생할 우려가 있다.

헤 연소 시 이산화황을 발생시킨다. 수소와 반응하여 황화수소가 발생하고, 황화수소의 연소 시 이산화황을 발생시킨다.

58 위험물의 저장 및 취급방법에 대한 설명으로 틀린 것은?

① 마그네슘은 산화제와 혼합되지 않도록 취급한다.
② 적린은 화기와 멀리하고 가열, 충격이 가해지지 않도록 한다.
③ 이황화탄소는 발화점이 낮으므로 물속에 저장한다.
④ 알루미늄분은 분진폭발의 위험이 있으므로 분무 주수하여 저장한다.

헤 알루미늄분은 물과 반응하여 수소를 발생시킨다. 주수 금지이다.

59 과산화벤조일(벤조알퍼옥사이드)에 대한 설명 중 틀린 것은?

① 결정성의 분말형태이다.
② 환원성 물질과 격리하여 저장한다.
③ 희석제로 묽은 질산을 사용한다.
④ 물에 녹지 않으나 유기용매에 녹는다.

헤 희석제로 물, 프탈산디메틸 등을 사용한다.

60 위험물안전관리법령에 따른 위험물의 운송에 관한 설명 중 틀린 것은?

① 이동탱크저장소에 의하여 위험물을 운송할 때 운송책임자에는 법정의 교육을 이수하고 관련 업무에 2년 이상 경력이 있는 자도 포함된다.
② 운송책임자의 감독 또는 지원 방법에는 동승하는 방법과 별도의 사무실에서 대기하면서 규정된 사항을 이행하는 방법이 있다.
③ 서울에서 부산까지 금속의 인화물 300kg을 1명의 운전자가 휴식 없이 운송해도 규정위반이 아니다.
④ 알킬리튬과 알킬알루미늄 또는 이 중 어느 하나 이상을 함유한 것은 운송책임자의 감독 지원을 받아야 한다.

해 고속국도는 340km 이상, 그 외는 200km 이상 시 2인 이상 운전자 요구, 다만, 운송책임자 동승, 2시간마다 20분 휴식, 2류, 3류(칼슘 또는 알루미늄의 탄화물 등), 4류(특수인화물 제외)인 경우 가능, 3번은 3류 중 금속의 인화물이므로 예외 안 됨

01 분말소화약제의 식별 색을 옳게 나타낸 것은?

① $KHCO_3$: 백색
② $NH_4H_2PO_4$: 담홍색
③ $NaHCO_3$: 보라색
④ $KHCO_3 + (NH_2)_2CO$: 초록색

해 순서대로 탄산수소칼륨, 인산암모늄, 탄산수소나트륨, 탄산수소칼륨 + 요소이고, 색깔은 보라, 담홍, 백색, 회색이다.

02 유류화재 소화 시 분말 소화약제를 사용할 경우 소화 후에 재발화 현상이 가끔씩 발생할 수 있다. 다음 중 이러한 현상을 예방하기 위하여 병용하여 사용하면 가장 효과적인 포소화약제는?

① 단백포 소화약제
② 수성막포 소화약제
③ 합성계면활성제포 소화약제
④ 알코올형포 소화약제

해 유류화재 시 재발화 방지 위해 수성막포 소화약제가 효과적이다.

03 위험물제조소 등의 소화설비의 기준에 관한 설명으로 옳은 것은?

① 제조소 등 중에서 소화난이도등급 I, II 또는 III의 어느 것에도 해당하지 않는 것도 있다.
② 옥외탱크저장소의 소화난이도 등급을 판단하는 기준 중 탱크의 높이는 기초를 제외한 탱크 측판의 높이를 말한다.
③ 제조소의 소화난이도 등급을 판단하는 기준 중 면적에 관한 기준은 건축물 외에 설치된 것에 대해서는 수평 투영면적을 기준으로 한다.
④ 제4류 위험물을 저장·취급하는 제조소 등에도 스프링클러 소화설비가 적응성이 인정되는 경우가 있으며 이는 수원의 수량을 기준으로 판단한다.

해 ② 지문은 바닥면으로부터 탱크 옆판의 상단까지 높이가 6m 이상인 것이다.

04 수소화나트륨 240g과 충분한 물이 완전 반응하였을 때 발생하는 수소의 부피는? (단, 표준상태를 가정하며 나트륨의 원자량은 23이다.)

① 22.4L
② 224L
③ $22.4m^3$
④ $224m^3$

해 $NaH + H_2O \rightarrow NaOH + H_2$ 수소화나트륨 240g은 10몰에 해당(1몰이 24(23 + 1)g이므로), 수소도 10몰이 발생한다. 기체 1몰은 22.4L이므로 10몰은 224L이다.

| 정답 | 01 ② | 02 ② | 03 ① | 04 ② |

05 소화난이도 등급 Ⅰ인 옥외탱크저장소에 있어서 제4류 위험물 중 인화점이 섭씨 70도 이상인 것을 저장, 취급하는 경우 어느 소화설비를 설치해야 하는가? (단, 지중탱크 또는 해상탱크 외의 것이다.)

① 스프링클러소화설비
② 물분무소화설비
③ 이산화탄소소화설비
④ 분말소화설비

해 물분무소화설비, 포소화설비이다.

06 위험물제조소 내의 위험물을 취급하는 배관에 대한 설명으로 옳지 않은 것은?

① 배관을 지하에 매설하는 경우 접합부분에는 점검구를 설치하여야 한다.
② 배관을 지하에 매설하는 경우 금속성 배관의 외면에는 부식 방지 조치를 하여야 한다.
③ 최대상용압력의 .15배 이상의 압력으로 수압시험을 실시하여 이상이 없어야 한다.
④ 지상에 설치하는 경우에는 안전한 구조의지지물로 지면에 밀착하여 설치하여야 한다.

해 지상에 설치하는 경우 지면에 닿지 않아야 한다.

07 위험물제조소 등의 화재예방 등 위험물 안전관리에 관한 직무를 수행하는 위험물안전관리자의 선임 시기는?

① 위험물제조소 등의 완공검사를 받은 후 즉시
② 위험물제조소 등의 허가 신청 전
③ 위험물제조소 등의 설치를 마치고 완공검사를 신청하기 전
④ 위험물제조소 등에서 위험물을 저장 또는 취급하기 전

08 소화효과 중 부촉매 효과를 기대할 수 있는 소화약제는?

① 물소화약제
② 포소화약제
③ 분말소화약제
④ 이산화탄소소화약제

해 분말소화약제, 억제소화, 부촉매 효과 기억해야 한다.

09 고온체의 색깔이 휘적색일 경우의 온도는 약 몇 ℃ 정도인가?

① 500
② 950
③ 1300
④ 1500

해 1300은 백적, 1500은 휘백색이다.

10 다음 중 연소속도와 의미가 가장 가까운 것은?

① 기화열의 발생속도
② 환원속도
③ 착화속도
④ 산화속도

해 연소속도는 곧 산화속도이다.

11 지정수량의 몇 배 이상의 위험물을 취급하는 제조소에는 화재발생 시 이를 알릴 수 있는 경보설비를 설치하여야 하는가?

① 5
② 10
③ 20
④ 100

12 이산화탄소의 특성에 대한 설명으로 옳지 않은 것은?

① 전기전도성이 우수하다.
② 냉각, 압축에 의하여 액화된다.
③ 과량 존재 시 질식할 수 있다.
④ 상온, 상압에서 무색, 무취의 불연성 기체이다.

해 전기전도성이 없다.

13 이동탱크저장소에 의한 위험물의 운송에 있어서 운송책임자의 감독 또는 지원을 받아야 하는 위험물은?

① 금속분
② 알킬알루미늄
③ 아세트알데히드
④ 히드록실아민(하이드록실아민)

해 알킬알루미늄, 알킬리튬이다.

14 위험물안전관리법령에 근거하여 자체소방대에 두어야하는 제독차의 경우 가성소오다 및 규조토를 각각 몇 kg 이상 비치하여야 하는가?

① 30
② 50
③ 60
④ 100

15 인화점이 낮은 것부터 높은 순서로 나열된 것은?

① 톨루엔 – 아세톤 – 벤젠
② 아세톤 – 톨루엔 – 벤젠
③ 톨루엔 – 벤젠 – 아세톤
④ 아세톤 – 벤젠 – 톨루엔

해 낮은 순서대로 – 18, – 11, 4도이다.

16 화재 시 이산화탄소를 배출하여 산소의 농도를 12.5%로 낮추어 소화하려면 공기 중의 이산화탄소의 농도는 약 몇 vol%로 해야 하는가?

① 30.7
② 32.8
③ 40.5
④ 68.0

해 이산화탄소소화농도는 $(21 - O_2\%) / 21 \times 100$이다.
$(21 - 12.5) / 21 \times 100$은 약 40.5이다.

17 위험물안전관리법령상 고정주유설비는 주유설비의 중심선을 기점으로 하여 도로 경계선까지 몇 m 이상의 거리를 유지해야 하는가?

① 1
② 3
③ 4
④ 6

18 위험물 옥외저장소에서 지정수량 200배 초과의 위험물을 저장할 경우 보유공지의 너비는 몇 m 이상으로 하여야 하는가? (단, 제4류 위험물과 제6류 위험물이 아닌 경우)

① 0.5
② 2.5
③ 10
④ 15

해 50배 초과 200배 이하 – 12m 이상, 20배 초과 50배 이하 – 9m 이상, 10배 초과 20배 이하 – 5m 이상

19 소화설비의 주된 소화효과를 옳게 설명한 것은?

① 옥내·옥외소화전설비 질식소화
② 스프링클러설비, 물분무소화설비 억제소화
③ 포, 분말 소화설비 억제소화
④ 할로젠화합물 소화설비 억제소화

해 할로젠화합물은 부촉매효과 억제소화이다.

| 정답 | 12 ① | 13 ② | 14 ② | 15 ④ | 16 ③ | 17 ③ | 18 ④ | 19 ④ |

20 다음 위험물의 화재 시 물에 의한 소화방법이 가장 부적합 한 것은?

① 황린　　　　　② 적린
③ 마그네슘분　　④ 황분

해 마그네슘은 물과 만나면 수소를 생성시키며 반응한다. 주수금지

21 위험물 옥외탱크저장소와 병원과는 안전거리를 얼마 이상 두어야 하는가?

① 10m　　　　② 20m
③ 30m　　　　④ 50m

22 질산의 수소원자를 알킬기로 치환한 제5류 위험물의 지정 수량은?

① 10kg　　　　② 100kg
③ 200kg　　　 ④ 300kg

해 질산에틸, 질산메틸에 대한 설명이다.

23 위험물제조소에 옥외소화전이 5개가 설치 되어 있다. 이 경우 확보하여야 하는 수원의 법정 최소량은 몇 m³인가?

① 28　　　　　② 35
③ 54　　　　　④ 67.5

해 4개 이상인 경우 4에 13.5를 곱한 수가 된다.

24 위험물을 저장 또는 취급하는 탱크의 공간 용적은 탱크의 내용적의 (ⓐ) 이상 (ⓑ) 이하의 용적으로 한다. 다만, 소화설비 (소화약제 방출구를 탱크안의 윗부분에 설치하는 것에 한한다.)를 설치하는 탱크의 공간용적은 당해 소화설비의 소화약제방출구 아래의 0.3미터 이상 1미터 미만 사이의 면으로부터 윗부분의 용적으로 한다. 암반탱크에 있어서는 당해 탱크 내에 용출하는 (ⓒ)일 간의 지하수의 양에 상당하는 용적과 당해 탱크의 내용적의 (ⓓ)의 용적 중에서 보다 큰 용적을 공간용적으로 한다. 괄호에 알맞은 수치로 옳은 것은?

① ⓐ 3/100 ⓑ 10/100 ⓒ 10 ⓓ 1/100
② ⓐ 5/100 ⓑ 5/100 ⓒ 10 ⓓ 1/100
③ ⓐ 5/100 ⓑ 10/100 ⓒ 7 ⓓ 1/100
④ ⓐ 5/100 ⓑ 10/100 ⓒ 10 ⓓ 3/100

25 다음 중 제6류 위험물로서 분자량이 약 63인 것은?

① 과염소산　　② 질산
③ 과산화수소　④ 삼불화브롬

해 질산 HNO_3 계산하면 $1 + 14 + 16 \times 3 = 63$이다.

26 인화칼슘이 물과 반응하였을 때 발생하는 가스에 대한 설명으로 옳은 것은?

① 폭발성인 수소를 발생한다.
② 유독한 인화수소를 발생한다.
③ 조연성인 산소를 발생한다.
④ 가연성인 아세틸렌을 발생한다.

해 인화칼슘은 물과 반응하여 포스핀(PH_3)를 발생시킨다.

정답　20 ③　21 ③　22 ①　23 ③　24 ③　25 ②　26 ②

27 위험물안전관리법령에 따른 위험물의 적재 방법에 대한 설명으로 옳지 않은 것은?

① 원칙적으로는 운반용기를 밀봉하여 수납할 것
② 고체위험물은 용기 내용적의 95% 이하의 수납율로 수납할 것
③ 액체위험물은 용기 내용적의 99% 이상의 수납율로 수납할 것
④ 하나의 외장 용기에는 다른 종류의 위험물을 수납하지 않을 것

혜 액체위험물은 98% 이하로 수납한다.

28 주유취급소에서 자동차 등에 위험물을 주유할 때에 자동차 등의 원동기를 정지시켜야 하는 위험물의 인화점 기준은? (단, 연료탱크에 위험물을 주유하는 동안 방출되는 가연성 증기를 회수하는 설비가 부착되지 않은 고정주유설비에 의하여 주유하는 경우이다.)

① 20℃ 미만   ② 30℃ 미만
③ 40℃ 미만   ④ 50℃ 미만

혜 경유는 인화점이 40보다 높으므로 정지시킬 필요 없다.

29 저장하는 위험물의 최대수량이 지정수량의 15배일 경우, 건축물의 벽·기둥 및 바닥이 내화구조로 된 위험물옥내저장소의 보유공지는 몇 m 이상이어야 하는가?

① 0.5   ② 1
③ 2   ④ 3

혜 3번. 그 밖의 건축물의 경우 3m 이상이다.

30 위험물안전관리법령에 따른 이동저장탱크의 구조의 기준에 대한 설명으로 틀린 것은?

① 압력탱크는 최대상용압력의 1.5배의 압력으로 10분간 수압시험을 하여 새지 말 것
② 상용압력이 20kPa를 초과하는 탱크의 안전장치는 상용압력의 1.5배 이하의 압력에서 작동할 것
③ 방파판은 두께 1.6mm 이상의 강철판 또는 이와 동등 이상의 강도, 내식성 및 내열성을 갖는 재질로 할 것
④ 탱크는 두께 3.2mm 이상의 강철판 또는 이와 동등 이상의 강도, 내식성 및 내열성을 갖는 재질로 할 것

혜 상용압력이 20kPa를 초과하는 경우 탱크 안전장치는 상용압력의 1.1배의 압력에서 작동해야 한다.

31 내용적이 20000L인 옥내저장탱크에 대하여 저장 또는 취급의 허가를 받을 수 있는 최대용량은? (단, 원칙적인 경우에 한한다.)

① 18000L   ② 19000L
③ 19400L   ④ 20000L

혜 최대용량은 내용적에서 공간용적을 빼야 한다. 공간용적은 100분의 5 이상 100분의 10 이하이므로 최대로 채우면 100분의 5만큼 제외하면 된다.

32 디에틸에테르에 관한 설명 중 틀린 것은?

① 비전도성이므로 정전기를 발생하지 않는다.
② 무색투명한 유동성의 액체이다.
③ 휘발성이 매우 높고, 마취성을 가진다.
④ 공기와 장시간 접촉하면 폭발성의 과산화물이 생성된다.

혜 4류 위험물, 비전도성이므로 정전기를 발생시킨다.

| 정답 | 27 ③   28 ③   29 ③   30 ②   31 ②   32 ①

33 질산암모늄의 일반적인 성질에 대한 설명으로 옳은 것은?

① 조해성이 없다.
② 무색, 무취의 액체이다.
③ 물에 녹을 때에는 발열한다.
④ 급격한 가열에 의한 폭발의 위험이 있다.

해 1류, 조해성이 있고, 고체이다. 질산암모늄은 흡열물질이다.

34 위험물안전관리법령상에 따른 "안전행정부령이 정하는 용기기준과 수납·저장기준에 따라 수납되어 저장·보관되고 용기의 외부에 품품의 통칭명, 수량 및 화기엄금(화기엄금과 동일한 의미를 갖는 표시를 포함한다.)의 표시가 있는 경우"에 해당하는 동식물유류의 규제에 관한 설명으로 틀린 것은?

① 위험물에 해당하지 않는다.
② 제조소 등이 아닌 장소에 지정수량 이상 저장할 수 있다.
③ 지정수량 이상을 저장하는 장소도 제조소 등 설치허가를 받을 필요가 없다.
④ 화물자동차에 적재하여 운반하는 경우 위험물안전관리 법상 운반기준이 적용되지 않는다.

해 문제와 같은 경우 위험물에서 제외된다. 다만, 그 제외 조건은 위험물안전관리법상 기준에 따라 저장, 보관된 경우로 운반의 경우에는 해당 법령의 적용을 받는다.

35 에틸알코올에 관한 설명 중 옳은 것은?

① 인화점은 0℃ 이하이다.
② 비점은 물보다 낮다.
③ 증기밀도는 메틸알코올보다 작다.
④ 수용성이므로 이산화탄소소화기에는 효과가 없다.

해 인화점은 13도, 증기밀도는 메틸알코올보다 크다. 이산화탄소소화기적응성 있다. 비점은 79도로 물보다 낮다.

36 종류(유별)가 다른 위험물을 동일한 옥내저장소의 동일한 실에 같이 저장하는 경우에 대한 설명으로 틀린 것은? (단, 유별로 정리하여 1m 이상의 간격을 두는 경우에 한한다.

① 제1류 위험물과 황린은 동일한 옥내저장소에 저장할 수 있다.
② 제1류 위험물고 제 6류 위험물은 동일한 옥내저장소에 저장할 수 있다.
③ 제1류 위험물 중 알칼리금속의 과산화물과 제5류 위험물은 동일한 옥내저장소에 저장할 수 있다.
④ 제2류 위험물중 인화성고체와 제4류 위험물을 동일한 옥내저장소에 저장할 수 있다.

해 1류의 경우 알칼리금속 과산화물은 제외하고 5류와 같이 저장 가능하다.

37 $C_6H_2(NO_2)_3OH$와 $C_2H_5NO_3$의 공통성질에 해당하는 것은?

① 니트로화합물(나이트로화합물)이다.
② 인화성과 폭발성이 있는 액체이다.
③ 무색의 방향성 액체이다.
④ 에탄올에 녹는다.

해 트리니트로페놀과 질산에틸이다. 트리니트로페놀은 니트로화합물(나이트로화합물), 질산에틸은 질산에스테르류이다. 인화성이 큰 물질은 질산에틸이다. 트리니트로페놀은 결정이다.

38 위험물을 저장하는 간이탱크 저장소의 구조 및 설비의 기준으로 옳은 것은?

① 탱크의 두께 2.5mm 이상, 용량 600L 이하
② 탱크의 두께 2.5mm 이상, 용량 800L 이하
③ 탱크의 두께 3.2mm 이상, 용량 600L 이하
④ 탱크의 두께 3.2mm 이상, 용량 800L 이하

39 위험물안전관리법령상 예방규정을 정하여야 하는 제조소 등에 해당하지 않는 것은?

① 지정수량 10배 이상의 위험물을 취급하는 제조소
② 이송취급소
③ 암반탱크저장소
④ 지정수량의 200배 이상의 위험물을 저장하는 옥내탱크저장소

해 옥내탱크저장소는 대상이 아니다.

40 유기과산화물의 화재 예방상 주의사항으로 틀린 것은?

① 직사광선을 피하고 냉암소에 저장한다.
② 불꽃, 불티 등의 화기 및 열원으로부터 멀리 한다.
③ 산화제와 접촉하지 않도록 주의한다.
④ 대형화재시 분말소화기를 이용한 질식소화가 유효하다.

해 5류는 주로 주수소화한다.

41 위험물안전관리법령에 따라 기계에 의하여 하역하는 구조로 된 운반용기의 외부에 행하는 표시내용에 해당하지 않는 것은? (단, 국제 해상위험물규칙에 정한 기준 또는 소방방재청장이 정하여 고시하는 기준에 적합한 표시를 한 경우는 제외한다.)

① 운반용기의 제조년월 ② 제조자의 명칭
③ 겹쳐쌓기시험하중 ④ 용기의 유효기간

42 산화성고체의 저장 및 취급방법으로 옳지 않은 것은?

① 가연물과 접촉 및 혼합을 피한다.
② 분해를 촉진하는 물품의 접근을 피한다.
③ 조해성물질의 경우 물속에 보관하고, 과열·충격·마찰 등을 피하여야 한다.
④ 알칼리금속의 과산화물은 물과의 접촉을 피하여야 한다.

해 1류, 조해성이 있으므로 물에 보관하면 안 된다.

| 정답 | 37 ④ | 38 ③ | 39 ④ | 40 ④ | 41 ④ | 42 ③ |

43 제5류 위험물을 취급하는 위험물제조소에 설치하는 주의사항 게시판에서 표시하는 내용과 바탕색, 문자색으로 옳은 것은?

① '화기주의', 백색바탕에 적색문자
② '화기주의', 적색바탕에 백색문자
③ '화기엄금', 백색바탕에 적색문자
④ '화기엄금', 적색바탕에 백색문자

해 5류, 게시판에 화기엄금

44 황의 성질로 옳은 것은?

① 전기 양도체이다.
② 물에는 매우 잘 녹는다.
③ 이산화탄소와 반응한다.
④ 미분은 분진폭발의 위험성이 있다.

해 부도체로 물에 안 녹는다.

45 경유를 저장하는 옥외저장탱크의 반지름이 2m이고 높이가 12m일 때 탱크 옆판으로부터 방유제까지의 거리는 몇 m 이상이어야 하는가?

① 4
② 5
③ 6
④ 7

해 지름이 15m 미만인 경우 탱크 높이의 3분의 1 이상이어야 한다. 15m 이상인 경우 2분의 1 이상

46 삼황화린과 오황화린의 공통점이 아닌 것은?

① 물과 접촉하여 인화수소가 발생한다.
② 가연성 고체이다.
③ 분자식이 P와 S로 이루어져 있다.
④ 연소 시 오산화린과 이산화황이 생성된다.

해 삼황화린은 물과 반응하지 않고, 오황화린은 물과 반응하여 황화수소가 발생됨

47 다음 위험물 품명 중 지정수량이 나머지 셋과 다른 것은?

① 염소산염류
② 질산염류
③ 무기과산화물
④ 과염소산염류

해 다른 것은 모두 50kg, 질산염류는 300kg이다.

48 제2류 위험물인 유황의 대표적인 연소형태는?

① 표면연소
② 분해연소
③ 증발연소
④ 자기연소

해 파라핀, 나프탈렌, 알코올과 함께 증발연소

49 소화난이도 등급I의 옥내탱크저장소에 설치하는 소화설비가 아닌 것은? (단, 인화점이 70℃ 이상인 제4류 위험물만을 저장, 취급 하는 장소이다.)

① 물분무소화설비, 고정식포소화설비
② 이동식 외의 이산화탄소소화설비, 고정식포소화설비
③ 이동식의 분말소화설비, 스프링클러설비
④ 이송식 외의 할로겐화합물소화설비, 물분무소화설비

🖼 이 경우, 물분무/고정식포소화설비와 나머지는 모두 '이동식 외'이다(이동식 이외의 불활성가스소화설비, 이동식외의 할로겐화합물소화설비 또는 이동식외의 분말소화설비) 참고로 옥외탱크저장소에 인화점 70℃ 이상인 4류위험물을 저장하는 경우 물분무소화설비 또는 고정식포소화설비 2가지 이다.

50 다음 위험물 중 인화점이 가장 낮은 것은?

① 아세톤   ② 이황화탄소
③ 클로로벤젠   ④ 디에틸에테르

🖼 순서대로, -18, -30, 32, -45도이다.

51 분말소화기의 소화약제로 사용되지 않은 것은?

① 탄산수소나트륨   ② 탄산수소칼륨
③ 과산화나트륨   ④ 인산암모늄

🖼 과산화나트륨은 위험물로 소화약제가 아니다. 탄산수소나트륨은 1종, 탄산수소칼륨은 2, 4종, 인산암모늄은 3종이다.

52 질산이 공기 중에서 분해되어 발생하는 유독한 갈색증기의 분자량은?

① 16   ② 40
③ 46   ④ 71

🖼 질산은 이산화질소를 생성하고, NO_2의 분자량은 $14 + 16 \times 2 = 46$

53 에틸알코올의 증기비중은 약 얼마인가?

① 0.72   ② 0.91
③ 1.13   ④ 1.59

🖼 C_2H_5OH, 질량은 계산하면 46 증기비중이므로 29로 나눈다.

54 위험물안전관리법령상 예방규정을 정하여야 하는 제조소 등의 관계인은 위험물제조소 등에 대하여 기술기준에 적합한지의 여부를 정기적으로 점검을 하여야 한다. 법적최소 점검주기에 해당하는 것은? (단, 100만 리터 이상의 옥외탱크저장소는 제외한다.)

① 주 1회 이상   ② 월 1회 이상
③ 6개월 1회 이상   ④ 연 1회 이상

55 염소산나트륨의 성상에 대한 설명으로 옳지 않은 것은?

① 자신은 불연성 물질이지만 강한 산화제이다.
② 유리를 녹이므로 철제 용기에 저장한다.
③ 열분해 하여 산소를 발생한다.
④ 산과 반응하면 유독성의 이산화염소를 발생한다.

🖼 철을 녹이므로 철제용기에 저장하지 않는다.

56 탄화알루미늄 1몰을 물과 반응시킬 때 발생하는 가연성가스의 종류와 양은?

① 에탄, 4몰   ② 에탄, 3몰
③ 메탄, 4몰   ④ 메탄, 3몰

🖼 $Al_4C_3 + H_2O \rightarrow Al(OH)_3 + CH_4$, 각각 미정계수 방정식에 따라 풀면, 1, 12, 4, 3이 된다. 메탄은 3몰

| 정답 | 49 ③ | 50 ④ | 51 ③ | 52 ③ | 53 ④ | 54 ④ | 55 ② | 56 ④ |

57 위험물안전관리법령에 따른 제6류 위험물의 특성에 대한 설명 중 틀린 것은?

① 과염소산은 유기물과 접촉 시 발화의 위험이 있다.
② 과염소산은 불안정하며 강력한 산화성 물질이다.
③ 과산화수소는 알코올, 에테르에 녹지 않는다.
④ 질산은 부식성이 강하고 햇빛에 의해 분해된다.

해 과산화수소는 물, 알코올, 에테르에 잘 녹는다.

58 위험물안전관리법령상 지하탱크저장소의 위치·구조 및 설비의 기준에 따라 탱크전용실은 지하의 가장 가까운 벽·피트·가스관 등의 시설물 및 대지경계선으로부터 (ⓐ)m 이상 떨어진 곳에 설치하고, 지하저장탱크와 탱크전용실의 안쪽과의 사이는 (ⓑ)m 이상의 간격을 유지하도록 하며, 당해 탱크의 주위에 마른 모래 또는 습기 등에 의하여 응고되지 아니하는 입자지름 (ⓒ)mm 이하의 마른 자갈분을 채워야 한다. 괄호에 들어갈 수치로 옳은 것은?

① ⓐ 0.1 ⓑ 0.1 ⓒ 5
② ⓐ 0.1 ⓑ 0.3 ⓒ 5
③ ⓐ 0.1 ⓑ 0.1 ⓒ 10
④ ⓐ 0.1 ⓑ 0.3 ⓒ 10

59 위험물안전관리법령에 대한 설명 중 옳지 않은 것은?

① 군부대가 지정수량 이상의 위험물을 군사목적으로 임시로 저장 또는 취급하는 경우는 제조소 등이 아닌 장소에서 지정수량 이상의 위험물을 취급할 수 있다.
② 철도 및 궤도에 의한 위험물의 저장·취급 및 운반에 있어서는 위험물안전관리법령을 적용하지 아니한다.
③ 지정수량 미만인 위험물의 저장 또는 취급에 관한 기술상의 기준은 국가화재안전기준으로 정한다.
④ 업무상 과실로 제조소 등에서 위험물을 유출, 방출 또는 확산시켜 사람의 생명, 신체 또는 재산에 대하여 위험을 발생시킨 자는 7년 이하의 금고 또는 2천만 원 이하의 벌금에 처한다.

해 지정수량 미만인 경우, 시·도의 조례로 정한다.

60 다음 중 인화점이 가장 높은 것은?

① 니트로벤젠
② 클로로벤젠
③ 톨루엔
④ 에틸벤젠

해 3석유류인 니트로벤젠이 가장 높다. 나머지는 모두 1, 2류 석유류이다.

10회 기출문제 풀이

위험물기능사

01 금속칼륨의 보호액으로서 적당하지 않은 것은?

① 등유   ② 유동파라핀
③ 경유   ④ 에탄올

해 3류로 주로 석유안에 보호한다. 파라핀도 가능하다.

02 위험물제조소에서 지정수량 이상의 위험물을 취급하는 건축물(시설)에는 원칙상 최소 몇 미터 이상의 보유공지를 확보하여야 하는가? (단, 최대수량은 지정수량의 10배이다.)

① 1m 이상   ② 3m 이상
③ 5m 이상   ④ 7m 이상

해 10배 이하는 3m 이상, 그 이상은 5m 이상이다.

03 이송취급소의 배관이 하천을 횡단하는 경우 하천 밑에 매설하는 배관의 외면과 계획하상(계획하상이 최소하상보다 높은 경우에는 최심하상)과의 거리는?

① 1.2m 이상   ② 2.5m 이상
③ 3.0m 이상   ④ 4.0m 이상

04 다음 중 주수소화를 하면 위험성이 증가하는 것은?

① 과산화칼륨   ② 과망간산칼륨
③ 과염소산칼륨   ④ 브롬산칼륨

해 알칼리금속과산화물은 주수소화 하면 안 된다. 산소를 발생시키며 반응한다.

05 메탄 1g이 완전연소하면 발생되는 이산화탄소는 몇 g인가?

① 1.25   ② 2.75
③ 14   ④ 44

해 $CH_4 + 2O_2 \rightarrow CO_2 + 2H_2O$, 메탄 16g(12 + 1 × 4)이 반응하면, 이산화탄소는 44g(12 + 16 × 2)가 나온다. 16:44 = 1:X, X는 44/16 = 2.75

06 니트로셀룰로오스 화재 시 가장 적합한 소화방법은?

① 할로젠화합물 소화기를 사용한다.
② 분말소화기를 사용한다.
③ 이산화탄소소화기를 사용한다.
④ 다량의 물을 사용한다.

해 5류 위험물이다. 주수소화한다.

| 정답 | 01 ④   02 ②   03 ④   04 ①   05 ②   06 ④

07 자연발화를 방지하기 위한 방법으로 옳지 않은 것은?

① 습도를 가능한 한 높게 유지한다.
② 열 축적을 방지한다.
③ 저장실의 온도를 낮춘다.
④ 정촉매 작용을 하는 물질을 피한다.

해 습도가 높으면 미생물 번식 등으로 자연발화의 위험이 커진다.

08 건축물의 1층 및 2층 부분만을 방사능력범위로 하고 지하층 및 3층 이상의 층에 대하여 다른 소화설비를 설치해야 하는 소화설비는?

① 스프링클러소화설비 ② 포소화설비
③ 옥외소화전설비 ④ 물분무소화설비

해 옥외소화전은 3층 이상으로 못한다.

09 위험물안전관리법령상 소화난이도 등급 I 에 해당하는 제조소의 연면적 기준은?

① 1000m² 이상 ② 800m² 이상
③ 700m² 이상 ④ 500m² 이상

10 위험물 취급소의 건축물은 외벽이 내화구조인 경우 연면적 몇 m²를 1 소요단위로 하는가?

① 50 ② 100
③ 150 ④ 200

해 내화는 100, 비내화는 50이다.

11 주된 연소형태가 표면연소인 것을 옳게 나타낸 것은?

① 중유, 알코올 ② 코크스, 숯
③ 목재, 종이 ④ 석탄, 플라스틱

해 목탄, 코크스, 금속 등은 표면연소이다.

12 다음 중 화학적 소화에 해당하는 것은?

① 냉각소화 ② 질식소화
③ 제거소화 ④ 억제소화

해 화학적소화, 억제소화, 부촉매소화, 할로겐 화합물 모두 같이 기억한다.

13 제3류 위험물 중 금수성 물질에 적응할 수 있는 소화설비는?

① 포소화설비
② 이산화탄소소화설비
③ 탄산수소염류 분말소화설비
④ 할로젠화합물소화설비

해 그 외에도 팽창질석, 팽창진주암, 마른모래 등이다.

14 가연물이 연소할 때 공기 중의 산소농도를 떨어뜨려 연소를 중단시키는 소화 방법은?

① 제거소화 ② 질식소화
③ 냉각소화 ④ 억제소화

15 다음 중 오존층 파괴지수가 가장 큰 것은?

① Halon 104 ② Halon 1211
③ Halon 1301 ④ Halon 2402

혜 Halon 1301에 대한 설명이다. 소화효과가 좋고, 독성이 가장 낮다.

16 분말소화 약제 중 제1종과 제2종 분말이 각각 열분해 될 때 공통적으로 생성되는 물질은?

① N_2, CO_2 ② N_2, O_2
③ H_2O, CO_2 ④ H_2O, N_2

혜 이산화탄소와 물을 만들어 낸다.

17 다음 중 발화점이 달라지는 요인으로 가장 거리가 먼 것은?

① 가연성가스와 공기의 조성비
② 발화를 일으키는 공간의 형태와 크기
③ 가열속도와 가열시간
④ 가열도구와 내구연한

혜 4번은 상관없다.

18 이산화탄소소화기의 장점으로 옳은 것은?

① 전기설비화재에 유용하다.
② 마그네슘과 같은 금속분 화재 시 유용하다.
③ 자기반응성 물질의 화재 시 유용하다.
④ 알칼리금속 과산화물 화재 시 유용하다.

혜 이산화탄소소화기 하면 전기설비라고 기억하면 좋다.

19 다음 중 폭발범위가 가장 넓은 물질은?

① 메탄 ② 톨루엔
③ 에틸알코올 ④ 에틸에테르

혜 · 연소범위가 큰 것은 에틸에테르 1.7 – 48%로 가장 크다. 에틸에테르 연소범위 기억한다.
 · 메탄은 5 – 15, 톨루엔은 1.3 – 6.7, 에틸알코올은 4 – 20정도이다.

20 이산화탄소 소화약제로 사용되는 이유에 대한 설명으로 가장 옳은 것은?

① 산소와의 반응이 느리기 때문이다.
② 산소와 반응하지 않기 때문이다.
③ 착화되어도 곧 불이 꺼지기 때문이다.
④ 산화반응이 되어도 열 발생이 없기 때문이다.

혜 산소와 반응하지 않고, 산소를 차단시킨다.

21 가연성고체 위험물의 일반적 성질로서 틀린 것은?

① 비교적 저온에서 착화한다.
② 산화제와의 접촉 가열은 위험하다.
③ 연소 속도가 빠르다.
④ 산소를 포함하고 있다.

혜 2류로 산소를 포함하고 있지 않다. 산소를 포함하는 것은 5류이다.

| 정답 | 15 ③ | 16 ③ | 17 ④ | 18 ① | 19 ④ | 20 ② | 21 ④ |

22 벤젠에 관한 설명 중 틀린 것은?

① 인화점은 약 – 11도 정도이다.
② 이황화탄소보다 착화온도가 높다.
③ 벤젠 증기는 마취성은 있으나 독성은 없다.
④ 취급할 때 정전기 발생을 조심해야 한다.

해 4류, 독성이 있다.

23 1기압 20도에서 액상이며 인화점이 200도 이상인 물질은?

① 벤젠
② 톨루엔
③ 글리세린
④ 실린더유

해 인화점이 200도 이상인 것은 4석유류이다.

24 다음 중 질산에스테르류에 속하는 것은?

① 피크린산
② 니트로벤젠
③ 니트로글리세린
④ 트리니트로톨루엔

해 니트로글리세린이다. ①, ④는 니트로화합물(나이트로화합물)이고, ②는 4류 위험물이다.

25 제6류 위험물의 화재예방 및 진압대책으로 적합하지 않은 것은?

① 가연물과의 접촉을 피한다.
② 과산화수소를 장기보존 할 때는 유리용기를 사용하여 밀전한다.
③ 옥내소화전설비를 사용하여 소화할 수 있다.
④ 물분무소화설비를 사용하여 소화할 수 있다.

해 과산화수소는 밀전하면 안 되고, 구멍이 뚫린 용기에 보관한다.

26 지정수량이 50킬로그램이 아닌 위험물은?

① 염소산나트륨
② 리튬
③ 과산화나트륨
④ 나트륨

해 나머지는 모두 50kg, 나트륨은 10kg

27 과산화수소와 산화프로필렌의 공통점으로 옳은 것은?

① 특수인화물이다.
② 분해 시 질소를 발생한다.
③ 끓는점이 100도 이하이다.
④ 수용액 상태에서도 자연발화 위험이 있다.

해 과산화수소는 6류, 특수인화물이 아니고, 분해 시 산소를 발생시킨다. 자연발화 위험이 없다. 과산화수소의 끓는 점은 100도 이상이다. 답 없음

28 제2류 위험물인 마그네슘의 위험성에 관한 설명 중 틀린 것은?

① 더운물과 작용시키면 산소가스를 발생한다.
② 이산화탄소 중에서도 연소한다.
③ 습기와 반응하여 열이 축적되면 자연발화의 위험이 있다.
④ 공기 중에 부유하면 분진폭발의 위험이 있다.

해 물과 반응하면 수소를 발생시킨다.

29 과산화벤조일의 지정수량은 얼마인가?

① 10kg
② 50L
③ 100kg
④ 1000L

해 5류 유기과산화물

30 지하탱크저장소에서 인접한 2개의 지하저장탱크 용량의 합계가 지정수량이 100배일 경우 탱크 상호 간의 최소거리는?

① 0.1m ② 0.3m
③ 0.5m ④ 1m

해 원칙은 1m이나 100배 이하인 경우 0.5m이다.

31 위험물안전관리법령에서 정하는 위험등급 I 에 해당하지 않는 것은?

① 제3류 위험물 중 지정수량이 20kg인 위험물
② 제4류 위험물 중 특수인화물
③ 제1류 위험물 중 무기과산화물
④ 제5류 위험물 중 지정수량이 100kg인 위험물

해 ④는 II등급, ①은 황린, ④는 히드록실아민(하이드록실아민), 히드록실아민(하이드록실아민) 염류이다.

32 위험물안전관리법령에 명시된 아세트알데히드의 옥외저장탱크에 필요한 설비가 아닌 것은?

① 보냉장치
② 냉각장치
③ 동합금배관
④ 불활성 기체를 봉입하는 장치

해 보냉, 냉각, 불활성기체 봉입장치 필요하다.

33 정기점검 대상 제조소 등에 해당하지 않는 것은?

① 이동탱크저장소
② 지정수량 120배의 위험물을 저장하는 옥외저장소
③ 지정수량 120배의 위험물을 저장하는 옥내저장소
④ 이송취급소

해 옥내저장소의 경우 지정 수량 150배의 위험물을 저정해야 정기점검 대상이다.

34 탄화칼슘에 대한 설명으로 옳은 것은?

① 분자식은 CaC이다.
② 물과의 반응 생성물에는 수산화칼슘이 포함된다.
③ 순수한 것은 흑회색의 불규칙한 덩어리이다.
④ 고온에서도 질소와는 반응하지 않는다.

해 분자식은 CaC_2이고, 백색결정이다. 고온에서 질소와 반응하여 석회질소 생성한다. 물과 반응하면 수산화칼슘, 아세틸렌 생성한다.

35 셀룰로이드에 관한 설명 중 틀린 것은?

① 물에 잘 녹으며, 자연발화의 위험이 있다.
② 지정수량은 10kg이다.
③ 탄력성이 있는 고체의 형태이다.
④ 장시간 방치된 것은 햇빛, 고온 등에 의해 분해가 촉진된다.

해 물에 잘 녹지 않는다.

36 오황화린이 물과 작용 했을 때 주로 발생되는 기체는?

① 포스핀 ② 포스겐
③ 황산가스 ④ 황화수소

| 정답 | 30 ③ 31 ④ 32 ③ 33 ③ 34 ② 35 ① 36 ④

37 다음 물질 중 물보다 비중이 작은 것으로만 이루어진 것은?

① 에테르, 이황화탄소 ② 벤젠, 글리세린
③ 가솔린, 메탄올 ④ 글리세린, 아닐린

🗒 가솔린, 알코올류는 물보다 가볍다. 이황화탄소, 2석유류 중 클로로벤젠, 아,히, 포, 제 3석유류((중유제외)는 물보다 무겁다.

38 위험물의 운반 및 적재 시 혼재가 불가능한 것으로 연결된 것은? (단, 지정수량의 1/5 이상이다.)

① 제1류와 제6류 ② 제4류와 제3류
③ 제2류와 제3류 ④ 제5류와 제4류

🗒 423, 524, 61, 2류와 3류는 안 된다.

39 위험물 판매취급소에 관한 설명 중 틀린 것은?

① 위험물을 배합하는 실의 바닥면적은 6m² 이상 15m² 이하여야 한다.
② 제1종 판매취급소는 건축물의 1층에 설치하여야 한다.
③ 일반적으로 페인트점, 화공약품점이 이에 해당한다.
④ 취급하는 위험물의 종류에 따라 제1종과 제2종으로 구분된다.

🗒 지정수량의 20배 이하이면 1종, 40배 이하이면 2종이 된다. 수량에 따라 구분한다.

40 위험물안전관리법령에 따른 소화설비의 적응성에 관한 내용 중 "제6류 위험물을 저장 또는 취급하는 장소로서 폭발의 위험이 없는 장소에 한하여 (   )가(이) 제6류 위험물에 대하여 적응성이 있다." (   )안에 적합한 내용은?

① 할로젠화합물 소화기
② 분말소화기 – 탄산수소염류 소화기
③ 분말소화기 – 그 밖의 것
④ 이산화탄소 소화기

🗒 주로 물로 가능하나, 폭발 위험이 없는 장소에 한해 이산화탄소 소화기도 적응성이 있다.

41 위험물을 운반용기에 수납하여 적재할 때 차광성이 있는 피복으로 가려야 하는 위험물이 아닌 것은?

① 제1류 위험물 ② 제2류 위험물
③ 제5류 위험물 ④ 제6류 위험물

🗒 1류, 3류 중 자연발화성 물질, 4류 중 특수인화물, 5류, 6류(1,3자, 4특, 5, 6)

42 염소산칼륨 20킬로그램과 아염소산나트륨 10킬로그램을 과염소산과 함께 저장하는 경우 지정수량 1배로 저장하려면 과염소산은 얼마나 저장 할 수 있는가?

① 20킬로그램 ② 40킬로그램
③ 80킬로그램 ④ 120킬로그램

🗒 각 지정수량은 50, 50, 300kg이다. 각 지정수량의 0.4, 0.2배이고 모두 합해 1이 되기 위해서는 과염소산의 지정수량은 0.4이어야 한다. 300의 0.4는 120kg

43 위험물안전관리법령상 주유취급소의 소화설비 기준과 관련한 설명 중 옳은 것은?

① 모든 주유취급소는 소화난이도등급II 또는 소화난이도등급III에 속한다.
② 소화난이도등급III에 해당하는 주유취급소에는 대형 수동식소화기 및 소형 수동식소화기 등을 설치하여야 한다.
③ 소화난이도등급III에 해당하는 주유취급소에는 소형 수동식소화기 등을 설치하여야 하며, 위험물의 소요단위 산정은 지하탱크저장소의 기준을 준용한다.
④ 모든 주유취급소의 소형소화기를 설치하는 경우 위험물의 소요단위를 산출하여야 한다.

해 ① 소화난이도 I 등급도 있다. ②, ③ 소화난이도 III 등급 시설에는 소형수동식 소화기 등 설치해야 한다. 그러나 반드시 대형, 소형 모두 설치할 필요는 없고, 소요단위 산정도 지하탱크저장소 기준 준용하지 않는다.

44 질산나트륨의 성상으로 옳은 것은?

① 황색 결정이다.   ② 물에 잘 녹는다.
③ 흑색화약의 원료이다.   ④ 상온에서 자연분해한다.

해 무색, 무취의 결정으로 물에 잘 녹는다. 흑색화약의 원료는 질산칼륨이다.

45 위험물과 그 위험물이 물과 반응하여 발생하는 가스를 잘못 연결한 것은?

① 탄화알루미늄 - 메탄   ② 탄화칼슘 - 아세틸렌
③ 인화칼슘 - 에탄   ④ 수소화칼슘 - 수소

해 인화칼슘은 포스핀을 발생시킨다.

46 제1류 위험물의 일반적인 성질에 해당하지 않는 것은?

① 고체 상태이다.
② 분해하여 산소를 발생한다.
③ 가연성물질이다.
④ 산화제이다.

해 가연성은 2류 위험물이고, 1류는 불연성이다.

47 피크린산 제조에 사용되는 물질과 가장 관계가 있는 것은?

① C_6H_6 ② $C_6H_5CH_3$
③ $C_3H_5(OH)_3$ ④ C_6H_5OH

해 트리니트로페놀은 페놀에 질산, 황산 혼합하여 나온다. ④이 페놀이다.

48 다음은 위험물안전관리법령에 따른 이동저장탱크의 구조에 관한 기준에서 "이동저장탱크는 그 내부에 (ⓐ)L 이하마다 (ⓑ)mm 이상의 강철판 또는 이와 동등 이상의 강도·내열성 및 내식성이 있는 금속성의 것으로 칸막이를 설치하여야 한다. 다만, 고체인 위험물을 저장하거나 고체인 위험물을 가열하여 액체 상태로 저장하는 경우에는 그러하지 아니하다." 괄호 안에 알맞은 수치는?

① ⓐ 2000 ⓑ 1.6   ② ⓐ 2000 ⓑ 3.2
③ ⓐ 4000 ⓑ 1.6   ④ ⓐ 4000 ⓑ 3.2

| 정답 | 43 ④ | 44 ② | 45 ③ | 46 ③ | 47 ④ | 48 ④ |

49 위험물안전관리법령상 위험물옥외저장소에 저장할 수 있는 품명은?(단, 국제해상위험물 규칙에 적합한 용기에 수납하는 경우를 제외한다.)

① 특수인화물　　② 무기과산화물
③ 알코올류　　　④ 칼륨

해 1, 3, 5류는 안 된다. 4류 중 특수인화물도 안 된다. 알코올류는 4류 중 알코올류이다.

50 가연물에 따른 화재의 종류 및 표시색의 연결이 옳은 것은?

① 폴리에틸렌 – 유류화재 – 백색
② 석탄 – 일반화재 – 청색
③ 시너 – 유류화재 – 청색
④ 나무 – 일반화재 – 백색

해 일반은 백색, 유류는 황색, 전기는 청색, 금속은 무색

51 다음 중 위험물안전관리법령에 따른 지정수량이 나머지 셋과 다른 하나는?

① 황린　　② 칼륨
③ 나트륨　④ 알킬리튬

해 나머지는 모두 10, 황린은 20kg

52 위험물안전관리법령에서 정한 정의에서 인화성 또는 발화성 등의 성질을 가지는 것으로서 대통령령이 정하는 물품을 말하는 것은?

① 위험물　　　② 가연물
③ 특수인화물　④ 제4류 위험물

해 위험물에 대한 정의

53 과염소산나트륨의 성질이 아닌 것은?

① 황색의 분말로 물과 반응하여 산소를 발생한다.
② 가열하면 분해되어 산소를 방출한다.
③ 융점은 약 482도이고 물에 잘 녹는다.
④ 비중은 약 2.5로 물보다 무겁다.

해 물과 반응하지 않는다. 무색, 무취의 결정이다.

54 황린과 적린의 성질에 대한 설명으로 가장 거리가 먼 것은?

① 황린과 적린은 이황화탄소에 녹는다.
② 황린과 적린은 물에 불용이다.
③ 적린은 황린에 비하여 화학적으로 활성이 작다.
④ 황린과 적린을 각각 연소시키면 P_2O_5이 생성된다.

해 적린은 이황화탄소에 녹지 않는다.

55 아세트알데히드와 아세톤의 공통 성질에 대한 설명 중 틀린 것은?

① 증기는 공기보다 무겁다.
② 무색액체로서 인화점이 낮다.
③ 물에 잘 녹는다.
④ 특수인화물로 반응성이 크다.

해 아세톤은 1석유류이다.

56 다음 위험물 중 특수인화물이 아닌 것은?

① 메틸에틸케톤 퍼옥사이드
② 산화프로필렌
③ 아세트알데히드
④ 이황화탄소

해 메틸에틸케톤 퍼옥사이드는 제5류 유기과산화물이다.

57 다음 중 분자량이 약 74, 비중이 약 0.71인 물질로서 에탄올 두 분자에서 물이 빠지면서 축합반응이 일어나 생성되는 물질은?

① $C_2H_5OC_2H_5$
② C_2H_5OH
③ C_6H_5Cl
④ CS_2

해 디에틸에테르에 대한 설명이다.

58 위험물 관련 신고 및 선임에 관한 사항으로 옳지 않은 것은?

① 제조소와 위치·구조 변경 없이 위험물의 품명 변경 시는 변경한 날로부터 7일 이내에 신고하여야 한다.
② 제조소 설치자의 지위를 승계한 자는 승계한 날로부터 30일 이내에 신고하여야 한다.
③ 위험물안전관리자가 퇴직한 경우는 퇴직일로부터 14일 이내에 신고하여야 한다.
④ 위험물안전관리자가 퇴직한 경우는 퇴직일로부터 30일 이내에 선임하여야 한다.

해 제조소 등의 위치, 구조, 설비 변경 없이 위험물의 품명 수량 등을 변경하고자 하는 경우에는 1일 이내에 신고해야 한다. 퇴직한 경우 30일 이내에 선임해야 하고 선임 후 14일 내에 신고해야 한다.

59 메탄올에 관한 설명으로 옳지 않은 것은?

① 인화점은 약 11도이다.
② 술의 원료로 사용된다.
③ 휘발성이 강하다.
④ 최종산화물은 의산(포름산)이다.

해 메탄올은 술의 원료가 아니다. 에탄올이 술의 원료이다.

60 다음 중 옥내저장소의 동일한 실에 서로 1m 이상의 간격을 두고 저장할 수 없는 것은?

① 제1류 위험물과 제3류 위험물 중 자연발화성 물질 (황린 또는 이를 함유한 것에 한한다.)
② 제4류 위험물과 제2류 위험물 중 인화성 고체
③ 제1류 위험물과 제4류 위험물
④ 제1류 위험물과 제6류 위험물

해 1류와 4류는 혼재 불가

01 15℃의 기름 100g에 8000J의 열량을 주면 기름의 온도는 몇 ℃가 되겠는가? (단, 기름의 비열은 2J/g·℃이다.)

① 25 ② 45
③ 50 ④ 55

해 1g을 1도 올리는데 2J의 열량이 든다. 100g을 1도 올리는데는 200J이 든다. 8000J은 40도를 올릴 수 있다는 의미다. 따라서, 55도

02 이산화탄소 소화기 사용 시 줄·톰슨 효과에 의해서 생성되는 물질은?

① 포스겐 ② 일산화탄소
③ 드라이아이스 ④ 수성가스

해 줄·톰슨 효과는 좁은 기체관을 통과하면서 온도가 내려가는 현상, 드라이아이스 발생

03 금속분, 목탄, 코크스 등의 연소형태에 해당하는 것은?

① 자기연소 ② 증발연소
③ 분해연소 ④ 표면연소

해 석탄은 분해연소이다. 구분해서 기억해야 한다.

04 탱크화재 현상 중 BLEVE(Boiling Liquid Expanding Vapor Explosion)에 대한 설명으로 옳은 것은?

① 기름탱크에서의 수증기 폭발현상이다.
② 비등상태의 액화가스가 기화하여 팽창하고 폭발하는 현상이다.
③ 화재 시 기름 속의 수분이 급격히 증발하여 기름거품이 되고 팽창해서 기름 탱크에서 밖으로 내뿜어져 나오는 현상이다.
④ 고점도의 기름 속에 수증기를 포함한 볼 형태의 물방울이 형성되어 탱크 밖으로 넘치는 현상이다.

해 액화가스의 기화로 인한 팽창폭발이다.

05 소화난이도등급 I 에 해당하지 않는 제조소 등은?

① 제1석유류 위험물을 제조하는 제조소로서 연면적 1000m^2 이상인 것
② 제1석유류 위험물을 저장하는 옥외탱크저장소로서 액포면적이 40m^2 이상인 것
③ 모든 이송취급소
④ 제6류 위험물을 저장하는 암반탱크저장소

해 6류는 소화난이도등급에 포함 안 됨

06 위험물의 성질에 따라 강화된 기준을 적용하는 지정과산화물을 저장하는 옥내저장소에서 지정과산화물에 대한 설명으로 옳은 것은?

① 지정과산화물이란 제5류 위험물 중 유기과산화물 또는 이를 함유한 것으로서 지정수량이 10kg인 것을 말한다.
② 지정과산화물에는 제4류 위험물에 해당하는 것도 포함된다.
③ 지정과산화물이란 유기과산화물과 알킬알루미늄을 말한다.
④ 지정과산화물이란 유기과산화물 중 소방방재청고시로 지정한 물질을 말한다.

해 지정과산화물의 의미

07 위험물안전관리법령상 지하탱크저장소에 설치하는 강제이중벽탱크에 관한 설명으로 틀린 것은?

① 탱크본체와 외벽사이에는 3mm 이상의 감지층을 둔다.
② 스페이서는 탱크본체와 재질을 다르게 하여야 한다.
③ 탱크전용실 없이 지하에 직접 매설할 수도 있다.
④ 탱크외면에는 최대시험압력을 지워지지 않도록 표시하여야 한다.

해 스페이서는 탱크본체와 재질을 같이 해야 한다.

08 지정수량의 100배 이상을 저장 또는 취급하는 옥내저장소에 설치하여야 하는 경보설비는? (단, 고인화점 위험물만을 취급하는 경우는 제외한다.)

① 비상경보설비　　② 자동화재탐지설비
③ 비상방송설비　　④ 비상조명등설비

해 제조소 등 일반취급소는 연면적 500m² 이상인 것, 옥내저장소는 지정수량 100배 이상

09 8L 용량의 소화전용 물통의 능력단위는?

① 0.3　　② 0.5
③ 1.0　　④ 1.5

10 위험물제조소 등별로 설치하여야 하는 경보설비의 종류에 해당하지 않는 것은?

① 비상방송설비　　② 비상조명등설비
③ 자동화재탐지설비　　④ 비상경보설비

해 2번은 아니다. 경보장치에는 위의 예 외에도 확성장치가 있다.

11 점화원으로 작용할 수 있는 정전기를 방지하기 위한 예방 대책이 아닌 것은?

① 정전기 발생이 우려되는 장소에 접지시설을 한다.
② 실내의 공기를 이온화하여 정전기 발생을 억제한다.
③ 정전기는 습도가 높거나 압력이 높을 때 많이 발생하므로 상대습도를 70% 이하로 한다.
④ 전기의 저항이 큰 물질은 대전이 용이하므로 전도체 물질을 사용한다.

해 상대습도를 70% 이상으로 유지해야 한다.

12 단백포소화약제 제조 공정에서 부동제로 사용하는 것은?

① 에틸렌그리콜　　② 물
③ 가수분해 단백질　　④ 황산제1철

해 포소화약제 중 단백포소화약제의 부동제는 1번

정답　06 ①　07 ②　08 ②　09 ①　10 ②　11 ③　12 ①

13 "$2NaHCO_3 \rightarrow Na_2CO_3 + CO_2 + H_2O$" 반응에서 $5m^3$의 탄산가스를 만들기 위해 필요한 탄산수소나트륨의 양은 약 몇 kg인가?

① 18.75　　　　② 37.5
③ 56.25　　　　④ 75

해 탄산수소나트륨 2몰은 1몰의 이산화탄소를 만든다. 몰은 곧 부피에 비례하므로 $5m^3$를 만들기 위해서는 $10m^3$가 필요하다. 탄산소수나트륨 1몰은 84g이고, 1몰은 22.4L이므로 $10m^3$는 10000리터이다. 따라서, 몰로 나누면 약 10000/22.4몰이 된다.
84 × 10000/22.4은 약 37500g이 되고, kg으로 바꾸면 37.5kg이다.

14 건물의 외벽이 내화구조로서 연면적 $300m^2$의 옥내저장소에 필요한 소화기 소요단위수는?

① 1단위　　　　② 2단위
③ 3단위　　　　④ 4단위

해 내화구조 인경우 저장소의 경우 $150m^2$가 소요단위이다. 두 배이므로 2단위가 된다.

15 연쇄반응을 억제하여 소화하는 소화약제는?

① 할론 1301　　② 물
③ 이산화탄소　　④ 포

해 할론 화합물소화약제에 대한 설명이다.

16 제조소 등에 전기설비(전기배선, 조명기구 등은 제외)가 설치된 경우에는 면적 몇 m^2 마다 소형수동식소화기를 1개 이상 설치하여야 하는가?

① 50　　　　　② 100
③ 150　　　　　④ 200

17 화재별 급수에 따른 화재의 종류 및 표시색상을 모두 옳게 나타낸 것은?

① A급 : 유류화재 – 황색
② B급 : 유류화재 – 황색
③ A급 : 유류화재 – 백색
④ B급 : 유류화재 – 백색

해 유류화재는 B급, 황색이다.

18 일반취급소의 형태가 옥외의 공작물로 되어 있는 경우에 있어서 그 최대수평 투영면적이 $500m^2$ 일 때 설치하여야 하는 소화설비의 소요단위는 몇 단위인가?

① 5단위　　　　② 10단위
③ 15단위　　　④ 20단위

해 외벽이 내화구조인 것으로 보며, 이 경우 100이 소요단위이므로 500인 경우 5단위이다.

19 수용성 가연성 물질의 화재 시 다량의 물을 방사하여 가연물질의 농도를 연소농도 이하가 되도록 하여 소화시키는 것은 무슨 소화원리인가?

① 제거소화　　　② 촉매소화
③ 희석소화　　　④ 억제소화

20 위험물을 운반용기에 담아 지정수량의 1/10 초과하여 적재하는 경우 위험물을 혼재하여도 무방한 것은?

① 제1류 위험물과 제6류 위험물
② 제2류 위험물과 제6류 위험물
③ 제2류 위험물과 제3류 위험물
④ 제3류 위험물과 제5류 위험물

해 423, 524, 61

21 염소산나트륨과 반응하여 ClO_2가스를 발생시키는 것은?

① 글리세린 ② 질소
③ 염산 ④ 산소

해 산과 반응하여 이산화염소를 발생시킨다.

22 위험물의 지하저장탱크 중 압력탱크 외의 탱크에 대해 수압시험을 실시할 때 몇 kPa의 압력으로 하여야 하는가? (단, 소방방재청장이 정하여 고시하는 기밀시험과 비파괴시험을 동시에 실시하는 방법으로 대신하는 경우는 제외한다.)

① 40 ② 50
③ 60 ④ 70

해 압력탱크는 최대상용압력의 1.5배의 압력으로 10분간 수압시험 함

23 다음 중 착화온도가 가장 낮은 것은?

① 등유 ② 가솔린
③ 아세톤 ④ 톨루엔

해 등유, 경유가 비교적 발화점이 낮다. 특수인화물은 산화프로필렌을 제외하고 발화점이 낮은 편이다. 200도 이하, 등유는 220℃, 가솔린은 약 246℃, 아세톤은 약 465℃, 톨루엔은 약 480℃이다.

24 저장용기에 물을 넣어 보관하고, $Ca(OH)_2$을 넣어 pH9의 약 알칼리성으로 유지시키면서 저장하는 물질은?

① 적린 ② 황린
③ 질산 ④ 황화인

해 pH9하면 황린이다.

25 시·도의 조례가 정하는 바에 따라 관할소방서장의 승인을 받아 지정수량 이상의 위험물을 제조소 등이 아닌 장소에서 임시로 저장 또는 취급하는 기간은 최대 며칠 이내인가?

① 30 ② 60
③ 90 ④ 120

26 과염소산암모늄의 위험성에 대한 설명으로 올바르지 않은 것은?

① 급격히 가열하면 폭발의 위험이 있다.
② 건조 시에는 안정하나, 수분 흡수 시에는 폭발한다.
③ 가연성 물질과 혼합하면 위험하다.
④ 강한 충격이나 마찰에 의해 폭발의 위험이 있다.

해 제1류 과염소산염류로 물에 폭발하지 않는다.

27 위험물안전관리법령상 제5류 위험물의 판정을 위한 시험의 종류로 옳은 것은?

① 폭발성 시험, 가열분해성 시험
② 폭발성 시험, 충격민감성 시험
③ 가열분해성 시험, 착화의 위험성 시험
④ 충격민감성 시험, 착화의 위험성 시험

28 위험물 저장 방법에 관한 설명 중 틀린 것은?

① 알킬알루미늄은 물속에 보관한다.
② 황린은 물속에 보관한다.
③ 금속나트륨은 등유 속에 보관한다.
④ 금속칼륨은 경유 속에 보관한다.

해 3류, 황린을 제외하고 대부분 금수물질, 알킬알루미늄도 물속에 보관하지 않는다. 불연성성가스를 넣어 밀봉하여 보관한다.

29 위험물 운반에 관한 기준 중 위험등급 I에 해당하는 위험물은?

① 황화인
② 피크린산
③ 벤조일퍼옥사이드
④ 질산나트륨

해 나머지는 모두 II에 해당, 3번 5류 유기과산화물

30 톨루엔에 대한 설명으로 틀린 것은?

① 벤젠의 수소원자 하나가 메틸기로 치환된 것이다.
② 증기는 벤젠보다 가볍고 휘발성은 더 높다.
③ 독특한 향기를 가진 무색의 액체이다.
④ 물에 녹지 않는다.

해 분자량이 벤젠보다 크다. 수소 하나와 메틸기를 비교하면 메틸기(CH_3)가 더 크다.

31 질산나트륨의 성상에 대한 설명 중 틀린 것은?

① 조해성이 있다.
② 강력한 환원제이며, 물보다 가볍다.
③ 열분해하여 산소를 방출한다.
④ 가연물과 혼합하면 충격에 의해 발화할 수 있다.

해 1류질산염류이다. 산화제이다.

32 2몰의 브롬산칼륨이 모두 열분해 되어 생긴 산소의 양은 2기압 27℃에서 약 몇 L인가?

① 32.42
② 36.92
③ 41.34
④ 45.64

해 • 이상기체상태방정식, $2KBrO_3 \rightarrow 2KBr + 3O_2$이다. 즉, 브롬산칼륨 2몰당 3몰의 산소가 나온다.
• PV = nRT 공식에 의하면, 브롬산칼륨의 부피 V는 2 × 0.082 × 300/2이고, 산소는 이의 1.5배이므로 36.9가 된다.

33 메탄올과 에탄올의 공통점을 설명한 내용으로 틀린 것은?

① 휘발성의 무색 액체이다.
② 인화점이 0℃ 이하이다.
③ 증기는 공기보다 무겁다.
④ 비중이 물보다 작다.

해 인화점은 메탄올은 11℃, 에탄올은 13℃이다.

34 다음 중 증기비중이 가장 큰 것은?

① 벤젠 ② 등유
③ 메틸알코올 ④ 디에틸에테르

해 분자량이 가장 큰 것이다. 등유, 경유는 증기 비중이 크다.

35 위험물안전관리법령상 유별이 같은 것으로만 나열된 것은?

① 금속의 인화물, 칼슘의 탄화물, 할로겐간화합물
② 아조벤젠, 염산히드라진, 질산구아니딘
③ 황린, 적린, 무기과산화물
④ 유기과산화물, 질산에스테르류, 알킬리튬

해 2번은 모두 5류이다.

36 위험물의 운반에 관한 기준에서 제4석유류와 혼재할 수 없는 위험물은? (단, 위험물은 각각 지정수량의 2배인 경우이다.)

① 황화인 ② 칼륨
③ 유기과산화물 ④ 과염소산

해 423, 524, 61, 과염소산은 6류이다. 과염소산염류는 1류이다. 구분해서 기억해야 한다.

37 디에틸에테르에 대한 설명 중 틀린 것은?

① 강산화제와 혼합 시 안전하게 사용할 수 있다.
② 대량으로 저장 시 불활성가스를 봉입한다.
③ 정전기 발생 방지를 위해 주의를 기울여야 한다.
④ 통풍, 환기가 잘 되는 곳에 저장한다.

해 4류, 인화성액체, 증기는 가연성이므로 강산화제와 혼합하면 반응할 수 있다.

38 휘발유에 대한 설명으로 옳은 것은?

① 가연성 증기를 발생하기 쉬우므로 주의한다.
② 발생된 증기는 공기보다 가벼워서 주변으로 확산하기 쉽다.
③ 전기를 잘 통하는 도체이므로 정전기를 발생시키지 않도록 조치한다.
④ 인화점이 상온보다 높으므로 여름철에 각별한 주의가 필요하다.

해 증기는 공기보다 무겁고, 부도체이다. 인화점은 −43에서 −20℃이다.

39 다음 중 위험물안전관리법령에 의한 지정수량이 가장 작은 품명은?

① 질산염류 ② 인화성고체
③ 금속분 ④ 질산에스테르류

해 순서대로 300kg, 1000kg, 500kg, 10kg이다.

40 위험물안전관리법령상 제2류 위험물에 속하지 않은 것은?

① P_4S_3 ② Al
③ Mg   ④ Li

🖩 리튬은 3류 알칼리 금속이다.

41 다음 위험물 중 발화점이 가장 낮은 것은?

① 황   ② 삼황화린
③ 황린   ④ 아세톤

🖩 순서대로 232℃, 100℃, 34℃, 465℃이다.

42 위험물안전관리법령에 의한 지정수량이 나머지 셋과 다른 하나는?

① 유황   ② 적린
③ 황린   ④ 황화인

🖩 나머지는 모두 100, 황린은 20kg이다.

43 인화성액체 위험물을 저장하는 옥외탱크저장소에 설치하는 방유제의 높이 기준은?

① 0.5m 이상 1m 이하
② 0.5m 이상 3m 이하
③ 0.3m 이상 1m 이하
④ 0.3m 이상 3m 이하

44 위험물안전관리법령상 옥외저장탱크 중 압력탱크 외의 탱크에 통기관을 설치하여야 할 때 밸브 없는 통기관인 경우 통기관의 직경은 몇 mm 이상으로 하여야 하는가?

① 10   ② 15
③ 20   ④ 30

45 금속나트륨과 금속칼륨의 공통적인 성질에 대한 설명으로 옳은 것은?

① 불연성 고체이다.
② 물과 반응하여 산소를 발생한다.
③ 은백색의 매우 단단한 금속이다.
④ 물보다 가벼운 금속이다.

🖩 3류로 가연성이며, 물과 반응하면 수소를 발생시킨다. 무르고 가벼운 금속이다.

46 트리니트로페놀에 대한 일반적인 설명으로 틀린 것은?

① 가연성 물질이다.
② 공업용은 보통 휘황색의 결정이다.
③ 알코올에 녹지 않는다.
④ 납과 화합하여 예민한 금속염을 만든다.

🖩 니트로화합물(나이트로화합물)은 대부분 알코올, 벤젠 등에 녹는다.

47 위험물 저장탱크의 내용적이 300L 일 때 탱크에 저장하는 위험물의 용량의 범위로 적합한 것은?

① 240 ~ 270L   ② 270 ~ 285L
③ 290 ~ 295L   ④ 295 ~ 298L

🖩 공간용적은 5에서 10%이다.

48 위험물 "알킬리튬, 리튬, 수소화나트륨, 인화칼슘, 탄화칼슘"의 지정수량의 총 합은 몇 kg인가?

① 820   ② 900
③ 960   ④ 1260

해 순서대로 10, 50, 300, 300, 300kg이다.

49 과산화수소의 분해 방지제로서 적합한 것은?

① 아세톤   ② 인산
③ 황   ④ 암모니아

해 인산, 요산이 쓰인다.

50 위험물안전관리법령상 산화성액체에 해당하지 않는 것은?

① 과염소산   ② 과산화수소
③ 과염소산나트륨   ④ 질산

해 3번은 1류, 산화성 고체이다.

51 위험물안전관리법령상 염소화규소화합물은 제 몇 류 위험물에 해당하는가?

① 제1류   ② 제2류
③ 제3류   ④ 제5류

해 3류 위험물이고, 행정안전부령으로 정한 위험물이다.

52 가솔린의 연소범위에 가장 가까운 것은?

① 1.4 ~ 7.6%   ② 2.0 ~ 23.0%
③ 1.8 ~ 36.5%   ④ 1.0 ~ 50.0%

53 옥내저장탱크의 상호 간에는 특별한 경우를 제외하고 최소 몇 m 이상의 간격을 유지하여야 하는가?

① 0.1   ② 0.2
③ 0.3   ④ 0.5

54 과산화벤조일에 대한 설명 중 틀린 것은?

① 진한 황산과 혼촉 시 위험성이 증가한다.
② 폭발성을 방지하기 위하여 희석제를 첨가할 수 있다.
③ 가열하면 약 100℃에서 흰 연기를 내면서 분해한다.
④ 물에 녹으며, 무색무취의 액체이다.

해 5류 유기과산화물이다. 5류는 물에 잘 안 녹는다.

55 위험물 판매취급소에 대한 설명 중 틀린 것은?

① 제1종 판매취급소라 함은 저장 또는 취급하는 위험물의 수량이 지정수량의 20배 이하인 판매취급소를 말한다.
② 위험물을 배합하는 실의 바닥면적은 6m² 이상 15m² 이하여야 한다.
③ 판매취급소에서는 도료류 외의 제1석유류를 배합하거나 옮겨 담는 작업을 할 수 있다.
④ 제1종 판매취급소는 건축물의 2층까지만 설치가 가능하다.

해 1종 판매취급소는 1층에 설치한다.

| 정답 | 48 ③ | 49 ② | 50 ③ | 51 ③ | 52 ① | 53 ④ | 54 ④ | 55 ④

56 위험물안전관리법의 적용 제외와 관련된 내용 "위험물안전관리법은 (   )에 의한 위험물의 저장·취급 및 운반에 있어서는 이를 적용하지 아니한다."에서 괄호 안에 알맞은 것을 모두 나타낸 것은?

① 항공기·선박(선박법 제1조의제2제1항에 따른 선박을 말한다.)·철도 및 궤도
② 항공기·선박(선박법 제1조의제2제1항에 따른 선박을 말한다.)·철도
③ 항공기·철도 및 궤도
④ 철도 및 궤도

57 옥내저장소에 질산 600L를 저장하고 있다. 저장하고 있는 질산은 지정수량의 몇 배인가? (단, 질산의 비중은 1.5이다.)

① 1 ② 2
③ 3 ④ 4

해 • 질산의 지정수량은 300kg이다. 물의 밀도는 1리터당 1kg이다. 질산은 1.5배이므로 1리터당 1.5kg이다.
• 600리터인 경우 900kg이고, 이는 지정수량의 3배이다.

58 중크롬산칼륨에 대한 설명으로 틀린 것은?

① 열분해하여 산소를 발생한다.
② 물과 알코올에 잘 녹는다.
③ 등적색의 결정으로 쓴맛이 있다.
④ 산화제, 의약품 등에 사용된다.

해 1류, 물에 녹으나 알코올에 안 녹는다.

12회 위험물기능사 기출문제 풀이

01 물질의 발화온도가 낮아지는 경우는?

① 발열량이 작을 때
② 산소의 농도가 작을 때
③ 화학적 활성도가 클 때
④ 산소와 친화력이 작을 때

해 발화온도가 낮아지는 것은 연소가 쉬워지는 조건이다. 화학적활성도가 크면 연소가 쉽다.

02 어떤 소화기에 "ABC"라고 표시되어 있다. 다음 중 사용할 수 없는 화재는?

① 금속화재   ② 유류화재
③ 전기화재   ④ 일반화재

해 금속화재는 D화재이다.
[암기법] 일류전속

03 연소 위험성이 큰 휘발유 등은 배관을 통하여 이송할 경우 안전을 위하여 유속을 느리게 해주는 것이 바람직하다. 이는 배관 내에서 발생할 수 있는 어떤 에너지를 억제하기 위함인가?

① 유도에너지   ② 분해에너지
③ 정전기에너지   ④ 아크에너지

해 휘발유는 비전도성으로 정전기 발생 방지 위해 유속을 느리게 한다.

04 1몰의 이황화탄소와 고온의 물이 반응하여 생성되는 유독한 기체물질의 부피는 표준상태에서 얼마인가?

① 22.4L   ② 44.8L
③ 67.2L   ④ 134.4L

해 $CS_2 + 2H_2O \rightarrow CO_2 + 2H_2S$ 1몰의 이황화탄소가 물고 반응하면 2몰의 황화수소가 나온다. 기체 1몰은 22.4L이므로 2몰인 경우 44.8L가 된다.

05 전기설비에 적응성이 없는 소화설비는?

① 이산화탄소소화설비
② 물분무소화설비
③ 포소화설비
④ 할로젠화합물소화설비

해 전기설비 불황성가스(이산화탄소), 물분무, 할로젠화합물 기억해야 한다.

06 제3종 분말소화약제의 주요 성분에 해당하는 것은?

① 인산암모늄   ② 탄산수소나트륨
③ 탄산수소칼륨 ④ 요소

해 3종은 인산암모늄이다.

| 정답 | 01 ③ | 02 ① | 03 ③ | 04 ② | 05 ③ | 06 ① |

07 휘발유의 소화방법으로 옳지 않은 것은?

① 분말소화약제를 사용한다.
② 포소화약제를 사용한다.
③ 물통 또는 수조로 주수소화한다.
④ 이산화탄소에 의한 질식소화를 한다.

해 휘발유의 경우 물을 뿌리면 면적이 넓어져서 안 된다.

08 팽창질석(삽 1개 포함) 160리터의 소화 능력단위는?

① 0.5
② 1.0
③ 1.5
④ 2.0

09 플래시오버(flash over)에 관한 설명이 아닌 것은?

① 실내화재에서 발생하는 현상
② 순발적인 연소확대 현상
③ 발생시점은 초기에서 성장기로 넘어가는 분기점
④ 화재로 인하여 온도가 급격히 상승하여 화재가 순간적으로 실내 전체에 확산되어 연소되는 현상

해 발생시점은 성장기에서 최성기로 진행될 때이다.

10 화재 시 이산화탄소를 방출하여 산소의 농도를 13vol%로 낮추어 소화를 하려면 공기 중의 이산화탄소는 몇 vol%가 되어야 하는가?

① 28.1
② 38.1
③ 42.86
④ 48.36

해 $\dfrac{21 - O_2\%}{21} \times 100$이다. 대입하면 8/21 × 100이다.
약 38.1

11 자연발화의 방지법이 아닌 것은?

① 습도를 높게 유지할 것
② 저장실의 온도를 낮출 것
③ 퇴적 및 수납 시 열축적이 없을 것
④ 통풍을 잘 시킬 것

해 습도를 낮게 해야 한다.

12 화학식과 Halon 번호를 옳게 연결한 것은?

① CBr_2F_2 – 1202
② $C_2Br_2F_2$ – 2422
③ $CBrClF_2$ – 1102
④ $C_2Br_2F_4$ – 1242

해 C, F Cl Br의 숫자이다. 맞는 것은 1번

13 액체연료의 연소형태가 아닌 것은?

① 확산연소
② 증발연소
③ 액면연소
④ 분무연소

해 확산연소 하면 기체연소라는 것을 기억해야 한다.

14 소화설비의 설치기준에서 유기과산화물 1000kg은 몇 소요단위에 해당하는가?

① 10
② 20
③ 30
④ 40

해 유기과산화물은 5류 위험물로 지정수량은 10kg이다. 그 열 배가 소요단위이므로 100kg이 1소요단위이고, 1000kg은 10 소요단위가 된다.

15 다음 중 분진폭발의 원인물질로 작용할 위험성이 가장 낮은 것은?

① 마그네슘 분말 ② 밀가루
③ 담배 분말 ④ 시멘트 분말

해 분진폭발은 분진이 무거우면 위험도가 낮다.

16 소화작용에 대한 설명 중 옳지 않은 것은?

① 가연물의 온도를 낮추는 소화는 냉각작용이다.
② 물의 주된 소화작용 중 하나는 냉각작용이다.
③ 연소에 필요한 산소의 공급원을 차단하는 소화는 제거작용이다.
④ 가스화재 시 밸브를 차단하는 것은 제거작용이다.

해 산소의 공급원을 차단하는 것은 질식작용이다.

17 소화설비의 기준에서 이산화탄소 소화설비가 적응성이 있는 대상물은?

① 알칼리금속 과산화물
② 철분
③ 인화성고체
④ 제3류 위험물의 금수성물질

해 불활성기체로 3번이다. 나머지는 모두 주수금지 물질로 이산화탄소 소화설비에 적응성이 없다.

18 분자내의 니트로기와 같이 쉽게 산소를 유리할 수 있는 기를 가지고 있는 화합물의 연소형태는?

① 표면연소 ② 분해연소
③ 증발연소 ④ 자기연소

해 5류 위험물, 니트로기 등이 나오면 자기연소이다.

19 위험물안전관리법상 소화설비에 해당하지 않는 것은?

① 옥외소화전설비
② 스프링클러설비
③ 할로젠화합물 소화설비
④ 연결살수설비

20 유기과산화물의 화재예방상 주의사항으로 틀린 것은?

① 열원으로부터 멀리한다.
② 직사광선을 피해야 한다.
③ 용기의 파손에 의해서 누출되면 위험하므로 정기적으로 점검하여야 한다.
④ 산화제와 격리하고 환원제와 접촉시켜야 한다.

해 자기반응성 물질인 5류 위험물이다. 환원제와 멀리해야 한다.

21 분말의 형태로서 150마이크로미터의 체를 통과하는 것이 50중량퍼센트 이상인 것만 위험물로 취급되는 것은?

① Fe ② Sn
③ Ni ④ Cu

해 금속분에 대한 설명으로 구리 니켈은 제외되고, 철분은 별도의 기준이 있으므로 주석, 2번이 답이다.

| 정답 | 15 ④ 16 ③ 17 ③ 18 ④ 19 ④ 20 ④ 21 ②

22 상온에서 액체인 물질로만 조합된 것은?

① 질산에틸, 니트로글리세린
② 피크린산, 질산메틸
③ 트리니트로톨루엔, 디니트로벤젠
④ 니트로글리콜, 테트릴

해 질산에스테류는 니트로셀룰로오스를 제외하고는 액체, 니트로화합물(나이트로화합물)은 고체이다. 니트로화학물인 피크린산(트리니트로페놀), 트리니트로톨루엔, 테트릴 등은 모두 고체이다.

23 다음 중 인화점이 가장 낮은 것은?

① 이소펜탄　　② 아세톤
③ 디에틸에테르　　④ 이황화탄소

해 이소펜탄이 – 51도로 가장 낮다.

24 위험물안전관리에 관한 세부기준에서 정한 위험물의 유별에 따른 위험성 시험 방법을 옳게 연결한 것은?

① 제1류 – 가열분해성 시험
② 제2류 – 작은 불꽃 착화시험
③ 제5류 – 충격민감성 시험
④ 제6류 – 낙구타격감도시험

해 가연성물질인 2류는 착화시험을 한다.

25 과염소산의 저장 및 취급방법으로 틀린 것은?

① 종이, 나무부스러기 등과의 접촉을 피한다.
② 직사광선을 피하고, 통풍이 잘 되는 장소에 보관한다.
③ 금속분과의 접촉을 피한다.
④ 분해방지제로 NH_3 또는 $BaCl_2$를 사용한다.

해 6류 위험물로 산화성 기체이다. NH_3 암모니아는 가연성 가스이다. 분해방지제로 쓸 수 없다.

26 CaC_2의 저장 장소로서 적합한 곳은?

① 가스가 발생하므로 밀전을 하지 않고 공기 중에 보관한다.
② HCl 수용액 속에 저장한다.
③ CCl_4 분위기의 수분이 많은 장소에 보관한다.
④ 건조하고 환기가 잘 되는 장소에 보관한다.

해 3류 위험물로 금수물질이다. 밀전을 해서 보관하고 물과 접촉을 피한다. 건조하고 환기가 잘 되어야 한다.

27 지정수량은 20kg이고, 백색 또는 담황색 고체이며, 비중은 약 1.82 이고, 융점은 약 44℃이며, 비점은 약 280℃이고, 증기비중은 약 4.3인 위험물은?

① 적린　　② 황린
③ 유황　　④ 마그네슘

해 2번에 대한 설명이다. 적린, 유황은 지정수량이 100kg, 마그네슘은 50kg이다.

28 위험물탱크성능시험자가 갖추어야 할 등록기준에 해당되지 않은 것은?

① 기술능력 ② 시설
③ 장비   ④ 경력

해 기술능력, 시설, 장비를 갖추고 시·도지사에게 등록한다.

29 과산화벤조일과 과염소산의 지정수량의 합은 몇 kg인가?

① 310 ② 350
③ 400 ④ 500

해 각 10, 300kg이다. 합하면 310kg이다.

30 위험물에 대한 유별 구분이 잘못된 것은?

① 브롬산염류(브로민산염류) – 제1류 위험물
② 유황 – 제2류 위험물
③ 금속의 인화물 – 제3류 위험물
④ 무기과산화물 – 제5류 위험물

해 무기과산화물은 1류이다.

31 다음 중 화재 시 내알코올포소화약제를 사용하는 것이 가장 적합한 위험물은?

① 아세톤 ② 휘발유
③ 경유   ④ 등유

해 내알코올포소화약제는 알코올류 등 수용성 액체에 사용한다. 아세톤은 수용성이다.

32 위험물을 유별로 정리하여 상호 1m 이상의 간격을 유지하는 경우에도 동일한 옥내저장소에 저장할 수 없는 것은?

① 제1류 위험물(알칼리금속의 과산화물 또는 이를 함유한 것을 제외한다)과 제5류 위험물
② 제1류 위험물과 제6류 위험물
③ 제1류 위험물과 제3류 위험물 중 황린
④ 인화성 고체를 제외한 제2류 위험물과 제4류 위험물

해 2류 인화성 고체와 4류 위험물은 1m 간격을 두고 함께 저장할 수 있다.

33 무색 또는 엷은 청색의 액체로 농도가 36wt% 이상인 것을 위험물로 간주하는 것은?

① 과산화수소 ② 과염소산
③ 질산   ④ 초산

해 6류 과산화수소에 대한 설명이다.

34 제4류 위험물 중 특수인화물로만 나열된 것은?

① 아세트알데히드, 산화프로필렌, 염화아세틸
② 산화프로필렌, 염화아세틸, 부틸알데히드
③ 부틸알데히드, 이소프로필아민, 디에틸에테르
④ 이황화탄소, 황화디메탈, 이소프로필아민

| 정답 | 28 ④ | 29 ① | 30 ④ | 31 ① | 32 ④ | 33 ① | 34 ④ |

35 질산의 비중이 1.5 일 때, 1 소요단위는 몇 L인가?

① 150
② 200
③ 1500
④ 2000

🅷 질산의 지정수량은 300kg이다. 소요단위는 지정수량의 10배이므로 3000kg이 된다.
질산 3000kg의 부피를 구하는 문제이므로, 비중이 1.5라는 뜻은 물의 밀도에 대해 1.5배라는 의미이다. 물이 1리터당 1kg이므로 질량은 1리터당, 1.5kg이 된다. 물보다 1.5배 무겁다는 뜻이다. 물 3000kg은 3000리터인데, 질산 3000kg은 2000L가 된다.

36 경유에 대한 설명으로 틀린 것은?

① 품명은 제3석유류이다.
② 디젤기관의 연료로 사용할 수 있다.
③ 원유의 증류 시 등유와 중유사이에서 유출된다.
④ K, Na의 보호액으로 사용할 수 있다.

🅷 경유는 2석유류이다.

37 위험물제조소 등에 경보설비를 설치해야 하는 경우가 아닌 것은? (단, 지정수량의 10배 이상을 저장 또는 취급하는 경우이다.)

① 이동탱크저장소
② 단층건물로 처마 높이가 6m인 옥내저장소
③ 단층 건물 외의 건축물에 설치된 옥내탱크저장소로서 소화난이도등급 I에 해당하는 것
④ 옥내주유취급소

🅷 지정수량 10배 이상 저장, 취급하는 제조소 등에 설치한다. 단, 이동탱크저장소는 제외한다.

38 탱크의 공간용적은 탱크 내용적의 100분의 ( ) 이상, 100분의 ( ) 이하의 용적으로 한다. 괄호 안의 숫자를 차례대로 올바르게 나열한 것은? (단, 소화설비를 설치하는 경우와 암반탱크는 제외한다.)

① 5, 10
② 5, 15
③ 10, 15
④ 10, 20

39 제4류 위험물에 속하지 않는 것은?

① 아세톤
② 실린더유
③ 과산화벤조일
④ 니트로벤젠

🅷 과산화벤조일은 5류이다.

40 니트로셀룰로오스에 대한 설명으로 틀린 것은?

① 다이너마이트의 원료로 사용된다.
② 물과 혼합하면 위험성이 감소된다.
③ 셀룰로오스에 진한 질산과 진한 황산을 작용시켜 만든다.
④ 품명이 니트로화합물(나이트로화합물)이다.

🅷 질산에스테르류이다.

41 과산화마그네슘에 대한 설명으로 옳은 것은?

① 산화제, 표백제, 살균제 등으로 사용된다.
② 물에 녹지 않기 때문에 습기와 접촉해도 무방하다.
③ 물과 반응하여 금속 마그네슘을 생성한다.
④ 염산과 반응하면 산소와 수소를 발생한다.

🅷 1류 위험물, 1번, 물과 반응하며 수산화마그네슘을 만든다.

정답 | 35 ④ 36 ① 37 ① 38 ① 39 ③ 40 ④ 41 ①

42 위험물안전관리법령에 따라 제조소 등의 관계인이 예방규정을 정하여야 하는 제조소 등에 해당하지 않는 것은?

① 지정수량의 200배 이상의 위험물을 저장하는 옥외탱크 저장소
② 지정수량의 10배 이상의 위험물을 취급하는 제조소
③ 암반탱크저장소
④ 지하탱크저장소

해 지하탱크저장소, 이동탱크저장소는 정기점검 대상에 해당한다.

43 같은 위험등급의 위험물로만 이루어지지 않은 것은?

① Fe, Sb, Mg   ② Zn, Al, S
③ 황화인, 적린, 칼슘   ④ 메탄올, 에탄올, 벤젠

해 1번은 모두 2류로 3등급, 아연, 알루미늄은 3등급, 유황은 2등급, 3, 4번 모두 2등급

44 다음 위험물 중 지정수량이 가장 큰 것은?

① 질산에틸   ② 과산화수소
③ 트리니트로톨루엔   ④ 피크르산

해 순서대로, 10, 300, 200, 200kg이다.

45 지정수량 10배의 위험물을 운반할 때 혼재가 가능한 것은?

① 제1류 위험물과 제2류 위험물
② 제1류 위험물과 제4류 위험물
③ 제4류 위험물과 제5류 위험물
④ 제5류 위험물과 제3류 위험물

해 423, 524, 61

46 위험물안전관리법령의 규정에 따라 운반용기의 외부에 "화기엄금" 및 "충격주의"를 표시하고, 적재하는 경우 차광성 있는 피복으로 가리며, 55℃ 이하에서 분해될 우려가 있는 경우 보냉 컨테이너에 수납하여 적정한 온도관리를 하는 예방조치를 하여야 하는 위험물은?

① 제1류   ② 제2류
③ 제3류   ④ 제5류

해 55도 이하 분해 우려, 보냉 컨테이너 나오면 5류를 기억해야 한다. 4번. 충격주의는 1류 및 5류만 해당한다.

47 건축물 외벽이 내화구조이며 연면적 $300m^2$인 위험물 옥내저장소의 건축물에 대하여 소화설비의 소화능력 단위는 최소한 몇 단위 이상이 되어야 하는가?

① 1단위   ② 2단위
③ 3단위   ④ 4단위

해 저장소의 경우 내화구조인 경우 $150m^2$가 1소요단위 이다. 300이라면 2소요단위가 된다.

48 수소화칼슘이 물과 반응하셨을 때의 생성물은?

① 칼슘과 수소
② 수산화칼슘과 수소
③ 칼슘과 산소
④ 수산화칼슘과 산소

해 3류, 금속수소화합물은 물과 반응하면 수소가 나온다. 수소화 칼슘은 수산화칼슘도 나온다.

49 과염소산칼륨과 아염소산나트륨의 공통 성질이 아닌 것은?

① 지정수량이 50kg이다.
② 열분해 시 산소를 방출한다.
③ 강산화성 물질이며 가연성이다.
④ 상온에서 고체의 형태이다.

해 1류 강산화성 물질이며 불연성이다.

50 위험성 예방을 위해 물 속에 저장하는 것은?

① 칠황화린
② 이황화탄소
③ 오황화린
④ 톨루엔

해 이황화탄소 물에 저장한다(꼭 기억하세요.).

51 착화점이 232℃에 가장 가까운 위험물은?

① 삼황화린
② 오황화린
③ 적린
④ 유황

해 각 100, 142, 260, 232도이다.

52 $NaClO_3$에 대한 설명으로 옳은 것은?

① 물, 알코올에 녹지 않는다.
② 가연성 물질로 무색, 무취의 결정이다.
③ 유리를 부식시키므로 철제용기에 저장한다.
④ 산과 반응하여 유독성의 ClO_2를 발생한다.

해 물, 알코올에 녹는다. 불연성 물질, 철제를 부식시켜서 유리용기에 보관한다.

53 물과 접촉하면 위험성이 증가하므로 주수소화를 할 수 없는 물질은?

① $KClO_3$
② $NaNO_3$
③ Na_2O_2
④ $(C_6H_5CO)_2O_2$

해 염소산칼륨, 질산나트륨, 과산화나트륨, 과산화벤조일이다. 과산화나트륨은 알칼리금속과산화물로 물과 반응하여 위험하다.

54 금속나트륨에 관한 설명으로 옳은 것은?

① 물보다 무겁다.
② 융점이 100℃ 보다 높다.
③ 물과 격렬히 반응하여 산소를 발생하고 발열한다.
④ 등유는 반응이 일어나지 않아 저장액으로 이용된다.

해 나트륨은 물과 반응하여 수소를 발생시킨다. 물보다 가볍다.

55 메탄올과 에탄올의 공통점에 대한 설명으로 틀린 것은?

① 증기 비중이 같다.
② 무색 투명한 액체이다.
③ 비중이 1보다 작다.
④ 물에 잘 녹는다.

해 알코올류는 비중이 1보다 작다. 증기비중은 질량이 다르므로 당연히 다르다.

56 동식물유류에 대한 설명으로 틀린 것은?

① 아마인유는 건성유이다.
② 불포화결합이 적을수록 자연발화의 위험이 커진다.
③ 요오드값이 100 이하인 것을 불건성유라 한다.
④ 건성유는 공기 중 산화중합으로 생긴 고체가 도막을 형성할 수 있다.

해 불포화결합이 많을수록 자연발화의 위험이 크다.

57 물과 반응하여 아세틸렌을 발생하는 것은?

① NaH
② Al_4C_3
③ CaC_2
④ $(C_2H_5)_3Al$

해 탄화칼슘에 대한 설명이다.

58 지정수량이 나머지 셋과 다른 하나는?

① 칼슘
② 나트륨아미드
③ 인화아연
④ 바륨

해 나머지는 모두 50kg, 인화아연은 금속인화물로, 3류 300kg이다.

59 위험물제조소에 설치하는 안전장치 중 위험물의 성질에 따라 안전밸브의 작동이 곤란한 가압설비에 한하여 설치하는 것은?

① 파괴판
② 안전밸브를 병용하는 경보장치
③ 감압측에 안전밸브를 부착한 감압밸브
④ 연성계

60 제6류 위험물에 대한 설명으로 틀린 것은?

① 위험등급I 에 속한다.
② 자신이 산화되는 산화성 물질이다.
③ 지정수량이 300kg이다.
④ 오불화브롬은 제6류 위험물이다.

해 6류는 산화물질로 자신은 환원하며 다른 물질을 산화시킨다.

| 정답 | 55 ① | 56 ② | 57 ③ | 58 ③ | 59 ① | 60 ② |

13회 기출문제 풀이
위험물기능사

01 다음 중 연소반응이 일어날 수 있는 가능성이 가장 큰 물질은?

① 산소와 친화력이 작고, 활성화 에너지가 작은 물질
② 산소와 친화력이 크고, 활성화 에너지가 큰 물질
③ 산소와 친화력이 작고, 활성화 에너지가 큰 물질
④ 산소와 친화력이 크고, 활성화 에너지가 작은 물질

해 산소와 친화력이 크고, 활성화 에너지가 작으면 연소 반응성 크다.

02 비전도성 인화성액체가 관이나 탱크 내에서 움직일 때 정전기가 발생하기 쉬운 조건으로 가장 거리가 먼 것은?

① 흐름 낙차가 클 때
② 느린 유속으로 흐를 때
③ 필터를 통과할 때
④ 심한 와류가 생성될 때

해 정전기는 마찰이 클수록 발생하기 쉽다. 유속이 느리면 가장 거리가 멀다.

03 위험물안전관리법령에 따라 다음 (   ) 안에 알맞은 용어는?

> 주유취급소 중 건축물의 2층 이상의 부분을 점포, 휴게음식점 또는 전시장의 용도로 사용하는 것에 있어 해당 건축물의 2층으로부터 주유취급소의 부지 밖으로 통하는 출입구와 해당 출입구로 통하는 통로, 계단 및 출입구에 (   )을 설치하여야 한다.

① 피난사다리   ② 경보기
③ 유도등   ④ CCTV

04 금속화재에 대한 설명으로 틀린 것은?

① 마그네슘과 같은 가연성 금속의 화재를 말한다.
② 주수소화 시 물과 반응하여 가연성 가스를 발생하는 경우가 있다.
③ 화재 시 금속화재용 분말소화약제를 사용할 수 있다.
④ D급 화재라고 하며 표시하는 색상은 청색이다.

해 금속화재는 표시색상은 무색이다.

05 물의 소화능력을 향상시키고 동절기 또는 한랭지에서도 사용할 수 있도록 탄산칼륨 등의 알칼리 금속염을 첨가한 소화약제는?

① 강화액   ② 할로겐화합물
③ 이산화탄소   ④ 폼(Foam)

| 정답 | 01 ④ 02 ② 03 ③ 04 ④ 05 ①

06 다음 중 산화성액체 위험물의 화재예방 상 가장 주의해야 할 점은?

① 0℃ 이하로 냉각시킨다.
② 공기와의 접촉을 피한다.
③ 가연물과의 접촉을 피한다.
④ 금속용기에 저장한다.

해 산화성액체는 가연물과 접촉을 피해야 한다.

07 위험물안전관리법령에 의한 안전교육에 대한 설명으로 옳은 것은?

① 제조소 등의 관계인은 교육대상자에 대하여 안전교육을 받게 할 의무가 있다.
② 안전관리자, 탱크시험자의 기술인력 및 위험물운송자는 안전교육을 받을 의무가 없다.
③ 탱크시험자의 업무에 대한 강습교육을 받으면 탱크시험자의 기술인력이 될 수 있다.
④ 소방서장은 교육대상자가 교육을 받지 아니한 때에는 그 자격을 정지하거나 취소할 수 있다.

해 ②의 대상자는 모두 교육대상자이다. 안전교육을 받아야 기술인력이 될 수 있다. 교육을 받지 아니하면 자격으로 행하는 행위를 제한할 수 있다. 자격 자체의 정지·취소는 아니다.

08 위험물안전관리법령상 제조소의 위치·구조 및 설비의 기준에 따르면 가연성 증기가 체류할 우려가 있는 건축물은 배출장소의 용적이 $500m^3$일 때 시간당 배출능력(국소방식)을 얼마 이상인 것으로 하여야 하는가?

① $5000m^3$
② $10000m^3$
③ $20000m^3$
④ $40000m^3$

해 배출능력은 시간당 용적의 20배이다.

09 금수성 물질 저장 시설에 설치하는 주의사항 게시판의 바탕색과 문자색을 옳게 나타낸 것은?

① 적색바탕에 백색문자
② 백색바탕에 적색문자
③ 청색바탕에 백색문자
④ 백색바탕에 청색문자

해 금수성물질 주의사항 게시판은 물기엄금이다. 물기엄금의 경우 청색바탕 백색 문자

10 과산화수소에 대한 설명으로 틀린 것은?

① 불연성이다.
② 물보다 무겁다.
③ 산화성 액체이다.
④ 지정수량은 300L이다.

해 6류, 불연성, 산화성액체, 지정수량은 300kg이다. 리터가 기준인 것은 4류만이다.

11 위험물안전관리법령에서 정한 경보설비가 아닌 것은?

① 자동화재탐지설비
② 비상조명설비
③ 비상경보설비
④ 비상방송설비

해 조명은 아니다. 유도등은 피난설비

12 위험물안전관리법령상 전기설비에 대하여 적응성이 없는 소화설비는?

① 물분무소화설비
② 이산화탄소소화설비
③ 포소화설비
④ 할로젠화합물소화설비

해 포소화설비는 아니다.

13 철분·마그네슘·금속분에 적응성이 있는 소화설비는?

① 스프링클러설비   ② 할로젠화합물소화설비
③ 대형수동식포소화기   ④ 건조사

해 주수금지, 마른모래인 4번

14 제3류 위험물을 취급하는 제조소는 300명 이상을 수용할 수 있는 극장으로부터 몇 m 이상의 안전거리를 유지하여야 하는가?

① 5   ② 10
③ 30   ④ 70

15 다음 중 할로젠화합물 소화약제의 가장 주된 소화효과에 해당하는 것은?

① 제거효과   ② 억제효과
③ 냉각효과   ④ 질식효과

해 할로젠화합물 소화약제는 첫 번째가 억제효과이다.

16 연료의 일반적인 연소형태에 관한 설명 중 틀린 것은?

① 목재와 같은 고체연료는 연소 초기에는 불꽃을 내면서 연소하나 후기에는 점점 불꽃이 없어져 무염(無炎)연소 형태로 연소한다.
② 알코올과 같은 액체연료는 증발에 의해 생긴 증기가 공기 중에서 연소하는 증발연소의 형태로 연소한다.
③ 기체연료는 액체연료, 고체연료와 다르게 비정상적 연소인 폭발현상이 나타나지 않는다.
④ 석탄과 같은 고체연료는 열분해하여 발생한 가연성 기체가 공기 중에서 연소하는 분해연소 형태로 연소한다.

해 기체연료는 오히려 폭발현상이 많이 일어난다.

17 위험물안전관리자의 책무에 해당되지 않는 것은?

① 화재 등의 재난이 발생한 경우 소방관서 등에 대한 연락업무
② 화재 등의 재난이 발생한 경우 응급조치
③ 위험물 취급에 관한 일지의 작성·기록
④ 위험물안전관리자의 선임·신고

해 선임, 신고는 제조소 등의 관계인이 한다.

18 위험등급이 나머지 셋과 다른 것은?

① 알칼리토금속   ② 아염소산염류
③ 질산에스테르류   ④ 제6류 위험물

해 나머지는 모두 1등급 알칼리토금속만 2등급이다.

19 옥내저장소에 관한 위험물안전관리법령의 내용으로 옳지 않은 것은?

① 지정과산화물을 저장하는 옥내저장소의 경우 바닥면적 150m² 이내마다 격벽으로 구획을 하여야 한다.
② 옥내저장소에는 원칙상 안전거리를 두어야하나, 제6류 위험물을 저장하는 경우에는 안전거리를 두지 않을 수 있다.
③ 아세톤을 처마높이 6m 미만인 단층건물에 저장하는 경우 저장창고의 바닥면적은 1000m² 이하로 하여야 한다.
④ 복합용도의 건축물에 설치하는 옥내저장소는 해당 용도로 사용하는 부분의 바닥면적을 100m² 이하로 하여야 한다.

해 • 복합용도 건축물에 옥내저장소는 바닥부분을 75m² 이하로 한다.
• 아세톤 제4류 위험물로 제4류인 경우 위험등급 I이 아닌 제1석유류, 알코올류도 바닥면적이 1000m²이다.

20 메틸알코올 8000리터에 대한 소화능력으로 삽을 포함한 마른모래를 몇 리터 설치하여야 하는가?

① 100　　② 200
③ 300　　④ 400

해 메틸알코올은 위험물로 소요단위는 지정수량의 10배이다. 지정수량은 400L이므로 소요단위는 4000L이다. 8000L이므로 2소요단위가 된다. 마른모래의 경우 50L가 0.5능력단위 이므로 2단위가 되기 위해서는 200L가 필요하다.

21 위험물의 성질에 대한 설명으로 틀린 것은?

① 인화칼슘은 물과 반응하여 유독한 가스를 발생한다.
② 금속나트륨은 물과 반응하여 산소를 발생시키고 발열한다.
③ 아세트알데히드는 연소하여 이산화탄소와 물을 발생한다.
④ 질산에틸은 물에 녹지 않고 인화되기 쉽다.

해 금속나트륨은 물과 반응하여 수소를 발생시킨다.

22 물과 반응하여 가연성 가스를 발생하지 않는 것은?

① 나트륨　　② 과산화나트륨
③ 탄화알루미늄　　④ 트리에틸알루미늄

해 과산화나트륨은 물과 반응하여 산소를 발생시키는 1류 위험물이다.

23 알킬알루미늄을 저장하는 용기에 봉입하는 가스로 다음 중 가장 적합한 것은?

① 포스겐　　② 인화수소
③ 질소가스　　④ 아황산가스

해 봉입가스는 주로 질소, 아르곤, 이산화탄소 등이다.

24 분자량이 약 169인 백색의 정방정계 분말로서 알칼리토금속의 과산화물 중 매우 안정한 물질이며 테르밋의 점화제 용도로 사용되는 제1류 위험물은?

① 과산화칼슘　　② 과산화바륨
③ 과산화마그네슘　　④ 과산화칼륨

해 알칼리토금속은 2족이다. 과산화바륨에 대한 설명이다.

| 정답 | 19 ④　20 ②　21 ②　22 ②　23 ③　24 ② |

25 지하저장탱크에 경보음을 울리는 방법으로 과충전방지장치를 설치하고자 한다. 탱크 용량의 최소 몇 %가 찰 때 경보음이 울리도록 하여야 하는가?

① 80
② 85
③ 90
④ 95

26 알칼리금속 과산화물에 적응성이 있는 소화설비는?

① 할로젠화합물 소화설비
② 탄산수소염류분말소화설비
③ 물분무소화설비
④ 스프링클러설비

🗎 주수금지 물질이다. 탄산수소염류분말소화설비, 마른모래, 팽창질석 등이다.

27 서로 반응할 때 수소가 발생하지 않는 것은?

① 리튬 + 염산
② 탄화칼슘 + 물
③ 수소화칼슘 + 물
④ 루비듐 + 물

🗎 3류 탄화칼슘은 물과 반응하면 수산화칼슘과 아세틸렌이 발생한다.

28 위험물의 저장 및 취급방법에 대한 설명으로 틀린 것은?

① 적린은 화기와 멀리하고 가열, 충격이 가해지지 않도록 한다.
② 황린은 자연발화성이 있으므로 물속에 저장한다.
③ 마그네슘은 산화제와 혼합되지 않도록 취급한다.
④ 알루미늄분은 분진폭발의 위험이 있으므로 분무 주수하여 저장한다.

🗎 알루미늄분은 주수금지 물질이다.

29 위험물의 운반에 관한 기준에서 적재방법 기준으로 틀린 것은?

① 고체 위험물은 운반용기의 내용적 95% 이하의 수납율로 수납할 것
② 액체 위험물은 운반용기의 내용적 98% 이하의 수납율로 수납할 것
③ 알킬알루미늄은 운반용기 내용적의 95% 이하의 수납율로 수납하되, 50℃의 온도에서 5% 이상의 공간용적을 유지할 것
④ 제3류 위험물 중 자연발화성물질에 있어서는 불활성 기체를 봉입하여 밀봉하는 등 공기와 접하지 아니하도록 할 것

🗎 알킬알루미늄은 운반용기 내용적의 90% 이하의 수납율로 수납한다.

30 지정수량이 300kg인 위험물에 해당하는 것은?

① $NaBrO_3$
② CaO_2
③ $KClO_4$
④ $NaClO_2$

🗎 브롬산나트륨, 과산화칼슘, 과염소산칼륨, 아염소산나트륨, 나머지는 모두 50kg, 브롬산나트륨만 300kg이다.

31 휘발유에 대한 설명으로 옳지 않은 것은?

① 전기양도체이므로 정전기 발생에 주의해야 한다.
② 빈 드럼통이라도 가연성 가스가 남아 있을 수 있으므로 취급에 주의해야 한다.
③ 취급·저장 시 환기를 잘 시켜야 한다.
④ 직사광선을 피해 통풍이 잘 되는 곳에 저장한다.

🗎 휘발유는 4류로 불양도체이다.

32 벤조일퍼옥사이드의 위험성에 대한 설명으로 틀린 것은?

① 상온에서 분해되며 수분이 흡수되면 폭발성을 가지므로 건조된 상태로 보관·운반한다.
② 강산에 의해 분해 폭발의 위험이 있다.
③ 충격, 마찰 등에 의해 분해되어 폭발할 위험이 있다.
④ 가연성 물질과 접촉하면 발화의 위험이 높다.

해 상온에서 안정하다. 건조되면 위험해진다.

33 제2류 위험물에 대한 설명 중 틀린 것은?

① 유황은 물에 녹지 않는다.
② 오황화린은 CS_2에 녹는다.
③ 삼황화린은 가연성 물질이다.
④ 칠황화린은 더운물에 분해되어 이산화황을 발생한다.

해 칠황화린은 물에 분해되어 황화수소를 발생시킨다.

34 위험물제조소 등에 자체소방대를 두어야할 대상으로 옳은 것은?

① 지정수량 300배 이상의 제4류 위험물을 취급하는 저장소
② 지정수량 300배 이상의 제4류 위험물을 취급하는 제조소
③ 지정수량 3000배 이상의 제4류 위험물을 취급하는 저장소
④ 지정수량 3000배 이상의 제4류 위험물을 취급하는 제조소

35 위험물의 운반에 관한 기준에 따르면 아세톤의 위험등급을 얼마인가?

① 위험등급 I   ② 위험등급 II
③ 위험등급 III ④ 위험등급 IV

해 4류위험물은 특수인화물은 1등급, 1석유류와 알코올류는 2등급 나머지는 3등급이다.

36 제5류 위험물 중 유기과산화물을 함유한 것으로서 위험물에서 제외되는 것의 기준이 아닌 것은?

① 과산화벤조일의 함유량이 35.5 중량퍼센트 미만인 것으로서 전분가루, 황산칼슘2수화물 또는 인산 1수소칼슘2수화물과의 혼합물
② 비스(4클로로벤조일)퍼옥사이드의 함유량이 30중량퍼센트 미만인 것으로서 불활성고체와의 혼합물
③ 1·4비스(2－터셔리부틸퍼옥시이소프로필)벤젠의 함유량이 40중량퍼센트 미만인 것으로서 불활성고체와의 혼합물
④ 시크로헥사놀퍼옥사이드의 함유량이 40중량퍼센트 미만인 것으로서 불활성고체와의 혼합물

해 시크로헥사놀퍼옥사이드의 함유량이 30중량퍼센트 미만인 것으로 불황성고체와의 혼합물이 기준이다.

37 저장 또는 취급하는 위험물의 최대수량이 지정수량의 500배 이하일 때 옥외저장탱크의 측면으로부터 몇 m 이상의 보유공지를 유지하여야 하는가? (단, 제6류 위험물은 제외한다.)

① 1   ② 2
③ 3   ④ 4

해 • 500배 초과 1000배 이하 5m 이상
   • 1000배 초과 2000배 이하 9m 이상
   • 2000배 초과 3000 이하 12m 이상
   • 3000 초과 4000 이하 15m 이상

38 아염소산나트륨의 저장 및 취급 시 주의사항으로 가장 거리가 먼 것은?

① 물속에 넣어 냉암소에 저장한다.
② 강산류와의 접촉을 피한다.
③ 취급 시 충격, 마찰을 피한다.
④ 가연성 물질과 접촉을 피한다.

해 환기가 잘되는 냉암소에 보관한다. 물속에 보관하는 것은 아니다.

39 다음 중 발화점이 가장 낮은 것은?

① 이황화탄소   ② 산화프로필렌
③ 휘발유   ④ 메탄올

해 이황화탄소, 4류 중 발화점이 낮다.

40 메탄올과 비교한 에탄올의 성질에 대한 설명 중 틀린 것은?

① 인화점이 낮다.   ② 발화점이 낮다.
③ 증기비중이 크다.   ④ 비점이 높다.

해 인화점은 메탄올이 더 낮다. 메탄올은 11도, 에탄올은 13도이다.

41 위험물안전관리법령상 품명이 나머지 셋과 다른 하나는?

① 트리니트로톨루엔   ② 니트로글리세린
③ 니트로글리콜   ④ 셀룰로이드

해 5류중 트리니트로톨루엔은 니트로화합물(나이트로화합물)이다. 나머지는 질산에스테르류이다.

42 황린과 적린의 공통성질이 아닌 것은?

① 물에 녹지 않는다.
② 이황화탄소에 잘 녹는다.
③ 연소 시 오산화인을 생성한다.
④ 화재 시 물을 사용하여 소화를 할 수 있다.

해 황린은 이황화탄소에 녹지 않는다.

43 칼륨의 저장 시 사용하는 보호물질로 다음 중 가장 적합한 것은?

① 에탄올   ② 사염화탄소
③ 등유   ④ 이산화탄소

해 칼륨, 나트륨 등은 물과 반응하고, 등유 등에 보관한다.

44 메틸알코올의 연소범위를 더 좁게 하기 위하여 첨가하는 물질이 아닌 것은?

① 질소   ② 산소
③ 이산화탄소   ④ 아르곤

해 불활성기체를 첨가한다. 산소는 불활성기체가 아니다.

45 산화프로필렌의 성상에 대한 설명 중 틀린 것은?

① 청색의 휘발성이 강한 액체이다.
② 인화점이 낮은 인화성 액체이다.
③ 물에 잘 녹는다.
④ 에테르향의 냄새를 가진다.

해 4류 특수인화물 중 수용성이다. 인화성물질이다. 무색의 물질이다.

46 제2류 위험물이 아닌 것은?

① 황화인　　　　② 적린
③ 황린　　　　　④ 철분

혜 황린은 3류이다.

47 특수인화물 200L 와 제4석유류 12000L를 저장할 때 각각의 지정수량 배수의 합은 얼마인가?

① 3　　　　　　② 4
③ 5　　　　　　④ 6

혜 특수인화물은 지정수량인 50L이고 4석유류는 6000L이다. 따라서 각 4배, 2배이다. 총 6배

48 공기 중에서 갈색 연기를 내는 물질은?

① 중크롬산암모늄　　② 톨루엔
③ 벤젠　　　　　　　④ 발연질산

혜 갈색의 이산화질소를 발생시킨다.

49 위험물안전관리법령에 따른 위험물의 운송에 관한 설명 중 틀린 것은?

① 알킬리튬과 알킬알루미늄 또는 이 중 어느 하나 이상을 함유한 것은 운송책임자의 감독·지원을 받아야 한다.
② 이동탱크저장소에 의하여 위험물을 운송할 때의 운송책임자에는 법정의 교육을 이수하고 관련 업무에 2년 이상 경력이 있는 자도 포함된다.
③ 서울에서 부산까지 금속의 인화물 300kg을 1명의 운전자가 휴식 없이 운송해도 규정위반이 아니다.
④ 운송책임자의 감독 또는 지원의 방법에는 동승하는 방법과 별도의 사무실에서 대기하면서 규정된 사항을 이행하는 방법이 있다.

혜 3류 위험물인 경우 칼슘, 알루미늄의 경우는 2인 운송의 예외이다. 금속인화물은 3류이나 여기에 해당하지 않아서 장거리 (고속국도 340km 이상, 국도200km 이상) 인 경우 원칙대로 2명 이상 운전자가 있어야 한다.

50 지정과산화물 옥내저장소의 저장창고 출입구 및 창의 설치기준으로 틀린 것은?

① 창은 바닥면으로부터 2m 이상의 높이에 설치한다.
② 하나의 창의 면적을 $0.4m^2$ 이내로 한다.
③ 하나의 벽면에 두는 창의 면적의 합계를 해당 벽면의 면적의 80분의 1이 초과되도록 한다.
④ 출입구에는 갑종방화문을 설치한다.

혜 하나의 벽면에 두는 창의 면적의 합계를 해당 벽면의 면적의 80분의 1 이내로 해야 한다.

51 아염소산염류 500kg과 질산염류 3000kg을 함께 저장하는 경우 위험물의 소요단위는 얼마인가?

① 2　　　　② 4
③ 6　　　　④ 8

해 위험물의 경우 지정수량의 10배가 소요단위이다. 지정수량이 아염소산염류는 50kg, 질산염류는 300kg이다. 따라서 각 소요단위는 500kg, 3000kg이다. 각 1소요단위. 합하면 2이다.

52 과염소산에 대한 설명 중 틀린 것은?

① 산화제로 이용된다.
② 휘발성이 강한 가연성 물질이다.
③ 철, 아연, 구리와 격렬하게 반응한다.
④ 증기 비중이 약 3.5이다.

해 과염소산은 6류, 산화제이다. 6류는 불연성이다.

53 상온에서 CaC_2를 장기간 보관할 때 사용하는 물질로 다음 중 가장 적합한 것은?

① 물　　　　② 알코올수용액
③ 질소가스　　④ 아세틸렌가스

해 장기간 보관 시 불연가스를 충전한다. 질소, 아르곤 등

54 위험물안전관리법상 위험물에 해당하는 것은?

① 아황산
② 비중이 1.41인 질산
③ 53마이크로미터의 표준체를 통과하는 것이 50중량% 이상인 철의 분말
④ 농도가 15중량%인 과산화수소

해 질산은 비중이 1.49 이상인 것, 과산화수소는 36중량% 이상인 것이 기준이다.

55 정기점검 대상 제조소 등에 해당하지 않는 것은?

① 이동탱크저장소
② 지정수량 100배 이상의 위험물 옥외저장소
③ 지정수량 100배 이상의 위험물 옥내저장소
④ 이송취급소

해 정기점검 대상은 예방규정 대상 및 지하탱크저장소, 이동탱크저장소 등이다. 옥내저장소의 경우 지정수량 150배 이상이어야 예방규정을 정하여야 하는 대상이고, 곧 정기점검 대상이다.

56 위험물제조소의 기준에 있어서 위험물을 취급하는 건축물의 구조로 적당하지 않은 것은?

① 지하층이 없도록 하여야 한다.
② 연소의 우려가 있는 외벽은 내화구조의 벽으로 하여야 한다.
③ 출입구는 연소의 우려가 있는 외벽에 설치하는 경우 을종방화문을 설치하여야 한다.
④ 지붕은 폭발력이 위로 방출될 정도의 가벼운 불연재료로 덮는다.

해 연소의 우려가 있는 경우 갑종방화문을 설치해야 한다.

57 염소산염류에 대한 설명으로 옳은 것은?

① 염소산칼륨은 환원제이다.
② 염소산나트륨은 조해성이 있다.
③ 염소산암모늄은 위험물이 아니다.
④ 염소산칼륨은 냉수와 알코올에 잘 녹는다.

해 1류로 산화제이다. 조해성이 있다.

58 위험물 관련 신고 및 선임에 관한 사항으로 옳지 않은 것은?

① 제조소의 위치·구조 변경 없이 위험물의 품명 변경 시는 변경하고자 하는 날의 14일 이전까지 신고하여야 한다.
② 제조소 설치자의 지위를 승계한자는 승계한 날로부터 30일 이내에 신고하여야 한다.
③ 위험물안전관리자가 퇴직한 경우는 퇴직일로부터 14일 이내에 신고하여야 한다.
④ 위험물안전관리자가 퇴직한 경우는 퇴직일로부터 30일 이내에 선임하여야 한다.

해 • 위치 구조 변경 없이 위험물의 품명 변경 시는 1일 전까지 신고한다. 1번
• 퇴직한 경우 신고할 필요는 없고 다만, 30일 내에 다시 선임해야 한다. 3번

59 다음 중 지정수량이 가장 큰 것은?

① 과염소산칼륨　　② 트리니트로톨루엔
③ 황린　　　　　　④ 유황

해 각 50, 200, 20, 100kg이다.

60 위험물안전관리법에서 규정하고 있는 내용으로 틀린 것은?

① 민사집행법에 의한 경매, 국세징수법 또는 지방세법에 의한 압류재산의 매각절차에 따라 제조소 등의 시설의 전부를 인수한 자는 그 설치자의 지위를 승계한다.
② 금치산자 또는 한정치산자, 탱크시험자의 등록이 취소된 날로부터 2년이 지나지 아니한 자는 탱크시험자로 등록하거나 탱크시험자의 업무에 종사할 수 없다.
③ 농예용·축산용으로 필요한 난방시설 또는 건조시설을 위한 지정수량 20배 이하의 취급소는 신고를 하지 아니하고 위험물의 품명·수량을 변경할 수 있다.
④ 법정의 완공검사를 받지 아니하고 제조소 등을 사용한 때 시·도지사는 허가를 취소하거나 6월 이내의 기간을 정하여 사용정지를 명할 수 있다.

해 농예용 축산용으로 필요한 난방시설, 건조시설을 위한 지정수량 20배 이하의 저장소는 허가, 신고 필요 없다. 저장소이다.

01 위험물을 취급함에 있어서 정전기가 발생할 우려가 있는 설비에 정전기를 유효하게 제거할 수 있는 방법에 해당하지 않는 것은?

① 위험물의 유속을 높이는 방법
② 공기를 이온화하는 방법
③ 공기 중의 상대습도를 70% 이상으로 하는 방법
④ 접지에 의한 방법

해 유속을 높이면 마찰이 높아 정전기 발생위험이 증가한다.

02 이산화탄소소화기의 특징에 대한 설명으로 틀린 것은?

① 소화약제에 의한 오손이 거의 없다.
② 약제 방출시 소음이 없다.
③ 전기화재에 유효하다.
④ 장시간 저장해도 물성의 변화가 거의 없다.

해 이산화탄소소화기는 소음이 크다.

03 옥외탱크저장에 연소성 혼합기체의 생성에 의한 폭발을 방지하기 위하여 불활성의 기체를 봉입하는 장치를 설치하여야 하는 위험물질은?

① $CH_3COC_2H_5$
② C_5H_5N
③ CH_3CHO
④ C_6H_5I

해 아세트알데히드에 대한 설명이다.

04 위험물의 화재위험에 관한 제반조건을 설명한 것으로 옳은 것은?

① 인화점이 높을수록, 연소범위가 넓을수록 위험하다.
② 인화점이 낮을수록, 연소범위가 좁을수록 위험하다.
③ 인화점이 높을수록, 연소범위가 좁을수록 위험하다.
④ 인화점이 낮을수록, 연소범위가 넓을수록 위험하다.

05 위험물안전관리자를 해임한 후 며칠 이내에 후임자를 선임하여야 하는가?

① 14일
② 15일
③ 20일
④ 30일

해 30일 이내 선임, 선임한 경우 14일 이내 신고

06 CH_3ONO_2의 소화방법에 대한 설명으로 옳은 것은?

① 물을 주수하여 냉각소화한다.
② 이산화탄소소화기로 질식소화를 한다.
③ 할로젠화합물소화기로 질식소화를 한다.
④ 건조사로 냉각소화한다.

해 5류 질산메틸, 주수소화 한다.

07 공장 창고에 보관되었던 톨루엔이 유출되어 미상의 점화원에 의해 착화되어 화재가 발생하였다면 이 화재의 분류로 옳은 것은?

① A급 화재 ② B급 화재
③ C급 화재 ④ D급 화재

해 톨루엔은 4류 1석유류, 유류화재이다.

08 위험물안전관리법령상 자동화재탐지설비를 설치하지 않고 비상경보설비로 대신할 수 있는 것은?

① 일반취급소로서 연면적 $600m^2$인 것
② 지정수량 20배를 저장하는 옥내저장소로서 처마높이가 8m인 단층건물
③ 단층건물 외에 건축물에 설치된 지정수량 15배의 옥내 탱크저장소로서 소화난이도등급 II에 속하는 것
④ 지정수량 20배를 저장 취급하는 옥내주유취급소

해 연면적 $500m^2$ 이상인 일반취급소, 처마높이 6m 이상인 옥내저장소로 단층건물, 주유취급소, 단층건물 외 소화난이도 1등급 해당 하는 경우 등은 모두 자동화재탐지설비 대상. 그 외는 비상경보도 가능

09 A급, B급, C급 화재에 모두 적용이 가능한 소화약제는?

① 제1종 분말소화약제 ② 제2종 분말소화약제
③ 제3종 분말소화약제 ④ 제4종 분말소화약제

해 1,2,4종은 모두 BC이다.

10 BCF 소화기의 약제를 화학식으로 옳게 나타낸 것은?

① CCl_4 ② CH_2ClBr
③ CF_3Br ④ CF_2ClBr

해 HALON 1211소화기이다. 브롬(Br), 염소(Cl), 철(F)가 있는 소화기

11 물의 소화능력을 강화시키기 위해 개발된 것으로 한냉지 또는 겨울철에도 사용할 수 있는 소화기에 해당하는 것은?

① 산·알칼리 소화기 ② 강화액 소화기
③ 포 소화기 ④ 할로겐화물 소화기

해 강화액 소화약제에 대한 설명이다.

12 위험물안전관리법령에서 정한 자동화재탐지설비에 대한 기준으로 틀린 것은? (단, 원칙적인 경우에 한한다.)

① 경계구역은 건축물 그 밖의 공작물의 2 이상의 층에 걸치지 아니하도록 할 것
② 하나의 경계구역의 면적은 $600m^2$ 이하로 할 것
③ 하나의 경계구역의 한 변 길이는 30m 이하로 할 것
④ 자동화재탐지설비에는 비상전원을 설치할 것

해 한 변의 길이는 50m, 광전식분리형 감지기 설치 시 100m 이내이다.

| 정답 | 07 ② | 08 ③ | 09 ③ | 10 ④ | 11 ② | 12 ③ |

13 휘발유, 등유, 경유 등의 제4류 위험물에 화재가 발생하였을 때 소화방법으로 가장 옳은 것은?

① 포소화설비로 질식소화시킨다.
② 다량의 물을 위험물에 직접 주수하여 소화한다.
③ 강산화성 소화제를 사용하여 중화시켜 소화한다.
④ 염소산칼륨 또는 염화나트륨이 주성분인 소화약제로 표면을 덮어 소화한다.

해 4류 하면 포소화, 질식소화 기억해야 한다.

14 소화약제에 따른 주된 소화효과로 틀린 것은?

① 수성막포소화약제 : 질식효과
② 제2종 분말소화약제 : 탈수탄화효과
③ 이산화탄소소화약제 : 질식효과
④ 할로겐화합물소화약제 : 화학억제효과

해 분말소화약제는 질식효과가 주된 효과이다.

15 소화전용물통 8리터의 능력단위는 얼마인가?

① 0.1   ② 0.3
③ 0.5   ④ 1.0

16 가연성 고체의 미세한 분말이 일정 농도 이상 공기 중에 분산되어 있을 때 점화원에 의하여 연소 폭발되는 현상은?

① 분진 폭발   ② 산화 폭발
③ 분해 폭발   ④ 중합 폭발

17 액화 이산화탄소 1kg이 25℃, 2atm에서 방출되어 모두 기체가 되었다. 방출된 기체상의 이산화탄소 부피는 약 몇 L인가?

① 278   ② 556
③ 1111   ④ 1985

해 이상기체방정식, $PV = \frac{w}{M}RT$, P 압력은 2atm, M 분자량은 이산화탄소 44g/mol, w 질량은 1kg(1000g), R 기체상수는 0.082, T 절대온도는 25 + 273 = 298. 각 대입하면, 약 278L이다.

18 금속분의 화재 시 주수해서는 안 되는 이유로 가장 옳은 것은?

① 산소가 발생하기 때문에
② 수소가 발생하기 때문에
③ 질소가 발생하기 때문에
④ 유독가스가 발생하기 때문에

해 금속은 물과 만나면 수소 발생시킨다.

19 자기반응성 물질의 화재 예방법으로 가장 거리가 먼 것은?

① 마찰을 피한다.
② 불꽃의 접근을 피한다.
③ 고온체로 건조시켜 보관한다.
④ 운반용기 외부에 "화기엄금" 및 "충격주의"를 표시한다.

해 5류, 물에 잘 안 녹고 습윤하여 저장한다.

20 제조소의 옥외에 모두 3기의 휘발유 취급탱크를 설치하고 그 주위에 방유제를 설치하고자 한다. 방유제안에 설치하는 각 취급탱크의 용량이 5만L, 3만L, 2만L일 때 필요한 방유제의 용량은 몇 L 이상인가?

① 66000　　② 60000
③ 33000　　④ 30000

해 제조소의 경우 탱크 1기인 경우 탱크용량의 반, 2기 이상인 경우 최대탱크 용량의 반 더하기 나머지탱크용량의 10%이다. 5만L의 반은 2만5천 리터, 나머지를 합하면 5만 리터이고 이것의 의 10%는 5000리터이다. 합하면 3만

21 위험물을 보관하는 방법에 대한 설명 중 틀린 것은?

① 염소산나트륨 : 철제 용기의 사용을 피한다.
② 산화프로필렌 : 저장 시 구리용기에 질소 등 불활성 기체를 충전한다.
③ 트리에틸알루미늄 : 용기는 밀봉하고 질소 등 불활성 기체를 충전한다.
④ 황화인 : 냉암소에 저장한다.

해 산화프로필렌은 저장시 은, 수은, 구리, 마그네슘 등으로 만든 용기를 쓰면 안 된다.

22 위험물의 운반 시 혼재가 가능한 것은?(단, 지정수량 10배의 위험물인 경우이다.)

① 제1류 위험물과 제2류 위험물
② 제2류 위험물과 제3류 위험물
③ 제4류 위험물과 제5류 위험물
④ 제5류 위험물과 제6류 위험물

해 423, 524, 61

23 과산화바륨의 취급에 대한 설명 중 틀린 것은?

① 직사광선을 피하고, 냉암소에 둔다.
② 유기물, 산 등의 접촉을 피한다.
③ 피부와 직접적인 접촉을 피한다.
④ 화재 시 주수소화가 가장 효과적이다.

해 과산화바륨 1류, 물과 반응한다. 주수소화하면 안 된다.

24 휘발유를 저장하던 이동저장탱크에 등유나 경유를 탱크 상부로부터 주입할 때 액 표면이 일정 높이가 될 때까지 위험물의 주입관내 유속을 몇 m/s 이하로 하여야 하는가?

① 1　　② 2
③ 3　　④ 5

25 다음 위험물 중 착화온도가 가장 낮은 것은?

① 이황화탄소　　② 디에틸에테르
③ 아세톤　　④ 아세트알데히드

해 4류 중 이황화탄소는 발화점이 낮다. 100도씨

26 인화점이 100℃ 보다 낮은 물질은?

① 아닐린　　② 에틸렌글리콜
③ 글리세린　　④ 실린더유

해 3석유류 중 비수용성인 아닐린은 인화점이 75도이다.

27 아세톤의 성질에 관한 설명으로 옳은 것은?

① 비중은 1.02이다.
② 물에 불용이고, 에테르에 잘 녹는다.
③ 증기 자체는 무해하나, 피부에 닿으면 탈지작용이 있다.
④ 인화점이 0℃ 보다 낮다.

🔑 특수인화물 1류 석유류, 알코올류 중에 비중이 1보다 큰 것은 이황화탄소 밖에 없다. 아세톤은 수용성이다. 증기자체도 위험하다. 1석유류는 대부분 인화점이 0보다 낮다. 톨루엔은 4도씨이다.

28 금속나트륨의 올바른 취급으로 가장 거리가 먼 것은?

① 보호액 속에서 노출되지 않도록 주의한다.
② 수분 또는 습기와 접촉되지 않도록 주의한다.
③ 용기에서 꺼낼 때는 손을 깨끗이 닦고 만져야 한다.
④ 다량 연소하면 소화가 어려우므로 가급적 소량으로 나누어 저장한다.

🔑 피부에 닿으면 안 된다.

29 제3류 위험물인 칼륨의 성질이 아닌 것은?

① 물과 반응하여 수산화물과 수소를 만든다.
② 원자가전자가 2개로 쉽게 2가의 양이온이 되어 반응한다.
③ 원자량은 약 39이다.
④ 은백색 광택을 가지는 연하고 가벼운 고체로 칼로 쉽게 잘라진다.

🔑 주기율표에서 1족이다. 원자가전자가 1개이다.

30 그림과 같은 위험물 저장탱크의 내용적은 약 몇 m³인가?

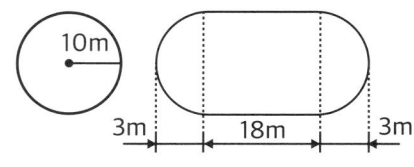

① 4681
② 5482
③ 6283
④ 7080

🔑 용량은 내용적에서 공간용적을 제외해야 한다.
내용적은 $V = \pi r^2 (l + \dfrac{l_1 + l_2}{3})$ 이다.
R은 10, l 은 18, $l_1 + l_2$는 6이다. 계산하면 3번

31 제2류 위험물과 산화제를 혼합하면 위험한 이유로 가장 적합한 것은?

① 제2류 위험물이 가연성액체이기 때문에
② 제2류 위험물이 환원제로 작용하기 때문에
③ 제2류 위험물은 자연발화의 위험이 있기 때문에
④ 제2류 위험물은 물 또는 습기를 잘 머금고 있기 때문에

🔑 2류 위험물은 가연성 고체로 산화제와 만나면 연소될 위험 있다.

32 상온에서 액상인 것으로만 나열된 것은?

① 니트로셀룰로오스, 니트로글리세린
② 질산에틸, 니트로글리세린
③ 질산에틸, 피크린산
④ 니트로셀룰로오스, 셀룰로이드

🔑 니트로셀룰로오스는 고체이다. 나머지 니트로글리세린은 액체, 질산에틸, 질산메틸 모두 액체이다. 피크린산도 고체이다.

33 위험물안전관리법상 제3석유류의 액체상태의 판단기준은?

① 1기압과 섭씨 20도에서 액상인 것
② 1기압과 섭씨 25도에서 액상인 것
③ 기압에 무관하게 섭씨 20도에서 액상인 것
④ 기압에 무관하게 섭씨 25도에서 액상인 것

해 1기압 20℃가 기준이다.

34 제2류 위험물 중 지정수량이 잘못 연결된 것은?

① 유황 – 100kg
② 철분 – 500kg
③ 금속분 – 500kg
④ 인화성고체 – 500kg

해 인화성고체는 지정수량이 1000kg이다.

35 위험물안전관리법령상 위험물의 운반에 관한 기준에 따르면 지정수량 얼마 이하의 위험물에 대하여는 "유별을 달리하는 위험물의 혼재기준"을 적용하지 아니하여도 되는가?

① 1/2
② 1/3
③ 1/5
④ 1/10

해 혼재기준은 1/10초과 시 적용된다.

36 위험물의 지정수량이 나머지 셋과 다른 하나는?

① $NaClO_4$
② MgO_2
③ KNO_3
④ NH_4ClO_3

해 과연소산나트륨, 과산화마그네슘, 질산칼륨, 염소산암모늄이다. 질산칼륨만 지정수량 300kg이고 나머지는 50kg이다.

37 트리니트로톨루엔에 대한 설명으로 가장 거리가 먼 것은?

① 물에 녹지 않으나 알코올에는 녹는다.
② 직사광선에 노출되면 다갈색으로 변한다.
③ 공기 중에 노출되면 쉽게 가수분해한다.
④ 이성질체가 존재한다.

해 자연적으로 쉽게 분해되지 않는다.

38 위험물의 성질에 관한 설명 중 옳은 것은?

① 벤젠과 톨루엔 중 인화온도가 낮은 것은 톨루엔이다.
② 디에틸에테르는 휘발성이 높으며 마취성이 있다.
③ 에틸알코올은 물이 조금이라도 섞이면 불연성 액체가 된다.
④ 휘발유는 전기 양도체이므로 정전기 발생이 위험하다.

해 1류 석유류는 인화점이 대부분 영하이다. 톨루엔은 예외적으로 4도, 휘발유는 불량도체이다.

39 니트로셀룰로오스에 관한 설명으로 옳은 것은?

① 용제에는 전혀 녹지 않는다.
② 질화도가 클수록 위험성이 증가한다.
③ 물과 작용하여 수소를 발생한다.
④ 화재발생 시 질식소화가 가장 적합하다.

해 니트로셀룰로오스는 알코올 벤젠에 잘 녹는다. 물과 반응하지 않는다. 주수소화가 가장 적합하다.

40 위험물의 품명과 지정수량이 잘못 짝지어진 것은?

① 황화인 - 100kg
② 알킬알루미늄 - 10kg
③ 마그네슘 - 500kg
④ 황린 - 10kg

해 황린은 지정수량이 20kg이다.

41 지정수량의 10배 이상의 위험물을 취급하는 제조소에는 피뢰침을 설치하여야 하지만 제 몇 류 위험물을 취급하는 경우는 이를 제외할 수 있는가?

① 제2류 위험물
② 제4류 위험물
③ 제5류 위험물
④ 제6류 위험물

42 위험물안전관리법령상 품명이 질산에스테르류에 속하지 않는 것은?

① 질산에틸
② 니트로글리세린
③ 니트로톨루엔
④ 니트로셀룰로오스

해 니트로톨루엔은 4류, 3석유류이다.

43 「제조소 일반점검표」에 기재되어 있는 위험물 취급설비 중 안전장치의 점검내용이 아닌 것은?

① 회전부 등의 급유상태의 적부
② 부식·손상의 유무
③ 고정상황의 적부
④ 기능의 적부

44 이동탱크저장소에 의한 위험물의 운송 시 준수하여야 하는 기준에서 다음 중 어떤 위험물을 운송할 때 위험물운송자는 위험물안전카드를 휴대하여야 하는가?

① 특수인화물 및 제1석유류
② 알코올류 및 제2석유류
③ 제3석유류 및 동식물류
④ 제4석유류

45 제6류 위험물의 위험성에 대한 설명으로 틀린 것은?

① 질산을 가열할 때 발생하는 적갈색증기는 무해하지만 가연성이며 폭발성이 강하다.
② 고농도의 과산화수소는 충격, 마찰에 의해서 단독으로도 분해 폭발할 수 있다.
③ 과염소산은 유기물과 접촉 시 발화 또는 폭발할 위험이 있다.
④ 과산화수소는 햇빛에 의해서 분해되며, 촉매(MnO_2) 하에서 분해가 촉진된다.

해 질산은 분해 시 이산화질소 발생하고 독성물질이다.

46 다음은 위험물안전관리법령에서 정의한 동식물유류에 관한 내용 "동물의 지육 등 또는 식물의 종자나 과육으로부터 추출한 것으로서 1기압에서 인화점이 섭씨 (   )도 미만인 것을 말한다."에서 괄호에 알맞은 수치는?

① 21
② 200
③ 250
④ 300

47 지하탱크저장소 탱크전용실의 안쪽과 지하저장탱크와의 사이는 몇 m 이상의 간격을 유지하여야 하는가?

① 0.1 ② 0.2
③ 0.3 ④ 0.5

48 이황화탄소에 대한 설명으로 틀린 것은?

① 순수한 것은 황색을 띠고 냄새가 없다.
② 증기는 유독하며 신경계통에 장애를 준다.
③ 물에 녹지 않는다.
④ 연소 시 유독성의 가스를 발생한다.

해 악취가 난다.

49 위험물안전관리법상 설치허가 및 완공검사절차에 관한 설명으로 틀린 것은?

① 지정수량의 3천 배 이상의 위험물을 취급하는 제조소는 한국소방산업기술원으로부터 당해 제조소의 구조·설비에 관한 기술검토를 받아야 한다.
② 50만 리터 이상인 옥외탱크저장소는 한국소방산업기술원으로부터 당해 탱크의 기초·지반 및 탱크본체에 관한 기술검토를 받아야 한다.
③ 지정수량의 1천 배 이상의 제4류 위험물을 취급하는 일반취급소의 완공검사는 한국소방산업기술원이 실시한다.
④ 50만 리터 이상인 옥외탱크저장소의 완공검사는 한국소방산업기술원이 실시한다.

해 지정수량 3천 배 이상 일반취급소가 한국소방산업기술원이 실시하는 완공검사 대상이다.

50 위험물안전관리법령상 할로젠화합물소화기가 적응성이 있는 위험물은?

① 나트륨 ② 질산메틸
③ 이황화탄소 ④ 과산화나트륨

해 할로젠화합물소화기는 4류위험물에 적응성이 있다.

51 히드록실아민(하이드록실아민)을 취급하는 제조소에 두어야하는 최소한의 안전거리(D)를 구하는 산식으로 옳은 것은? (단, N은 당해 제조소에서 취급하는 히드록실아민(하이드록실아민)의 지정수량 배수를 나타낸다.)

① D = (40 × N) / 3 ② D = (51.1 × N) / 3
③ D = (55 × N) / 3 ④ D = (62.1 × N) / 3

해 현재는 개정되어 $D = 51.1 \times \sqrt[3]{N}$ 이다.

52 제3류 위험물 중 금수성 물질을 제외한 위험물에 적응성이 있는 소화설비가 아닌 것은?

① 분말소화설비 ② 스프링클러설비
③ 팽창질석 ④ 포소화설비

해 팽창질석은 건축물, 전기설비 외에는 다 적응성 있다.

53 적린과 동소체 관계에 있는 위험물은?

① 오황화린 ② 인화알루미늄
③ 인화칼슘 ④ 황린

해 적린은 P, 황린은 P_4이다.

| 정답 | 47 ① 48 ① 49 ③ 50 ③ 51 없음 52 ① 53 ④

54 제조소의 건축물 구조기준 중 연소의 우려가 있는 외벽은 출입구외의 개구부가 없는 내화구조의 벽으로 하여야 한다. 이때 연소의 우려가 있는 외벽은 제조소가 설치된 부지의 경계선에서 몇 m 이내에 있는 외벽을 말하는가?(단, 단층 건물일 경우이다)

① 3 ② 4
③ 5 ④ 6

55 위험물의 유별과 성질을 잘못 연결한 것은?

① 제2류 – 가연성고체
② 제3류 – 자연발화성 및 금수성물질
③ 제5류 – 자기반응성물질
④ 제6류 – 산화성고체

해 6류는 산화성 액체이다.

56 과망간산칼륨의 일반적인 성질에 관한 설명 중 틀린 것은?

① 강한 살균력과 산화력이 있다.
② 금속성 광택이 있는 무색의 결정이다.
③ 가열분해시키면 산소를 방출한다.
④ 비중은 약 2.7이다.

해 보라색 결정이다.

57 제5류 위험물이 아닌 것은?

① 클로로벤젠 ② 과산화벤조일
③ 염산히드라진 ④ 아조벤젠

해 클로로벤젠은 4류, 2석유류이다.

58 제조소의 게시판 사항 중 위험물의 종류에 따른 주의사항이 옳게 연결된 것은?

① 제2류 위험물(인화성고체 제외) – 화기엄금
② 제3류 위험물 중 금수성물질 – 물기엄금
③ 제4류 위험물 – 화기주의
④ 제5류 위험물 – 물기엄금

해 2류는 인화성고체인 경우 화기엄금, 나머지는 화기주의이다. 물기엄금은 3류 금수성, 1류 알칼리금속과산화물이다. 4류, 5류는 화기엄금이다.

59 위험물안전관리법에서 사용하는 용어의 정의 중 틀린 것은?

① "지정수량"은 위험물의 종류별로 위험성을 고려하여 대통령령이 정하는 수량이다.
② "제조소"라 함은 위험물을 제조할 목적으로 지정수량 이상의 위험물을 취급하기 위하여 규정에 따라 허가를 받은 장소이다.
③ "저장소"라 함은 지정수량 이상의 위험물을 저장하기 위한 대통령령이 정하는 장소로서 규정에 따라 허가를 받은 장소를 말한다.
④ "제조소 등"이라 함은 제조소, 저장소 및 이동탱크를 말한다.

해 제조소 등은 제조소, 저장소, 취급소를 뜻한다.

60 위험물 저장탱크의 공간용적은 탱크 내용적의 얼마 이상, 얼마 이하로 하는가?

① 2/100 이상, 3/100 이하
② 2/100 이상, 5/100 이하
③ 5/100 이상, 10/100 이하
④ 10/100 이상, 20/100 이하

정답 54 ① 55 ④ 56 ② 57 ① 58 ② 59 ④ 60 ③

15회 기출문제 풀이 - 위험물기능사

01 유별을 달리하는 위험물을 옥내저장소에 저장하는 경우 상호 1m 이상 간격을 유지하면 함께 저장할 수 없는 위험물은?

① 1류 위험물(알칼리금속 과산화물 또는 이를 함유한 것 제외)와 5류 위험물
② 1류 위험물과 6류 위험물
③ 1류 위험물과 3류 위험물 중 황린
④ 인화성 고체 외의 2류 위험물과 4류 위험물

해 유별을 달리하는 위험물끼리는 같이 저장하면 안된다. 다만, 옥내/외 저장소의 경우 아래와 같은 위험물은 **서로 1m 간격**을 두고 저장 가능하다
- **1류(알칼리금속 과산화물 또는 이를 함유한 것 제외)와 5류**
- **1류와 6류**
- **1류와 3류 중 자연발화성물질(황린 또는 이를 함유한 것에 한함)**
- **2류 중 인화성 고체와 4류**
- 3류 중 알킬알루미늄 등과 4류(알킬알루미늄 또는 알킬리튬을 함유한 것에 한함)
- 4류 중 유기과산화물 또는 이를 함유한 것과 5류 중 유기과산화물 또는 이를 함유한 것

02 탄화칼슘에 대해 올바르게 설명한 것은?

① 물과 반응하면 불연성 가스를 생성시킨다.
② 고온에서 질소 가스와 반응하여 유독한 가스를 발생시킨다.
③ 물과 반응하면 수산화칼슘과 아세틸렌가스를 발생시킨다.
④ 물과 반응하여 생성된 가스는 연소범위가 매우 좁다.

해
- 물과 반응하면 아세틸렌 가스를 생성시키며, 아세틸렌은 가연성가스이며 연소범위(2.5 - 81%)가 넓고 폭발을 일으킨다.
- 탄화칼슘은 고온에서 질소 가스와 반응하여 석회질소를 생성시킨다. 석회질소 특정 조건(물과의 반응 또는 고온 분해)에서 유독가스를 발생시킬 수 있으나 그 자체로는 유독가스가 아니다.

정답 01 ④ 02 ③

03 다음 시설 중 위험물 제조소와의 수평거리를 20m 이상 두어야 하는 시설물은?

① 유형문화재　　　　② 병원
③ 고압가스 저장시설　④ 학교

🖎 제조소(제6류 위험물을 취급하는 제조소를 제외한다)는 건축물의 외벽 또는 이에 상당하는 공작물의 외측으로부터 당해 제조소의 외벽 또는 이에 상당하는 공작물의 외측까지의 사이에 다음 규정에 의한 수평거리(이하 "안전거리"라 한다)를 두어야 한다.
　가. 유형문화재와 지정문화재:50m 이상
　나. 학교, 병원, 극장 등 다수인 수용 시설(극단, 아동복지시설, 노인보호시설, 어린이집 등):30m 이상
　다. 고압가스, 액화석유가스 또는 도시가스를 저장 또는 취급하는 시설:20m 이상
　라. 주거용인 건축물 등:10m 이상
　마. 사용전압이 35,000V를 초과하는 특고압가공전선:5m 이상
　바. 사용전압이 7,000V 초과 35,000V 이하의 특고압가공전선:3m 이상

04 다음 중 위험물안전관리법령상 위험물의 운송에 대한 설명으로 틀린 것을 고르면?

① 위험물운송책임자는 이동탱크저장소에 동승하지 않고 운송의 감독 또는 지원을 위하여 마련한 별도의 사무실에 운송책임자가 대기하면서 운송의 감독 또는 지원을 할 수도 있다.
② 알킬알루미늄, 알킬리튬 또는 알킬알루미늄 또는 알킬리튬 함유하는 위험물을 운송하는 경우 위험물운송책임자의 감독, 지원을 받아야 한다.
③ 위험물의 운송에 관한 안전교육을 수료하고 관련 업무에 2년 이상 종사한 경력이 있는 자는 위험물운송책임자가 될 수 있다.
④ 장거리 운송(고속국도에 있어서는 340km 이상, 그 밖의 도로에 있어서는 200km 이상을 말한다)시, 금속의 인화물 300kg을 운송하는 경우, 1명의 운전자가 휴식없이 운송할 수 있다.

🖎 **위험물운송자는 장거리(고속국도에 있어서는 340km 이상, 그 밖의 도로에 있어서는 200km 이상을 말한다)에 걸치는 운송을 하는 때에는 2명 이상의 운전자로 할 것. 다만 다음의 에 해당하는 경우에는 그러하지 아니하다(예외)**
　ⅰ) 운송책임자를 동승시킨 경우
　ⅱ) 운송하는 위험물이 제2류 위험물, 제3류 위험물(칼슘 또는 알루미늄의 탄화물과 이것 만을 함유한 것에 한한다) 또는 제4류 위험물(특수인화물을 제외한다) 인 경우)
　ⅲ) 운송도중에 2시간 이내 마다 20분 이상씩 휴식하는 경우
금속의 인화물은 제3류 위험물로 위의 예외사유에 해당하지 않으므로 원칙적으로 2인 이상의 운전자로 해야 한다. 그렇지 않다면, 2시간마다 20분 이상씩 휴식해야 한다.

05 휘발유의 특성으로 잘못된 것은?

① 발화점은 300℃ 이상이다.
② 탄소와 수소로 이루어진 방향족 탄화수소이다.
③ 비수용성이며, 인화점이 낮다
④ 순수한 것은 무색의 액체이며, 증기비중은 3 ~ 4이다.

해 • 방향족 탄화수소는 고리구조를 가진 향이 나는 탄화수소이고, 대표적인 것은 벤젠이다.
• 휘발유는 지방족 탄화수소이다.
• 인화점은 -43℃ 에서 -20℃이다.

06 소화난이도 등급 Ⅱ등급의 제조소에 설치하는 소형수동식소화기등의 능력단위에 대해 올바른 것을 고르시오?

① 대형식수동소화기 및 소형수동식소화기를 각각 1개 이상 설치할 것
② 당해 위험물의 소요단위의 1/5 이상에 해당되는 능력단위의 소형수동식소화기등을 설치할 것
③ 당해 위험물의 소요단위의 1/2 이상에 해당되는 능력단위의 소형수동식소화기등을 설치할 것
④ 당해 위험물의 소요단위의 5배 이상에 해당되는 능력단위의 소형수동식소화기등을 설치할 것

해 Ⅱ 등급 제조소등에 설치해야 하는 소화설비

제조소등의 구분	소화설비
제조소 옥내저장소 옥외저장소 주유취급소 판매취급소 일반취급소	방사능력범위 내에 당해 건축물, 그 밖의 공작물 및 위험물이 포함되도록 대형수동식소화기를 설치하고, 당해 위험물의 **소요단위의 1/5 이상**에 해당되는 능력단위의 소형수동식소화기등을 설치할 것
옥외탱크저장소 옥내탱크저장소	대형식수동소화기 및 소형수동식소화기를 각각 **1개 이상 설치**할 것

07 다음 중 분말소화설비에 가압용 가스로 사용할 수 있는 것은?

① 산소 또는 이산화탄소 ② 아르곤 또는 산소
③ 염소 또는 수소 ④ 질소 또는 이산화탄소

08 다음 각종의 위험물에 대해 옳지 않은 설명은?

① 삼황화린은 연소되면 이산화황과 오산화인(P_2O_5)을 생성시킨다.
② 황린은 물에 녹지 않고, 반응하지 않아서 물속(보호액 pH9)에 보관한다.
③ 마그네슘은 물, 강산과 반응하여 산소를 발생시키며 폭발한다
④ 황화인이 분해되면 황화수소가 발생한다.

해 마그네슘은 물, 강산과 반응하여 수소를 발생시킨다.

09 위험물제조소에서 제4류 위험물을 취급하는 경우 게시판에 게시할 내용과 게시판의 바탕색상으로 옳은 것은?

① 화기주의, 적색바탕 ② 화기주의, 흰색바탕
③ 화기엄금, 적색바탕 ④ 화기엄금, 희색바탕

해 제조소의 게시판에 게시할 내용
ⅰ) 1류 알칼리금속의 과산화물:물기엄금
    그 밖에:없음
ⅱ) 2류 인화성 고체:화기엄금
    철분, 마그네슘, 금속분 및 그 밖에:화기주의
ⅲ) 3류 자연발화성 물질:화기엄금
    금수성물질:물기엄금
ⅳ) 4류:화기엄금
ⅴ) 5류:화기엄금
ⅵ) 6류:없음
따라서, 제4류 위험물인 경우 화기엄금이고, 화기엄금인 경우 적색바탕에 백색문자로 표시한다.

| 정답 | 05 ② 06 ② 07 ④ 08 ③ 09 ③

10 위험물안전관리법령상 각종의 신고와 관련하여 틀린 것은?

① 제조소 등의 위치·구조 또는 설비의 변경없이 당해 제조소 등에서 저장하거나 취급하는 위험물의 품명·수량 또는 지정수량의 배수를 변경하고자 하는 자는 변경하고자 하는 날의 30일 전까지 행정안전부령이 정하는 바에 따라 시·도지사에게 신고하여야 한다.
② 제조소 등의 설치자가 사망하거나 그 제조소 등을 양도·인도한 때 또는 법인인 제조소 등의 설치자의 합병이 있는 때에는 그 상속인, 제조소 등을 양수·인수한 자 또는 합병 후 존속하는 법인이나 합병에 의하여 설립되는 법인 등이 그 지위를 승계하고 승계한 날부터 30일 이내에 시·도지사에게 그 사실을 신고해야 한다
③ 위험물안전관리자를 선임한 경우에는 선임한 날부터 14일이내에 행정안전부령으로 정하는 바에 따라 소방본부장 또는 소방서장에게 신고하여야 한다.
④ 안전관리자를 선임한 제조소 등의 관계인은 그 안전관리자를 해임하거나 안전관리자가 퇴직한 때에는 해임하거나 퇴직한 날부터 30일 이내에 다시안전관리자를 선임하여야 한다.

해 제조소 등의 위치·구조 또는 설비의 변경없이 당해 제조소 등에서 저장하거나 취급하는 위험물의 품명·수량 또는 지정수량의 배수를 변경하고자 하는 자는 변경하고자 하는 날의 1일 전까지 행정안전부령이 정하는 바에 따라 시·도지사에게 신고하여야 한다.

11 다음 중 소화약제가 아닌 물질은?

① 제1인산암모늄   ② 탄산수소칼륨
③ 브롬산암모늄   ④ 이산화탄소

해 • 브롬산암모늄은 제1류 위험물로 소화약제로 사용할 수 없다.
• 제1인산암모늄은 제3종 분말소화약제이고, 탄산수소칼륨은 제2종 분말소화약제이다.
• 이산화탄소는 이산화탄소 소화약제이다.

12 제4류 위험물 경유에 대해 틀린 설명은?

① 제2석유류이다.
② 비수용성이다.
③ 인화점은 상온보다 낮다.
④ 발화점은 섭씨200도이다.

해 경유의 인화점 50℃에서 70℃이고, 발화점 200℃ 이다.

13 다음 물질 중 제2류 위험물인 유황과 혼합하는 경우, 폭발 위험이 높은 것은?

① 물   ② 질산암모늄
③ 마른모래   ④ 팽창진주암

해 • 황은 가연성고체로 제1류 위험물인 산화성 물질과 만나면 폭발의 위험이 있다.
• 질산암모늄은 제1류 위험물 산화성 고체이다.

| 정답 | 10 ① | 11 ③ | 12 ③ | 13 ② |

14 액체였던 이산화탄소 1kg이 방출되어 모두 기체가 된 경우 그 부피는 얼마인가(L)? (25℃, 2기압)

① 138.84L
② 277.68L
③ 555.36L
④ 2221.45L

📖 이상기체방정식에 의해 부피를 구할 수 있다.

<u>V = nRT/P (R은 기체상수, 0.082L·atm/k·mol),</u>
<u>n = w/M (w는 기체의 질량, M은 기체의 분자량)</u>

이산화탄소의 분자량은 44g/mol이므로 대입하면
V = 1000/44 × 0.082 × (273 + 25) / 2
부피는 약 277.68L이다.

15 다음에서 설명하는 금속은 무엇인가?

- 물과 반응하여 수소를 발생시킨다.
- 불꽃 색깔은 노란색이다.
- 물, 공기 중 수분과 접촉을 막기 위해 석유(등유, 경유), 파라핀 속에 보관한다

① 칼륨
② 알루미늄
③ 마그네슘
④ 나트륨

📖 나트륨에 대한 설명이다.

16 다음 빈칸을 채우시오.

알킬알루미늄등은 운반용기의 내용적의 (ㄱ)% 이하의 수납율로 수납하되, (ㄴ)℃의 온도에서 (ㄷ)% 이상의 공간용적을 유지하도록 할 것

① ㄱ: 90, ㄴ: 50, ㄷ: 5
② ㄱ: 95, ㄴ: 55, ㄷ: 10
③ ㄱ: 98, ㄴ: 50, ㄷ: 5
④ ㄱ: 90, ㄴ: 55, ㄷ: 10

17 옥외탱크저장소에서 벤젠을 저장하는 경우 액표면적이 55㎡라면 소화난이도등급은?

① Ⅰ등급
② Ⅱ등급
③ Ⅲ등급
④ 알수 없음

📖 <u>액표면적이 40㎡ 이상인 것은 소화난이도 Ⅰ등급이다.</u>
(제6류 위험물을 저장하는 것 및 고인화점위험물만을 100℃ 미만의 온도에서 저장하는 것은 제외)

18 다음 중 위험물제조소의 배관 설치에 대한 설명으로 틀린 것을 고르시오.

① 배관을 지하에 매설하는 경우 접합부분에는 점검구 설치해야 한다.
② 배관을 지하에 매설하는 경우 금속성 배관 외면에는 부식방지조치를 해야 한다.
③ 최대사용압력의 1.5배 이상의 압력으로 내압시험 해야 한다.
④ 지상에 설치시 지면에 닿도록 해야 하며, 지진·풍압·지반침하 및 온도변화에 안전한 구조의 지지물에 설치한다.

📖 지상에 설치시 **지면에 닿지 않도록** 하며, 지진·풍압·지반침하 및 온도변화에 안전한 구조의 **지지물**에 설치한다.

19 다음에서 인화점이 200℃ 이상인 위험물은?

① 니트로벤젠
② 실린더유
③ 클로로벤젠
④ 아닐린

📖 • 보기는 모두 제4류 위험물이다. 이중 인화점이 200℃ 이상인 것은 제4석유류이고, 실린더유가 제4석유류이다.
• 니트로벤젠, 아닐린은 제3석유류이고, 클로로벤젠은 제2석유류이다.

| 정답 | 14 ② | 15 ④ | 16 ① | 17 ① | 18 ④ | 19 ②

20 옥외탱크저장소에서 4류 위험물을 지정수량의 3천배초과 4천배 이하로 저장하는 경우 보유공지는?

① 3m 이상   ② 6m 이상
③ 9m 이상   ④ 15m 이상

해

저장 또는 취급하는 위험물의 최대수량	공지의 너비
지정수량의 500배 이하	3m 이상
지정수량의 500배 초과 1,000배 이하	5m 이상
지정수량의 1,000배 초과 2,000배 이하	9m 이상
지정수량의 1,000배 초과 2,000배 이하	12m 이상
지정수량의 3,000배 초과 4,000배 이하	15m 이상
지정수량의 4,000배 초과	당해 탱크의 수평단면의 최대지름(가로형인 경우에는 긴 변)과 높이 중 큰 것과 같은 거리 이상. 다만, 30m 초과의 경우에는 30m 이상으로 할 수 있고, 15m 미만의 경우에는 15m 이상으로 하여야 한다.

- 6류 위험물인 경우 위 보유공지의 3분의 1 이상으로 할 수 있다(단, 너비는 1.5m 이상이어야 한다)

21 할론 1301의 증기 비중을 구하시오.(단, F의 원자량은 19, br의 원자량은 80, Cl의 원자량은 35.5이다)

① 1.14   ② 2.14
③ 3.14   ④ 5.14

해 할론 번호는 순서대로 C, F, Cl, Br이므로 1301인 경우, CF₃Br이다. 증기비중은 분자량을 29로 나눈 값으로 분자량 149(12 + 19 × 3 + 80)을 29로 나누면 약 5.14이다.

22 물과 인화칼슘의 반응에 대해 틀린 설명을 고르시오.

① 유독한 가스가 발생한다.
② 발생하는 가스는 가연성을 띈다.
③ 포스겐 가스가 발생한다.
④ 수산화칼슘이 발생한다.

해 반응식은 $Ca_3P_2 + 6H_2O \rightarrow 3Ca(OH)_2 + 2PH_3$ 발생가스인 포스핀가스(PH_3)는 유독성이고, 가연성이다.

23 [그림]과 같은 위험물을 저장하는 탱크의 내용적은 약 몇 ㎥인가? (단, r은 2m, L은 10m이다)

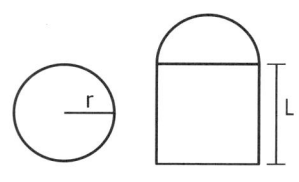

① 3612   ② 4754
③ 5812   ④ 7854

해 공식은
$\pi r^2 l$
$\pi \times 2^2 \times 10$, 계산하면 약 7853.98이다.

24 위험물안전관리법령상 소화설비의 소요단위에 대한 설명으로 옳은 것을 고르면?

① 위험물인 경우 지정수량의 100배가 1소요단위이다.
② 제조소의 경우 비내화구조인 경우 50m²가 1소요단위이다.
③ 저장소의 경우 내화구조인 경우 100m²가 1소요단위이다.
④ 제조소의 경우 내화구조인 경우 150m²가 1소요단위이다.

해

종류	내화구조	비내화구조
위험물	위험물의 지정수량×10	
제조소 및 취급소	100m²	50m²
저장소	150m²	75m²

옥외설치된 공작물은 외벽이 내화구조인 것으로 간주한다.

25 다음 위험물 중 위험등급이 다른 물질은?

① 염소산염류   ② 제6류 위험물
③ 유기금속화합물   ④ 질산에스테르류

해 • 유기금속화합물은 제3류 위험물로 위험등급이 Ⅱ등급이다.
• 나머지는 모두 위험등급이 Ⅰ이다.

26 플래시오버에 대해 올바르게 설명한 것을 고르시오.

① 유류탱크 화재 시 파손된 탱크 밑면에 고여 있는 물이 열을 받아 증발하면서 발생한다.
② 화재의 초기에 발생한다.
③ 내장재, 개구부의 크기에 영향을 받는다.
④ 화재의 감쇠기에 발생한다.

해 플래시 오버: **성장기와 최성기 사이**의 현상으로 **건축물** 화재시 미연소 가연물이 열에 분해되어 가연성 가스를 발생시키고, 이것이 **산소와 만나** 건물 내부 **전체로 화재가 확산(국부에서 전실화재로)**되는 현상, **내장재, 개구부**의 크기에 영향을 받는다.
① 보일오버에 대한 설명이다.

27 제조소등의 관계인이 대통령령이 정하는 대로 예방규정을 정하여 시·도지사, 또는 소방서장에게 제출하여야 하는 경우가 아닌 것은?

① 지정수량의 10배 이상의 위험물을 취급하는 제조소
② 지정수량의 100배 이상의 위험물을 저장하는 옥외저장소
③ 지정수량의 5배 이상의 위험물을 취급하는 이송취급소
④ 지정수량의 100배 이상의 위험물을 저장하는 옥내저장소

해 예방규정 대상은 아래와 같다.
• 지정수량의 **10배 이상의 위험물을 취급하는 제조소**
• 지정수량의 **100배 이상의 위험물을 저장하는 옥외저장소**
• 지정수량의 **150배 이상의 위험물을 저장하는 옥내저장소**
• 지정수량의 **200배 이상의 위험물을 저장하는 옥외탱크저장소**
• **암반탱크저장소**
• **이송취급소**
• **지정수량의 10배 이상의 위험물을 취급하는 일반취급소**

| 정답 | 24 ② | 25 ③ | 26 ③ | 27 ④ |

28 다음 중 위험물안전관리법령상 유기과산화물을 저장 또는 운반하는 경우 주의해야 할 사항으로 옳은 것은?

① 대량 보관이 가능하다
② 햇볕이 잘드는 곳에 보관하고, 습기에 접촉하면 위험하므로 건조하게 보관한다.
③ 제4류 위험물과 혼재하여 운반이 가능하다
④ 환원제와 함께 보관할 수 있다.

해
- 유기과산화물은 제5류 위험물로 4류 위험물과 보관이 가능하다(423 524 61)
- 화재 시 소화 어려우므로 소분하여 보관해야 하고, 햇볕을 피해 보관하며 대부분이 물에 잘 안 녹으며 습윤 시 안정화된다.
- 산화제, 환원제 모두 멀리 해야한다.

29 다음 중 과염소산칼륨에 대한 설명으로 틀린 것은?

① 백색, 무취의 결정으로 물에 녹는다.
② 알코올, 에테르에 녹지 않는다
③ 분해시 산소가 발생한다
④ 제1류 위험물로 화학식은 $KClO_4$이다.

해 물에 녹지 않는 물질이다.

30 다음은 마그네슘에 대한 설명이다. 틀린 것은?

① 화재 시 이산화탄소 소화기를 사용할 수 있다.
② 가연성 고체이다.
③ 물과 만나면 수소를 발생시키며 반응하므로 주수소화할 수 없다.
④ 2mm체를 통과한 것만 위험물에 해당한다.

해 이산화탄소와 반응하여 **일산화탄소**를 발생시킨다(따라서 이산화탄소소화기 사용금지, 불이 안 꺼진다)

31 황린에 대해 틀린 설명은?

① 연소하면 유독한 오산화인을 발생시킨다.
② 화학적 활성이 커서 불안정하다.
③ 물과 만나면 반응성이 커서 독성가스를 생성시킨다.
④ 마늘냄새가 나는 고체로 독성물질이다.

해 물과 반응하지 않아 물속(보호액 pH9)에 저장한다. 다만, 물, 수산화칼륨(KOH)를 같이 만나면 유독성 가스인 포스핀(pH_3)를 발생시킬 수 있다.

32 양초(파라핀), 왁스, 알코올의 연소형태는?

① 자기연소   ② 표면연소
③ 분해연소   ④ 증발연소

해
- **표면연소**: 목탄(숯), 코크스, 금속분 등
- **분해연소**: 석탄, 목재, 종이, 섬유, 플라스틱 등
- **증발연소**: 나프탈렌, 장뇌, 황(유황), 양초(파라핀), 왁스, 알코올
- **자기연소**: 주로 5류 위험물(이는 물질내에 산소를 가진 자기연소 물질이다. 주로 니트로기를 가지고 있다)

33 위험물에 대한 저장, 취급방법에 대해 잘못 설명한 것은?

① 질산은 햇빛에 분해되므로 갈색병에 저장, 보관한다.
② 니트로셀룰로오스는 물, 알코올과 혼합하여 보관하여 위험성을 낮출 수 있다.
③ 마그네슘은 산화제와 혼합해서 보관하지 않아야 한다.
④ 알루미늄분은 물을 뿌려 보관한다.

해 알루미늄은 물과 만나면 반응하여 수소를 생성시키므로 물을 뿌려 보관하면 안되며, 주수소화도 할 수 없다.

34 다음 중 제2류 위험물 중 철분, 마그네슘, 금속분에 적응성이 있는 소화설비는?

① 포소화설비
② 건조사
③ 할로젠화합물소화설비
④ 봉상수소화기

해 위와 같은 금수성 물질에는 탄산수소염류, 건조사, 팽창질석, 팽창진주암 등이 소화적응성이 있다.

35 다음 중 인화점이 0℃보다 낮은 물질을 모두 고르면?

$$C_2H_5OC_2H_5, CH_3CHCH_2O, CS_2$$

① $C_2H_5OC_2H_5$, CS_2
② CH_3CHCH_2O
③ CS_2, CH_3CHO, CH_3CHCH_2O
④ CS_2

해 • 순서대로 디에틸에테르, 산화프로필렌, 이황화탄소이다. 모두 특수인화물로 인화점이 0℃보다 낮다.
 • 특수인화물인 경우 **이**소프랜은 −54도, 이소**펜**탄은 −51도, **디**에틸에테르 **-45**, 아세트**알**데히드 −38, 산화**프**로필렌 −37, **이**황화탄소 **-30℃ 순서 외워두면 좋다(이펜디알프리(이))**, 디에틸에테르, 이황화탄소는 인화점 온도도 기억해야 한다
 • 아세톤(−18도), 벤젠(−11도), 톨루엔(4도)의 인화점도 기억한다.

36 수소화나트륨 480g이 물과 반응하는 경우 발생되는 수소의 부피는 몇 L인가?(표준상태)

① 223.86L ② 447.72L
③ 671.58L ④ 111.93L

해 • 수소화나트륨과 물이 반응하면 수산화나트륨과 수소가 생성된다. 반응식은
  $NaH + H_2O \rightarrow NaOH + H_2$이고
 • 수소화나트륨의 분자량은 24g/mol이므로(23 + 1) 480g은 20몰이 된다. 수소화나트륨과 수소의 대응비는 1:1이므로 생성되는 수소의 몰수는 20몰이 된다.
 • 표준상태에서 수소 20몰의 부피는
  $V = 20 \times 0.082 \times 273 = 447.72L$이다.

37 다음에서 연소의 3요소를 모두 갖춘 경우는?

① 가솔린, 공기, 적린
② 수소, 성냥불, 알코올
③ 성냥불, 가솔린, 염소산암모늄
④ 디에틸에테르, 염소산나트륨, 수소

해 • 연소의 3요소는 가연물, 산소공급원, 점화원 (연소는 가산점으로 암기)이다.
 • 산소공급원이 중요한데, 공기중 산소, 1,5,6류 위험물을 기억하면 된다.
 • 염소산암모늄은 제1류 위험물로 산소공급원이며, 가솔린은 가연물, 성냥불은 점화원이 된다.

| 정답 | 34 ② | 35 ③ | 36 ② | 37 ③ |

38 다음의 화재 중 D급 화재에 해당하는 것을 고르면?

① 휘발유 화재 ② 목재화재
③ 전기화재 ④ 알루미늄분 화재

🗒 D급 화재는 금속화재이다.

화재급수	명칭	물질	표현색
A급화재	일반화재	목재, 종이, 섬유, 플라스틱, 석탄 등	백색
B급화재	유류화재	4류 위험물, 유류, 가스, 페인트	황색
C급화재	전기화재	전선, 전기기기, 발전기 등	청색
D급화재	금속화재	철분, 마그네슘, 알루미늄분등 금속분	무색

위의 표 **반드시 암기**해야 한다('**일류전속**'으로 암기하고 옆 칸 내용 암기하면 된다).

39 다음 제6류 위험물의 지정수량의 배수의 총합은 얼마인가?

> 질산 300kg, 과산화수소 150kg, 과염소산 240kg

① 2.3 ② 1.8
③ 2.8 ④ 3.2

🗒 모두 지정수량이 300kg이다. 따라서, 배수는 각 1, 0.5, 0.8이다. 합하면 2.3이다.

40 다음에서 설명하는 물질은 무엇인가?

> - 3% 용액은 표백제, 살균제 등으로 이용된다.
> - 60중량퍼센트 이상인 경우 단독으로 폭발할 수 있다.
> - 상온에서 스스로 분해되어 물과 산소로 분해되며, 햇빛에도 분해된다.

① H_2O_2 ② $HClO_4$
③ C_2H_5OH ④ HNO_3

🗒 과산화수소에 대한 설명이다.

41 위험물안전관리법령상 연소의 우려가 있는 외벽이란 다음의 선을 기산점으로 3m(2층 이상은 5m) 이내에 있는 제조소 등의 외벽을 말하는 데, 그 다음의 선에 해당하지 않는 것은?

① 제조소등의 설치된 부지의 경계선
② 제조소등의 인접한 도로의 중심선
③ 제조소등의 외벽과 동일부지 내의 다른 건물의 외벽 간의 중심선
④ 제조소등의 외벽과 인근 건물 외벽의 중심선

42 다음 중 BCF 소화약제의 화학식은?

① $C_2F_4Br_2$ ② CF_2ClBr
③ CF_3Br ④ CH_2ClBr

해 BCF는 Br(브롬), Cl(염소), F(불소)로 이루어진 1211을 의미한다.

할론 넘버	분자식	방사 압력	소화기	소화 효과	독성
1301	CF_3Br	0.9MPa	MTB 또는 BTM	▲ 좋음	▼ 강함
1211	CF_2ClBr	0.2MPa	BCF		
2402	$C_2F_4Br_2$	0.1MPa			
1011	CH_2ClBr				
104	CCl_4				

43 연소의 연쇄반응을 차단하는 소화로 화학적 소화에 해당하는 소화는?

① 부촉매소화 ② 냉각소화
③ 제거소화 ④ 질식소화

해 소화의 종류(연소의 3요소인 가연물, 산소공급원, 점화물과 연관하여 기억한다)
- 제거소화:가연물을 제거하는 소화이다. 소화약제를 별도로 쓰지 않고, 가스 화제 시 밸브를 잠그는 것 등이다.
- 질식소화:산소공급원의 산소농도를 낮추는 소화이다. (따라서 산소를 포함하고 있는 물질에는 효과가 없다) 주소화약제는 이산화탄소를 이용하며, 이산화탄소 소화약제, 포소화약제, 분말소화약제 등이다.
- 냉각소화:가연물의 온도를 낮추는 소화이다. 주소화약제는 물이며, 강화액소화약제 등이다.
- 억제소화: 연소 연쇄반응을 차단하는 소화이다. 할로겐원소를 사용하며, 화학적 소화, 부촉매(억제) 소화이다.
- 희석소화:가연물질의 농도를 낮추는 소화이다(산소 농도를 낮추는 질식소화와는 구분된다).

44 니트로셀룰로오스에 대한 설명으로 틀린 것은?

① 무색의 고체이다.
② 규조토에 흡수시켜 다이너마이트를 만든다.
③ 열, 산 등에 의해 분해하여 자연발화 위험이 있어 장기보관하기 어렵다.
④ 화약의 연료이다.

해 규조토에 흡수시켜 다이너마이트를 만드는 물질은 니트로글리세린이다.

45 다음 연소반응식의 빈칸을 채우시오.

$CH_3COCH_3 + ($ ㄱ $)O_2 \rightarrow 3CO_2 + ($ ㄴ $)H_2O$

① ㄱ: 3, ㄴ: 4 ② ㄱ: 4, ㄴ: 3
③ ㄱ: 2, ㄴ: 3 ④ ㄱ: 4, ㄴ: 2

46 분말소화약제 중 제1종분말소화약제와 제2종 분말소화약제의 열분해 반응에 의해 공통으로 생성되는 물질은?

① NH_3, H_2O
② NH_3, CO_2
③ CO_2, H_2O
④ N_2, CO_2

해 분말소화약제의 분해반응식은 다음과 같다.

종류	성분	적응화재	열분해반응식	색상
제1종분말	$NaHCO_3$ (탄산수소나트륨)	B, C	$2NaHCO_3$ → Na_2CO_3 + CO_2 + H_2O	백색
제2종분말	$KHCO_3$ (탄산수소칼륨)	B, C	$2KHCO_3$ → K_2CO_3 + CO_2 + H_2O	담회색
제3종분말	$NH_4H_2PO_4$ (제1인산암모늄=인산이수소암모늄)	A, B, C	$NH_4H_2PO_4$ → HPO_3(메타인산) + NH_3(암모니아) + H_2O	담홍색
제4종분말	$KHCO_3$+$(NH_2)_2CO$ (탄산수소칼륨+요소)	B, C	$2KHCO_3$+$(NH_2)_2CO$ → K_2CO_3 + $2NH_3$ + $2CO_2$	회색

47 위험물안전관리법령상 알칼리금속 과산화물에 대해 소화적응성이 있는 설비는?

① 포소화설비
② 탄산수소염류 소화설비
③ 스프링클러
④ 인산염류 소화설비

해 제1류 위험물 중 알칼리금속 과산화물은 물을 쓸 수 없는 물질로, 탄산수소염류, 건조사, 팽창질석, 팽창진주암 등이 소화적응성이 있다.

48 제조소 또는 일반취급소에서 취급하는 제4류 위험물의 최대수량의 합이 지정수량의 3천 배 이상 12만 배 미만인 사업소의 경우 필요한 화학소방자동차 및 자체소방대원의 수로 올바른 것은?

① 1대, 5인
② 2대, 10인
③ 3대, 15인
④ 4대, 20인

해 악취가 난다.

사업소의 구분	화학소방자동차	자체소방대원의 수
1. 제조소 또는 일반취급소에서 취급하는 제4류 위험물의 최대수량의 합이 지정수량의 **3천 배 이상 12만 배 미만**인 사업소	1대	5인
2. 제조소 또는 일반취급소에서 취급하는 제4류 위험물의 최대수량의 합이 지정수량의 **12만 배 이상 24만 배 미만**인 사업소	2대	10인
3. 제조소 또는 일반취급소에서 취급하는 제4류 위험물의 최대수량의 합이 지정수량의 **24만 배 이상 48만 배 미만**인 사업소	3대	15인
4. 제조소 또는 일반취급소에서 취급하는 제4류 위험물의 최대수량의 합이 지정수량의 **48만 배 이상**인 사업소	4대	20인
5. **옥외탱크저장소**에 저장하는 제4류 위험물의 최대수량이 지정수량의 **50만 배 이상**인 사업소	2대	10인

49 위험물안전관리법령상 위험물의 운반용기 외부 표시사항이 아닌 것은?

① 위험물의 지정수량
② 위험물의 품명
③ 위험물에 따른 주의사항
④ 위험물의 위험등급

해 운반용기 외부 표시사항은
외부 표시 사항
- 위험물의 품명, 위험등급, 화학명 및 수용성(수용성 표시는 4류 위험물 중 수용성인 것에 한함)
- 위험물의 수량
- 위험물에 따른 주의사항
등이다.

50 과산화나트륨 78g과 물이 반응하는 경우 생성되는 기체의 종류와 그 질량은?

① 산소, 32g ② 산소, 16g
③ 수소, 32g ④ 수소, 16g

해
- 과산화나트륨과 물의 반응식은
  $2Na_2O_2 + 2H_2O \rightarrow 4NaOH + O_2$이다. 따라서 산소가 생성된다.
- 과산화나트륨 78g은 1몰에 해당하고, 과산화나트륨과 산소의 대응비는 2:1이므로 과산화나트륨 1몰에 대응해 산소는 0.5몰이 생성된다. 산소 1몰의 질량은 32g이므로 0.5몰인 경우 16g이 생성된다.

51 위험물안전관리법령상 제조소등의 관계인이 위험물안전관리자를 선임해야 하는 시기는?

① 위험물을 저장 또는 취급하기 전
② 제조소 등의 허가를 받기 1일 전까지
③ 제조소 등의 완공검사를 받은 후 즉시
④ 제조소 등의 허가를 받기 30전까지

52 다음 중 지방속 탄화수소에 해당하지 않는 것은?

① 아세트알데히드 ② 아세톤
③ 톨루엔 ④ 디에틸에테르

해 톨루엔은 벤젠고리를 가진 방향족 탄화수소이다.

53 알코올에 대해 틀린 설명을 고르시오.

① 알코올류는 제4류 위험물이다.
② 제4류 위험물 알코올류의 지정수량은 400L이다.
③ 1차 알코올은 산화되면 2차 알코올이 된다.
④ 에탄올의 인화점은 13℃이다.

해 1차 알코올은 1차 산화되면 알데히드가 되고, 2차 산화되면 카르복시산이 된다.

54 가연물이 되기 쉬운 조건에 대해 틀린 설명은?

① 산소와 접촉면이 클수록 쉽다.
② 산화되기 쉬운 것이 가연물이 되기 쉽다.
③ 열전도율이 클수록 쉽다.
④ 발열량이 클수록 쉽다.

해 열전도율이 작아야 한다(열이 전달 안되어야 온도가 상승하기 쉽다).

55 유류화재용인 수성막포 포소화약제에 사용되는 계면활성제는?

① 이산화탄소계 계면활성제
② 플루오르계 계면활성제
③ 산소계 계면활성제
④ 질소계 계면활성제

해 수성막포 포소화약제 하면 유류화재용으로 플루오르계(불소계) 계면활성제가 사용된다는 점을 기억한다.

정답 50 ② 51 ① 52 ③ 53 ③ 54 ③ 55 ②

56 옥내저장소의 경우 자동화재탐지설비를 설치해야 하는 기준은?

① 지정수량의 10배 이상을 저장 또는 취급하는 경우
② 지정수량의 100배 이상을 저장 또는 취급하는 경우
③ 저장창고 연면적이 100㎡ 미만 경우
④ 저장창고 연면적이 50㎡ 미만 경우

해 다음의 경우설치한다.
- **지정수량 100배** 이상 저장 또는 취급하는 경우
- 저장창고 연면적이 150㎡를 초과하는 경우
- 처마높이가 6m 이상인 단층건물의 경우

57 위험물안전관리법령상 지정수량이 다른 물질을 고르시오?

① 과산화나트륨   ② 나트륨
③ 염소산칼륨   ④ 칼슘

해
- 과산화나트륨, 염소산칼륨은 모두 제1류 위험물로 지정수량은 50kg(오(50)염과 무아 / 삼(300)질 요브 / 천(1000)과 중)
- 칼슘은 제3류 위험물로 지정수량은 50kg이다(십알 칼알나 이황 / 오알알유 / 삼금금탄규)
- 나트륨은 제3류 위험물로 지정수량은 10kg이다(십알 칼알나 이황 / 오알알유 / 삼금금탄규)

58 다음 빈칸에 알맞은 말을 고르시오.

( )라 함은 고형알코올 그 밖에 1기압에서 인화점이 섭씨 40도 미만인 고체를 말한다.

① 가연성고체   ② 인화성고체
③ 산화성물질   ④ 자기반응성물질

위험물품명변경 : 기존 명으로 답해도 인정되나 문제에서 알 필요는 있음

제1류 위험물

성질	품명	지정수량
산화성 고체	1. 아염소산염류 2. 염소산염류 3. 과염소산염류 4. 무기과산화물	50kg
	5. 브로민산염류 6. 질산염류 7. 아이오딘산염류	300kg
	8. 과망가니즈산염류 9. 다이크로뮴산염류	1000kg

	10. 그 밖에 행정안전부령으로 정하는 것
	    1. 과아이오딘산염류
	    2. 과아이오딘산
	    3. 크로뮴, 납 또는 아이오딘의 산화물
	    4. 아질산염류
	    5. 차아염소산염류
	    6. **염소화아이소사이아누르산**
	    7. 퍼옥소이황산염류
	    8. 퍼옥소붕산염류
	11. 제1호부터 제10호까지의 어느 하나에 해당하는 위험물을 하나 이상 함유한 것
		50kg, 300kg 또는 1,000kg

제2류 위험물

성질	품명	지정수량
가연성 고체	1. 황화인	100kg
	2. 적린	
	3. 황	
	4. 철분	500kg
	5. 금속분	
	6. 마그네슘	
	7. 그 밖에 행정안전부령으로 정하는 것	100kg 또는 500kg
	8. 제1호부터 제7호까지의 어느 하나에 해당하는 위험물을 하나 이상 함유한 것	

제3류 위험물

성질	품명	지정수량
자연발화성 물질 및 금수성 물질	1. 칼륨	10kg
	2. 나트륨	
	3. 알킬알루미늄	
	4. 알킬리튬	
	5. 황린	20kg
	6. 알칼리금속(칼륨 및 나트륨을 제외한 다) 및 알칼리토금속	50kg
	7. 유기금속화합물(알킬알루미늄 및 알킬 리튬을 제외한다)	
	8. 금속의 수소화물	300kg
	9. 금속의 인화물	
	10. 칼슘 또는 알루미늄의 탄화물	
	11. 그 밖에 행정안전부령으로 정하는 것	10kg, 20kg, 50kg, 또는 300kg
	12. 제1호 내지 제11호의 1에 해당하는 어느 하나 이상을 함유한 것	

제5류 위험물

성질	품명	지정수량
자기 반응성 물질	1. 유기과산화물 2. 질산에스터류 3. 나이트로화합물 4. 나이트로소화합물 5. 아조화합물 6. 다이아조화합물 7. 하이드라진 유도체 8. 하이드록실아민 9. 하이드록실아민염류 10. 그 밖에 행정안전부령으로 정하는 것 11. 제1호부터 제10호까지의 어느 하나에 해당하는 위험물을 하나 이상 함유한 것	제1종 : 10kg 제2종 : 100kg

제5류 위험물은 지정수량이 10kg인 경우 위험등급이 Ⅰ등급이고, 나머지는 Ⅱ등급이다.

제6류 위험물

할로겐간화합물 → 할로젠간화합물

명칭 변경

갑종방화문 → 60분+방화문 또는 60분방화문

을종방화문 → 30분방화문

위험물탱크안전성능시험자 → **탱크안전성능시험자**

시행령 변경

시행령 별표 2(지정수량 이상의 위험물을 저장하기 위한 장소와 그에 따른 저장소의 구분)

옥외저장소 저장 가능 위험물 중

제2류 위험물 및 제4류 위험물 중 특별시·광역시 또는 도의 조례에서 정하는 위험물(관세법 제154조의 규정에 의한 보세구역 안에 저장하는 경우에 한한다)

→

제2류 위험물 및 제4류 위험물 중 특별시·광역시·**특별자치시**·도 또는 **특별자치도**의 조례로 정하는 위험물(관세법 제154조에 따른 보세구역 안에 저장하는 경우로 한정한다)

시행규칙 변경

시행규칙 별표 1의 2(제조소등의 변경허가를 받아야 하는경우)

위험물의 제조설비 또는 취급설비(펌프설비를 제외한다)를 증설하는 경우
→
위험물의 제조설비 또는 취급설비를 증설하는 경우. 다만, 펌프설비 또는 1일 취급량이 지정수량의 5분의 1 미만인 설비를 증설하는 경우를 제외한다.

시행규칙 별표 4(제조소의 위치, 구조 및 설비 기준 등)

2. 배관에 걸리는 최대상용압력의 1.5배 이상의 압력으로 내압시험(불연성의 액체 또는 기체를 이용하여 실시하는 시험을 포함한다)을 실시하여 누설 그 밖의 이상이 없는 것으로 하여야 한다.
→
2. 배관은 다음 각 목의 구분에 따른 압력으로 내압시험을 실시하여 누설 또는 그 밖의 이상이 없는 것으로 해야 한다.
   가. 불연성 액체를 이용하는 경우에는 최대상용압력의 1.5배 이상
   나. 불연성 기체를 이용하는 경우에는 최대상용압력의 1.1배 이상

시행규칙 시행규칙 별표 6(옥외탱크저장소의 위치·구조 및 설비의 기준)

IX. 방유제
1. 인화성액체위험물(이황화탄소를 제외한다)의 옥외탱크저장소의 탱크 주위에는 다음 각목의 기준에 의하여 방유제를 설치하여야 한다.
→
IX. 방유제
1. 제3류, 제4류 및 제5류 위험물 중 인화성이 있는 액체(이황화탄소를 제외한다)의 옥외탱크저장소의 탱크 주위에는 다음 각목의 기준에 의하여 방유제를 설치하여야 한다.

시행규칙 별표 13(주유취급소의 위치·구조 및 설비의 기준)

2. 셀프용고정주유설비의 기준은 다음 각목과 같다.
   마. 1회의 연속주유량 및 주유시간의 상한을 미리 설정할 수 있는 구조일 것. 이 경우 주유량의 상한은 휘발유는 100L 이하, 경유는 200L 이하로 하며, 주유시간의 상한은 4분 이하로 한다.
→
2. 셀프용고정주유설비의 기준은 다음 각목과 같다.
   마. 1회의 연속주유량 및 주유시간의 상한을 미리 설정할 수 있는 구조일 것. 이 경우 연속주유량 및 주유시간의 상한은 다음과 같다.
      1) **휘발유는 100L 이하, 4분 이하로 할 것**
      2) **경유는 600L 이하, 12분 이하로 할 것**

시행규칙 별표 18(제조소등에서의 위험물의 저장 및 취급에 관한 기준)

아. 이동탱크저장소(컨테이너식 이동탱크저장소를 제외한다)에서의 취급기준

→

아. 이동탱크저장소(컨테이너식 이동탱크저장소를 제외한다)에서의 취급기준. 이 경우 이동저장탱크로부터 이동저장탱크로의 위험물 주입은 허용되지 않는다.

시행규칙 별표 24(안전교육의 과정·기간과 그 밖의 교육의 실시에 관한 사항 등)

안전관리자, 위험물운송자, 탱크시험자의 기술인력의 교육시간 변경

8시간 이내 → **8시간**

교육컨텐츠 기업 (주) 엔제이인사이트
파이팅혼공TV 컨텐츠 개발팀

저서
- 파이팅혼공TV 위험물기능사 실기 초단기합격
- 파이팅혼공TV 위험물기능사 필기 초단기합격
- 파이팅혼공TV 위험물산업기사 실기 초단기합격
- 파이팅혼공TV 위험물산업기사 필기 초단기합격
- 파이팅혼공TV 전기기능사 필기 초단기합격
- 파이팅혼공TV 조경기능사 필기 초단기합격
- 파이팅혼공TV 산림기능사 필기 초단기합격
- 파이팅혼공TV 지게차 운전기능사 필기 한방에 정리
- 파이팅혼공TV 굴착기 운전기능사 필기 한방에 정리
- 파이팅혼공TV 한식조리기능사 필기 한방에 정리

2026 위험물기능사 필기
초단기CBT 기본이론 + 기출문제집

발행일 2025년 9월 25일
발행처 인성재단(지식오름)
발행인 조순자
편저자 교육컨텐츠 기업 (주) 엔제이인사이트 · 파이팅혼공TV 컨텐츠 개발팀
디자인 장영은
ISBN 979-11-7491-018-9
정가 28,000원

※ 낙장이나 파본은 교환해 드립니다.
※ 이 책의 무단 전제 또는 복제행위는 저작권법 제136조에 의거하여 처벌을 받게 됩니다.